商管叢書 全華圖書
BUSINESS MANAGEMENT

人力資源管理

HUMAN RESOURCE MANAGEMENT

羅彥棻、許旭緯 編著

第**4**版

BUSINESS
VALUE
RECRUITMENT
RESOURCE
HUMAN
EMPLOYEE
MANAGEMENT
REWARDS
TRAINING
OBJECTIVES
SUCCESS

PREFACE

四版序

COVID-19 疫情延燒了兩年，無論是學校或是職場，我們都經歷了強迫轉型的狀態。因此本書在改版的過程中，主要以三大方向為優先。首先在 WFH 的觀念及個案上，我們想讓同學理解，假設線上轉型是必經之路，那遠程辦公再來一年，福利制度會改嗎？改為永久制度是好事嗎？我們想讓學生了解，疫情對業界的影響是什麼。

第二部分是我們加入了近年來為人熟知的理論或個案。包括 ESG 的影響、職涯發展、職家平衡、Z 世代年輕人的管理議題等概念。這些個案的增訂，可以讓學生在基礎理論的部分上，有一個對應的思考空間。

第三，本次改版我們嘗試以 Python 分析 Kaggle 的資料集。了解離職員工在可能的相關變因上有什麼影響。我們想藉由分析的過程讓學生知道，在數據分析已經是常態的情況下，人資部門可以怎麼樣善用資料，進行相關的預測或訓練。因此若授課教師有相關的 Python 基礎，可試著在沒有標準分析流程的情況下將此資料集以不同的角度進行解構，相信可以得到更多的洞見（Insight）。

另外，我們維持了本書在每章節後課堂實作的部分，我們希望授課教師能夠花一點點時間讓學生學習人資相關的技術與遊戲，有助於學生思考。讓學生了解在實務上的運用以及將來職場上需要的觀念，以培養讀者理論與實務的整合力，並讓他們不僅僅是未來從事人資工作，抑或是成為不同部門的主管，都能順利的銜接相關的經驗。

最後，筆者教授人力資源相關課程已 20 餘載，有別於數理或相關傳統的理工科系，商管或休閒類科的迷人之處，就在於「沒有標準答案才有討論的空間」。因此雖然距離上一版本有二年之久，我們仍然決定本書所有的個案並不提供所謂的「解答」，我們希望課堂上學生可以暢所欲言他的想法，而沒有框架框住他。同時特別感謝陳品蓁編輯的積極協助及無限的耐心等待，讓本書能順利上市。惟人資是一門成熟的學問，沒有任何一本書能夠窮盡所有的知識，同時本書雖然經過無數次的編修校對，但由於筆者事務煩雜，可能仍舊出現錯誤，尚請使用本書的教授學子，能夠持續的給予建設性之意見，共同為提供優質人力資源之內容而努力。

羅彥棻、許旭緯

2023 於實踐大學 石板屋前

CONTENTS | 目錄

CH1 人力資源角色

1.1	人力資源管理的演進	1-3
1.2	人力資源與策略性人力資源	1-6
1.3	人力資源角色及趨勢	1-15
人資聚焦：經理人講堂｜緯創的 AI HR		1-2
人資個案探討｜如果 7-ELEVEn 也提供 HR 服務		1-5
人資個案探討｜AI 時代下的 HR 角色		1-14
人資個案探討｜CHRO（人資長）是 CEO 職能最相近的職位		1-22
課堂實作｜你該不該調停？		1-23

CH2 人力資源規劃

2.1	人力資源規劃	2-3
2.2	人力盤點	2-12
2.3	職能管理	2-22
人資聚焦：經理人講堂｜Neuralink 草創成員接連出走		2-2
人資個案探討｜明星員工真的能帶來團隊整體績效？		2-11
人資個案探討｜聯合利華人才在組織內「換跑道」		2-21
人資個案探討｜空姐都在忙什麼？		2-29
課堂實作｜工作任務一覽表		2-31

CH3 甄選與面談

3.1	甄選流程	3-3
3.2	甄選與面談（評估候選人的方法）	3-9
3.3	甄選與企業策略之關係	3-17
人資聚焦：經理人講堂｜PChome 延攬媽咪愛創辦人張瑜珊接任新總座		3-2
人資個案探討｜萊雅集團的 HR 新同事		3-8
人資個案探討｜星展銀行導入數位徵才		3-16
人資個案探討｜樂高積木徵才方式		3-20
課堂實作｜該不該告訴老闆？		3-21

CH4 企業文化與員工引導

4.1 企業文化   4-3

4.2 員工引導及社會化   4-19

4.3 工作分析及設計   4-21

人資聚焦：經理人講堂 │ Netflix 謝絕乖乖牌人才！   4-2

人資個案探討 │ 向公司申請一包衛生紙，你多久會拿到？   4-18

人資個案探討 │ GitHub 的無主管文化   4-20

人資個案探討 │ Gamania 橘子集團在創業路上一路打怪   4-32

課堂實作 │ 一項文化隱喻的練習   4-33

CH5 訓練計畫與模式

5.1 訓練計畫模式概論   5-3

5.2 教育訓練評鑑之模式   5-7

5.3 管理發展與訓練的方法   5-15

人資聚焦：經理人講堂 │ 疫情冰封房產業？ NO ！線上轉型正開始   5-2

人資個案探討 │ 迪士尼樂園：重新定義工作目標與價值   5-6

人資個案探討 │ 以色列新創推小白工程師的「職前訓練平台」   5-14

人資個案探討 │ 三星的一萬小時的練習，由菜鳥變高手   5-20

課堂實作 │ 專業是把事情簡單說   5-22

CH6 績效評估與管理

6.1 績效評估概述   6-3

6.2 常見績效考核方式   6-6

6.3 新興績效評估方法   6-14

人資聚焦：經理人講堂 │ Google、微軟為何不用 KPI ？   6-2

人資個案探討 │ 特力集團的績效管理   6-5

人資個案探討 │ 分級評鑑制度   6-13

人資個案探討 │ 獎金怎麼分配   6-24

課堂實作 │ 工作績效練習   6-26

CONTENTS | 目錄

CH7 薪資設計

7.1	薪資政策及設計	7-3
7.2	工作評價	7-10
7.3	薪資結構之設計	7-13
人資聚焦：經理人講堂｜《魔獸世界》暴雪員工集體加薪		7-2
人資個案探討｜庫克花十年時間證明自己值天價薪資		7-9
人資個案探討｜「薪水太低」是幌子？7 個離職真心話		7-12
人資個案探討｜王品集團的薪資透明制		7-20
課堂實作｜媽媽的薪水怎麼算？		7-21

CH8 獎酬與福利設計

8.1	激勵理論與獎酬	8-3
8.2	獎酬制度	8-7
8.3	福利制度	8-14
人資聚焦：經理人講堂｜486 先生粉絲團		8-2
人資個案探討｜一個月的有薪假		8-6
人資個案探討｜老闆多發獎金給你，你會更賣力工作嗎？		8-13
人資個案探討｜避免劣幣逐良幣，長期留才的 2 關鍵		8-20
課堂實作｜紅利決定		8-22

CH9 群體行為與領導

9.1	群體行為	9-3
9.2	基本領導理論介紹	9-12
9.3	新興領導理論	9-19
人資聚焦：經理人講堂｜GE 衰敗的主因？將公司推上神壇的傳奇 CEO		9-2
人資個案探討｜MOZ　別搞錯了！管理是技能不是獎勵		9-11
人資個案探討｜Netflix 的高績效團隊		9-18
人資個案探討｜唯品風尚集團　帶人不能只靠「搏感情」		9-26
課堂實作｜個人－集體主義程度		9-27

CH10 前程規劃與職涯管理

10.1	職涯規劃及職業	10-3
10.2	職涯管理	10-13
10.3	接班人計劃與離職管理	10-18
人資聚焦：經理人講堂｜公司活命都有問題了，還管員工的職涯發展		10-2
人資個案探討｜人事評議委員會		10-12
人資個案探討｜不要想幫助不適任的人，請他離開就對了		10-17
人資個案探討｜不喜歡馬斯克？來為我們工作！		10-23
課堂實作｜學生的工作豐富嗎？		10-24

CH11 員工關係與職場創新

11.1	組織生涯發展	11-3
11.2	職場心理健康	11-8
11.3	創造力與創新工作者	11-13
人資聚焦：經理人講堂｜AIA 友邦人壽　陪伴夥伴找到職家平衡		11-2
人資個案探討｜Z 世代年輕人好難帶？		11-7
人資個案探討｜富邦人壽幸福的種子		11-12
人資個案探討｜「假性出席」（Presenteeism）的腦力激盪會議		11-18
課堂實作｜腦力激盪練習		11-20

CH12 組織變革與再造

12.1	組織變革	12-3
12.2	組織發展技巧	12-11
12.3	企業再造	12-14
人資聚焦：經理人講堂｜皮克斯的便條日		12-2
人資個案探討｜人資團隊的數位轉型		12-10
人資個案探討｜遊戲橘子的團隊建立法		12-13
人資個案探討｜昕力資訊 RPA　讓人資工作流程自動化		12-19
課堂實作｜當公司快速變大		12-21

CONTENTS｜目錄

CH13 人力資源管理新趨勢

13.1 人力資源管理研究趨勢   13-3

13.2 永續經營的人資衝擊   13-6

13.3 工作及職務型態的新趨勢   13-11

人資聚焦：經理人講堂｜疫情之後的「大離職」（The Great Resignation）   13-2

人資個案探討｜HR 角色未來的演變   13-4

人資個案探討｜緯創 AI 改善 HR 流程   13-10

人資個案探討｜遠端辦公實施一年後，改為永久制度是好事嗎？   13-12

課堂實作｜Team Building   13-14

APPENDIX 附錄

A 中英名詞對照索引   A-2

B 勞工法令幫幫忙   B-1

   一、基礎觀念篇   B-1

   二、工作權益篇   B-3

   三、勞工請假篇   B-10

   四、基本勞工保險篇   B-13

   五、就業保險篇   B-15

   六、女性篇   B-22

   七、職業災害篇   B-27

   八、勞工退休篇   B-33

   九、其它相關問題補充篇   B-39

C 離職員工的 Python 分析   C-1

   一、資料載入與清理   C-2

   二、探索性資料分析（Exploratory Data Analysis）   C-4

   三、邏輯斯迴歸（Logistic Regression）   C-15

   四、決策樹模型   C-20

D 學後評量   D-1

相關法規

CHAPTER 01
人力資源角色

學習大綱

1.1 人力資源管理的演進
1.2 人力資源與策略性人力資源
1.3 人力資源角色及趨勢

人資聚焦：經理人講堂

緯創的 AI HR

人資個案探討

如果 7-ELEVEn 也提供 HR 服務
AI 時代下的 HR 角色
CHRO（人資長）是 CEO 職能最相近的職位

課堂實作

你該不該調停？

人資聚焦
經理人講堂

wistron

緯創的 AI HR

緯創資通副董暨總經理黃柏溥說：緯創是製造起家，但我們把 AI 拿來做機器視覺訓練，取代人工檢測成為第一樁運用 AI 的案例，進而推展出其他相關的 AI 服務，目前緯創有幾個 AI 比較著名的人資應用：

1. 把 AI 拿來運用於作業員訓練，在建立標準作業流程（SOP）後，當新人上線組裝產品時，AI 就能監控動作是否符合 SOP，提高產品品質。

2. AI 協助主管做白領員工留才，分析過去 10 年資料及各員工離職原因，藉此發現高風險離職員工提前進行留才，以降低離職率，改善離職成本。

3. 針對行為建議薪資獎金調整，AI 能預測誰是高風險離職員工，提前派 HR 進行關懷。

4. 將過去五年研發人員設計開發的過程建立資料庫，進而預測新專案研發可能碰到的問題，當出現 Bug 或問題時，指派人力建議命中率高達 85%，大幅降低負責人的工作負擔。

資料來源：修改自 王郁倫（2019）。AI 神預測「高離職風險」員工，緯創 5 大 AI 應用超乎想像。數位時代

問題討論

請您想想，若資訊或研發部門在 AI 的設計掌握度上，比 HR 部門還要更前瞻，將可能導致公司內部位階高於 HR 的情況，此時對於 HR 部門的角色將會有什麼影響？

前言

「人力」可以說是組織在生產過程中所投入的要素之一，與機器、資金、原物料等相同。不過在過去觀點認知下，人力總是被排在最後一位，不被重視。直到近年來由於經營環境的變遷，促使相當多的人力問題產生，使得這一個問題漸漸被重視與討論。

1.1 人力資源管理的演進

人力資源管理成為完整且有系統的學科，可以說是近五十年的事。隨著社會環境與學術研究的建展，促使不同時代背景中的人力資源管理概念，呈現出不同的型態。而有關於人力資源管理的發展過程，在定義上並無統一的見解。不過這些學者所區分的標準，大都在於「時間點」上的不同，所以，以下我們以黃英忠教授所整理的六個時期來說明[1]（詳見表 1-1）。

表 1-1　人力資源管理演進一覽表

時　間	年　代	說　明	發　展
18世紀末～19世紀末	產業革命時代	此時期為工業革命所帶來的影響，在工革早期還是著重於工作導向，忽略人性與員工關懷。	強調「生產」上的管理層面。
19世紀末～1920年代	科學管理時代	最早便是Taylor所提創，講求增加生產、降低成本為宗旨。	
1920年代～二次大戰	人際關係時代	霍桑實驗的進行，促使人力資源管理的概念展開新契機。開始強調員工的心理層面，著重於合理的滿足人性。	基於生產上的考量而重視人性化管理。
二次大戰～1970年代	行為科學時代	修正「人際關係時期」，過於強調的員工重要性。	發展到人性化與生產面的整合。

1. 黃英忠，《人力資源管理》，三民書局，1997，p.40-45。

時　　間	年　　代	說　　　明	發　　展
1970年代～1980年代	情境領導時代	企業經營考量點，並非都只僅限在於「員工與組織目標上」，所以在此時期的人力資源管理上，增添了情境領導變數。	配合環境與組織策略，發展人力資源管理上的工作。
1980～迄今	策略化時代	企業所掌握的競爭力多寡決定了企業是否具永續經營的可能性。所以，在人力資源管理上開始強調人力資產，以及策略性人力資源的重要性。	

　　如上表所示，就整個管理理論發展而言，不難發現在初期僅是強調生產上的管理層面；到了第三期則是因為基於生產上的考量而重視人性化管理；第四期則是發展到人性化與生產面的整合；最後兩階段則是配合環境與組織策略，發展人力資源管理上的工作。

　　因此，我們可以由其演進的過程中發現以往的 HR 客戶只有員工與管理者，他們的工作就是把這兩大內部利害關係人服務好。然而現今的 HR 突然要從外部商業利益反向思考內部的人力資源管理模式，把提供內部員工與經理人的 HR 服務當作是一種手段，因此可能產生基於市場行銷、成本效益、或是股價的考量，必須要反過頭「犧牲」昔日的內部客戶，這與組織內部對 HR 的期待和定位產生很大的落差。但是如果從 Business 的角度，制定績效評估機制可能與其他功能部門發生角色衝突，因此要平衡內外部利害關係人，是非常具有難度的。

如果 7-ELEVEn 也提供 HR 服務

　　如果公司樓下的 7-ELEVEn 有一天也受理 Key 訂單的工作，公司還需不需要合約管理部？如果公司樓下的 7-ELEVEn 明天起也經營起代發公司薪水、代招聘員工、代辦教育訓練等業務，人資部門到底還有沒有工作可以做？

　　在大多數的公司裡，人力資源制度或政策都比較接近公司的基礎建設，人力資源單位之所以存在，絕大多數是因為其它各單位在推展業務的同時，通常一定會遇到很多和人力有關的問題，例如發薪水、招聘員工、辦訓練等需求，若由 HR 單位來統一處理這件事情，會比較有效率上的優勢。但不同單位可能有截然不同的需求，因此 HR 必須建立一些制度和規範，否則將出現每一個單位都可以建立自己的升遷制度、獎酬制度、招聘流程、績效管理標準 ...HR 將會疲於奔命。

圖片來源：7-ELEVEn 官方首頁

⌄ 思考時間

HR 替公司尋找優秀員工、培訓員工、設法讓優秀人才留任 ... 最終的目的還是為了讓公司賣出更多的貨品，幫助公司賺進更多的錢。如果我們用這個標準檢視 HR 的工作，要求其他單位 100% 配合 HR 的制度或規定，究竟是可以幫助公司賣出更多的貨品，還是其實正好相反？有沒有可能這些制度或政策，有一天 7-ELEVEn 其實也可以做？

1.2 人力資源與策略性人力資源

　　管理大師彼得‧杜拉克提出「知識型工作者」的觀念多年以後，早期的管理方式已行不通，所以，「人本導向」的概念漸漸提出。再加上「資源基礎論點」的證明，人力資源管理成為一門重要的學問。

一、何謂人力資源管理

　　關於人力資源管理的定義，目前眾說紛紜，並無一定論。學者 A.W.Sherman 則認為，人力資源管理乃是負責組織人員的招募、甄選、訓練及報償等功能的活動，以達成個人與組織的目標。另外哈佛商學院也提出人力資源管理模型（如圖 1-1 所示）。

職務系統

員工的影響

人力資源流　　　　　報償系統

圖 1-1 人力資源管理的模型[2]

　　在綜合各家學者的觀點後，我們將人力資源管理定義為「運用管理功能的運作，管理組織中與人力資源有關的一切事務，取得人與事之適配，以達成個人、組織和社會的利益或目標。管理功能的運作講求的是科學方法的運用；將人與事做最有效率的結合，講求適人適所，也就是人盡其才。」。亦可用圖 1-2所示。

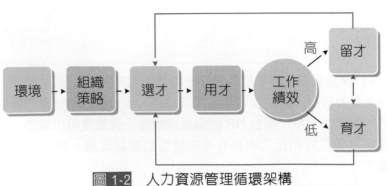

環境 → 組織策略 → 選才 → 用才 → 工作績效 → 高 → 留才 / 低 → 育才

圖 1-2 人力資源管理循環架構

2. Ulrich, D, (1997). Human Resource Champions: The Next Agenda for Adding Value and Delivering Results. Boston, MA: Harvard Business School Press.

由此可知，外在環境及組織策略將會影響企業之人力資源方針，更可能產生其正向的循環，更加有利於組織策略。

📍 **人資補給站**

　　Ulrich & Brockbank（2005）主張，新世代 HR 職能除了傳統選育用留（HR Delivery）外，還包括營運知識、策略能力、個人信譽和資訊科技的應用。但是特別有趣的是，當今實務界的 HR 有多少有機會在工作中學會這些實戰能力？學校或外部培訓機構在培養 HR 的課程中，又有多少比重在這些學術知識上？哪些能力是可以培訓的？哪些能力是無法靠後天培養的？有沒有可能目前線上的 HR 人員，無論是能力性向、HR 運作思維，或職業興趣根本與 HR 所需的內容南轅北轍？

資料來源：Ulrich, D. &Brockbank, W. (2005).The HR Value Proposition.Harvard Business School Press.

二、事業單位策略與人力資源

　　一般來說，人力資源策略範圍較局限在策略性事業單位，總體策略通常不會由人力資源部分發動，因此本節將先介紹其事業單位策略，並與人力資源做整合。

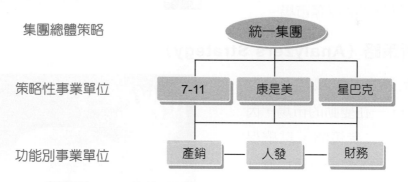

集團總體策略　　　　統一集團

策略性事業單位　　7-11　　康是美　　星巴克

功能別事業單位　　產銷　　人發　　財務

圖 1-3 公司的總體策略通常不會由人資部門發動

　　Miles & Snow（1978）[3] 依據組織對環境變化之反應，對事業體策略提出四種策略類型（詳見表 1-2），重視策略與環境動態的互動並強調組織因應環境改變的回應，說明如下。

---

3. Raymond E. Miles and Charles C. Snow, (1978). Organizational Strategy, Structure, and Process, (New York: McGraw-Hill, 1978).

(一)防禦策略（Defenders Strategy）

採取此策略之組織只專注於
單一、有限的產品或市場，採取
保守的成本控制、提高專業領域
效能以防禦其市場地位，較少從
事新產品之發展、新市場之開拓。
例如，食品業的泰山集團擁有較
少的產品品項，但每種品項之市
佔率都不錯。

圖 1-4　泰山集團的各項產品市占率都不錯

(二)前瞻／先驅策略（Prospectors Strategy）

此型策略之組織採取積極性
的新產品、市場開發，也就是隨時
尋找新市場機會與新產品發展，不
斷開拓較寬廣的市場範圍，而成
為同業中新產品進入市場或新技
術之先鋒。例如，3M 以創新的
Idea，不斷以新產品掠奪市場。

圖 1-5　3M 成為同業中新產品的先鋒

(三)分析策略（Analyzers Strategy）

採取此策略之組織其產品一
在穩定市場，一在變動的市場，因
此，結合上述二者策略，以確保
核心市場為目的，並同時經由產品
發展來尋求新市場定位。例如，麥
當勞以確保大部分的市場為主，但
積極開發新的產品品項滿足消費
者。

圖 1-6　麥當勞採取分析策略，獲得大量消費者

（四）反射／反應策略（Reactors Strategy）

採取此策略之組織面對環境改變時，很難迅速的去適應或因應，無一定之策略可言，是一種毫無競爭優勢的策略類型。例如，之前的味全，並無明顯之策略方式。

圖 1-7　味全公司多年來無明顯成長

表 1-2　事業體策略類型

策略	防禦者	先驅者	分析者	反應者
目標	維持市場占有率及地位。	調適環境變革；創新以早期進入市場。	適應不同市場區隔。	專精的事業策略；創新以在市場領先，與市場成員發展關係。
假設	穩定的環境、組織文化有競爭優勢；組織的特殊經驗有價值；競爭需要深度的功能性專長──員工不可取代。	動態且不可預測的環境；組織特殊的技能沒有價值；最先進的技能有價值；對變革快速反應是競爭優勢；大量的人力；員工之間相依性低；員工可以取代。	事業是分隔的；市場多元化；事業部間協調沒有利益。	動態的環境、資源稀少；員工間有高相依性；經驗及最新的技能都很重要。
人力資源實務	製造	購買	製造及購買並行	藉購買而製造
招募	幾乎不招募新進人員。	各階層都招募。	根據部門需要才招募。	可觀的新進人員招募；任何階層都可能招募。
訓練	公司內有大量的、長期的工作生涯發展。	很少訓練，在產業內的生涯發展。	根據部門做混合訓練。	大量組織特殊技能訓練；即使新進的高級人員也要加以訓練；持續的升遷。

策略	防禦者	先驅者	分析者	反應者
配置	功能性的最高主管；最高主管由公司內升遷。	公司內升遷受限；路過式的系統（Pass Through System）。	以人力資源資訊系統定義出人員需求；有些周邊的、事業部間的轉換；傾向由內部找人。	跨功能或事業部的輪調。
績效評估	對符合期望的行為給予薪酬；著重於減少犯錯。	對短期的結果給予薪酬，通常有容量衡量的指標。	目標管理。	可信的與有效的績效評估；評估訓練；同儕、顧客、本身及團隊領導者的訓練；績效指標兼具客觀及主觀。
人才維持及離職	在生涯早期就挑選；消除文化不符合、注重維持；流動率常低於5%。	流動率高，常大於25%。	因事業部不同而異。	0%～15%的流動率；維持有良好績效表現與價值觀的員工。
學習	強烈的隱藏式（Tacit）知識；功能性專長。	外部化。	區域性知識強；部門間不易轉換。	強調持續的學習。
文化	強勢（Dominant）；廣泛的保有。	弱勢文化，特別是關於員工間的規範；工作的規範較強。	強勢的公司文化，伴隨事業部的次文化。	強勢的文化，在工作及關係上都有強的規範。
員工契約	關係的	交易的	發散的	核心：平穩的 外圍：交易的
內部顧客	發散的	無	發散的	關係的
外部顧客	發散的	交易的	發散的	關係的

三、策略性人力資源管理

了解人力資源管理的意涵後，可以發現它並非是成本支出，而是企業中最重要的資產之一。Butler, Ferris 與 Napier（1991）認為傳統的人力資源管理，主要是從個體的觀點來探討人力資源管理在各個管理功能中的效能；策略性人力資源管理（Strategic Human Resource Management, SHRM）則是由總體觀點（Macro-Organization）切入，探討人力資源管理與各項管理功能間的互動關

係，以及與組織策略間的關係，為一種規劃與管理組織內人力資源的長期性與
整合性的觀點。

　　在圖 1-8 中，環境因素包含政治、經濟、社會與科技的影響，也就是考量
企業的經營外在環境的因素；而在企業經營的內在環境中，要考量的是企業策
略、任務及組織結構。這樣一來，所謂的人力資源管理在經過這樣的程序，便
形成所謂的「策略性人力資源管理」。

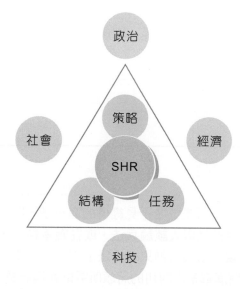

圖 1-8　策略性人力資源內涵示意圖[4]

　　由此可知，企業若想要透過人力資源來達到競爭優勢，就必須從策略的角
度來進行人力資源管理的管理工作，配合經營策略的需要，並使人力資源作適當
的分配與應用。策略性人力資源強調人力資源的工作與操作活動必須配合企業
環境及企業目標調整。在其內涵上我們依據 Tichy, Fombrun & Devanna（1982）
的觀點，可以下表 1-3 表示。

4.　Tichy, N.M.,Fombrun, C.J., & Devanna, M.A.(1982). Strategic Human Resource Management. Sloan
Management Review, 23(2), p. 47-61.

表 1-3　策略性人力資源管理的特性與意涵 [5]

特性	意涵
長期的觀點	建立人力資源使用的多年期計畫。
連接人力資源管理及策略規劃	連結方式：一種是人力資源管理活動可以支援策略推行，而另一種則是人力資源管理者可以主動的影響策略形成。
連接人力資源管理與組織績效	人力資源管理對達成組織的目標扮演關鍵性的角色。由於策略的結果是增加企業的經濟價值，策略性人力資源管理應對企業獲利有影響。
直線主管會參與人力資源政策制定與推動	由於人力資源管理的策略性影響，使得人力資源管理的責任會漸漸落在直線主管身上。

📍 人資補給站

　　西漢名將韓信在發跡前只是位名不見經傳的窮小子，既不會武功也不曾指揮或參與任何戰事，他唯一懂的是與人談論兵法，或在戰爭結束後討論雙方將領的佈陣方式與優缺點，如果用現代名詞叫做只會「紙上談兵」。不過，由於之前張良的慧眼識英雄，了解未來能將漢軍帶出四川的將領所需能耐與特質，所以他推薦了韓信，才有後來蕭何清楚知道韓信的專長，必定能真正協助漢朝未來建國與發展，所以當韓信離開劉邦時，蕭何連夜追韓信回營，並且大力說服劉邦拜韓信為大元帥，領軍運用「明修棧道，暗渡陳倉」方式入關中，也順利幫劉邦奪得天下。

四、人事管理、人力資源管理與策略性人力資源管理的比較

　　人力資源管理的內涵隨著時空的轉移而變化。從早期的人事管理，將人視為一種成本上的「支出」；到人力資源管理，將人力視為公司中「資產」的一部分；最後到達策略性人力資源管理，將人力資源管理的工作融入企業在制定策略上的共同體。以下，我們便針對三者作一比較分析，詳見表 1-4。

---

5. 編譯自Martell, K. & Caroll, S. J. (1995). How Strategic is HRM?, Human Resource Management, p.253-267.

表 1-4 人事管理、人力資源管理、策略性人力資源管理比較表

項目	人事管理	人力資源管理	策略性人力資源管理
對人力的基本觀念	成本支出。	資產。	核心競爭力的一環。
目標	減少人力支出，成本降低。	人力價值開發與加值，提升個人效用。	人力資產累積，增進組織效能。
運作架構	強調人事功能。	配合組織策略目標。	整合內外環境，協助策略發展。
角色	作業執行者。	管理者。	策略夥伴。
職責	日常性事務工作調配。	變化性的人力開發工作。	整合組織策略發展進行人力規劃工作。
勞資關係	明確對立。	和諧共生。	相互合作。
員工未來發展	狹隘。	寬廣發展。	員工生涯與組織目標相結合。

　　很多人都認為人力資源部門在組織中不是很重要的單位，通常大部分的人將 HR 視為行政單位，但是很多企業最終的強盛或衰弱，都可能跟企業的人力資源強弱有相關，而人資部門正是主導每家企業人力資本的重要單位，HR 對組織人力資源興衰往往不是一朝一夕，但絕對是影響深遠，不能夠輕忽之。

　　HR 專業程度會影響組織對於 HR 的認同與重視，如果當 HR 自己無法展現出專業能力時，組織各級主管就會對 HR 開始不重視與不認同，因此當 HR 的專業能力與被信任感越低，HR 就越來越得不到組織高階主管的支持與資源，最後 HR 就會漸漸變的越來越不專業。

　　人力資源功能在組織中是否扮演策略性角色，我們可以由下節「人力資源角色」來說明。

AI 時代下的 HR 角色

　　Neelie Verlinden 是 Digital HR Tech 的 Co-Founder。他在 2019 年透過 400 份對 HR 的問卷調查（遍及 61 個國家）發現，AI 時代的 HR 有三個角色有別於傳統：

角色	說明
科技應用的傳播者	因為要協助組織進行數位轉型，HR自己本身也必須要了解並應用新的科技，而不是當個局外人，認為那是IT的工作。
人力佈局的下棋者	隨著自動化與彈性雇用的趨勢，不定期勞動契約的年代已經改變，取而代之的是更多非典型雇用。外加高齡化與少子化，HR要協助企業下這盤棋，進行人力規劃與佈局（特別是派遣 / 業務承攬 / 約聘 / 大齡人員的任用 / 海外雇用 / 外包等），不再是觀棋者。
人力數據的分析師	在講求證據的大數據時代，HR運作與決策不能再依靠直覺或經驗。HR必須學會如何從HRIS或其他可能管道（例如：社交媒體）中擷取人力數據、整理數據，分析數據，並讓數據說話，且進行預測，已經是HR必修的學分。

　　基於以上三個角色，該跨國調查發現，AI 時代 HR 最重要的五個技能分別為：

1. 數據分析（統計分析 + 解讀）
2. 軟性技巧（問題解決 + 管理變革 + 談判）
3. 數位科技（各式新科技在人力資源管理的應用）

4. 人力規劃（分析並解決人力供需的缺口）

5. 設計思考（運用 UI / UX 的設計精神來解決各式利害關係人的需求）

資料來源：Digital HR Tech 官網

思考時間

1. 請討論在人力資源管理的應用上有什麼新科技？

2. 為什麼人力資源管理需要會統計分析？

1.3　人力資源角色及趨勢

一、人力資源角色

　　許多的讀者並不清楚人力資源在組織中到底扮演何種角色。事實上，人力資源在管理功能中的每一個項目皆能夠找到恰如其分的位置。由圖 1-9 可知，在組織中，人力資源管理涵蓋了傳統的管理功能，而非單純的在「用人」這個步驟才會和人力資源有關係[6]。

---

6. 資料來源：譯自 De Cenzo, D.A. & Robbins S.P. (1996). Human Resource Management, John Wiley and Sons, New York.

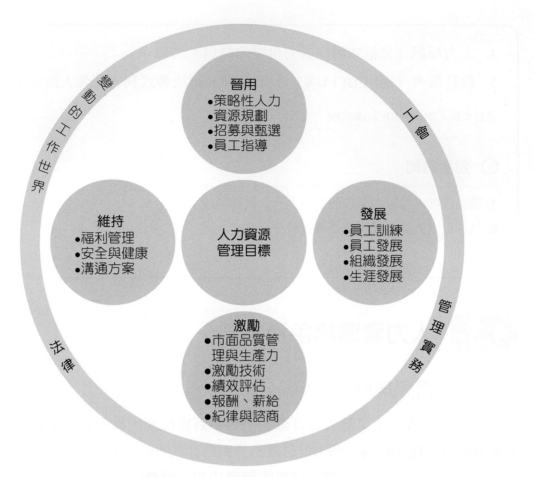

圖 1-9　人力資源管理與管理功能

　　David Ultich（1996）利用例行 / 未來，以及流程 / 員工等角度，發展出 HR
新角色的矩陣。其中包括了策略夥伴（Strategic Partner）、變革推動者（Change
Agent）、服務提供者（行政管理專家）（Administrative Expert）及員工關懷者
（Employee Champion）等四種角色類型，其說明如表 1-5 所示。

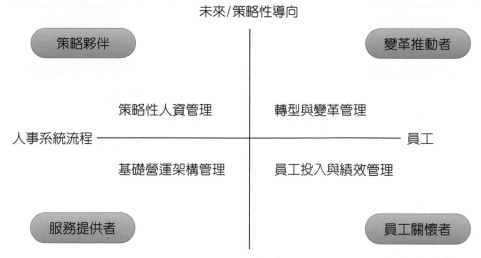

圖 1-10　人力資源管理新角色 [7]

表 1-5　人力資源管理新角色說明 [8]

稱　號	職　責	工作重點	成效評估
策略伙伴	策略性人力資源管理。	整合人力資源管理和營運策略「組織診斷」。	執行策略。
服務提供者	公司基礎建設管理。	組織流程之再造「共享服務」。	建立有效率的基礎建設。
員工關懷者	員工貢獻管理。	傾聽及反應員工的聲音「提供資源給員工」。	提升員工之承諾與專業能力。
變革推動者	轉型與變革管理。	管理轉型與變革「促進變革能力」。	創造革新的組織。

7. Ulrich, D. (1996). Human resource champions: the next agenda for adding value & delivering results Review. Canadian HR Reporter, 9(18), p.6-19.
8. Ulrich, D.(1996). Human resource champions: the next agenda for adding value & delivering results Review. Canadian HR Reporter, 9(18), p.6-19.

> **◉ 人資補給站**
>
> 　　Ulrich & Brockbank 在 2005 年出版人力資源最佳實務（The HR Value Proposition）第二版，將人力資源重新劃分為五項角色，分別是：
>
> 1. 員工擁護者（Employee Advocate）：即員工關係業務。
> 2. 人力資本發展者（Human Capital Developer）：即學習發展（Learning & Development）和接班計畫（Succession Plan）業務。
> 3. 功能性專家（Functional Expert）：負責招聘、任用、訓練、獎酬、考核等傳統選育用留作業。
> 4. 策略夥伴（Strategic Partner）：即策略性人力資源、知識管理與組織發展顧問等。
> 5. 人力資源領導者（HR Leader）將綜合上述四項角色的工作並帶領人力資源部門與公司內其他部門做好協調，帶頭成為 HR 最佳實務的內 / 外部標竿。

二、人力資源管理的趨勢

　　美國人力資源認證協會 HRCI（HR Certification Institute）2017 年於華盛頓（哥倫比亞特區）召開記者會，根據全球標竿企業 HR 專業人員工作內容的比重與重要度，正式發布並修正通用全球的國際人力資源管理師證照 PHRi 和 SPHRi 考試範疇，自 2018 年 2 月 1 日起生效。

　　根據新舊對照，全球標竿企業變化如下：

1. 傳統人事行政與招募的權重從 44% 下降到 38%。
2. 全員訓練發展 15% 升級至以關鍵職位為基礎的人才管理 19%。
3. 傳統薪酬福利 14% 進化到強調非財務面與工作生活平衡的總體獎酬 17%。
4. 員工關係與勞安議題 27% 合併至一個模塊 16%。
5. 人力資源資訊管理 10% 獨立成一個模塊，強調資訊科技的基礎知識及其在人力資源上的應用。

　　換言之，傳統人力資源管理的比重下降，以人才管理取代人力資源管理，並大大提升人力資源數據分析方面的權重。這代表：

1. HR 行政類工作的比重已顯著下降。

2. 將過去全體「人力資源」重新聚焦在對組織策略和營運產生關鍵影響的「人才」上。

3. 人力資源科技和數據分析能力已成為 HR 的重要工具和基本配備。

　　不過，整體而言我們可以由 David Ultich（1996）的四種角色類型發現，如果有達到這四種功能，我們不難去延伸，到底什麼能力才是人資部門所需要的能力呢？可由表 1-6 看出。

表 1-6　人力資源部門需要的策略性能力 [9]

策略性貢獻	熟悉策略形成過程，能夠實際參與策略的擬定及規劃相關策略執行的方案。
企業知識	了解企業的經營環境及組織特性。
可信賴度	人力資源單位及專業人員要有足夠的信用，讓組織願意讓他們執行重要的任務。
人力資源實務	了解各種人力資源的活動應該如何執行，如任用、訓練發展及薪資福利等。
人力資源科技	熟悉人力資源相關的科技應用，如電子化服務系統。

📍 **人資補給站**

　　2009 年 International Journal of Human Resource Management 針對電子化人力資源管理（electronic Human Resource Management, e-HRM）議題，發佈專刊研究發現，HR 總藉由行政事務太多而無法兼顧策略性角色為由，紛紛導入資訊系統如 HRIS、e-Learning、HR Portal 等資訊技術。事實證明，即便導入這些資訊系統 / 平台後，大多 HR 仍舊扮演行政性的角色，沒有轉型成功；而轉型失敗的主因在於公司和 HR 對自己部門的定位依舊是行政專家！

資料來源：Marler, J.H. (2009) Making human resources strategic by going to the Net: reality or myth?International Journal of Human Resource Management, 20(3), p.515-527.

　　企業在經營時，即使面對相當險惡的環境也是要維持生存；利潤的壓縮加上成本的不斷提升，企業主仍希望能夠有效恢復生機。對於勞工而言，則是希望業主能夠提供較好的工作生活品質及規劃發展。但是就雙方的目標期許來

---

9. 編譯自Jeffery S. Mello(2006), Strategic Human Resource Management, 2nd ed. Thomson, South-Western. p. 161.

看，實際上還是有些困難點，因此，對人力資源管理的工作便產生相當大的衝擊。這樣的衝擊可以源自於過去人資的迷思以及現實的改變，我們可由表 1-7 所示：

表 1-7　人力資源管理的迷思與現實[10]

過去的迷思	新的現實
1. 人們從事人力資源管理是因為他們喜歡與人接觸。	1. 人力資源管理所做的事是要讓員工更有競爭力，而非更舒適。
2. 誰都能從事人力資源管理的工作。	2. 人力資源管理的領域是以理論為基礎的專業領域，需有專業能力的人才能勝任。
3. 人力資源管理從事的都是一些軟性的工作，所以無法被衡量。	3. 人力資源管理必須學習如何將他們的工作轉換為財務績效。
4. 人力資源管理的焦點通常是成本，而這些成本必須被嚴格控制。	4. 人力資源管理應該有助於創造價值，而非只是控制成本。
5. 人力資源管理的工作有如各項政策的管制者，同時須留意員工是不是過得快樂健康。	5. 人力資源管理不是為了讓員工快樂，而是要讓員工有高度組織承諾，也要讓經理人有高度管理承諾。
6. 人力資源管理追求很多流行的熱潮。	6. 人力資源管理實務是逐漸演化與進步的。
7. 人力資源管理部門通常是由一群好好先生（小姐）組成的。	7. 人力資源管理要面對問題、接受挑戰，也要展現支持的一面。
8. 人力資源管理是人力資源管理單位的事。	8. 人力資源管理的專業人員應該與經理人共同面對人力資源相關的議題。

　　人力資源管理者的角色因工作量增加，其困難度也不斷提升，如同上述所言，其應該走向多元化的**趨勢**，才有辦法協助企業達到競爭優勢的提升。所以，在現今的人力資源管理者上，不再單純侷限於協調人事問題而已，而是形成與企業經營策略相結合的**趨勢**，變成企業取得成功的利器。而新型態的人力資源，大體上會以「職能」為考量[11]，進行各人資功能的整合，Yeung, Woolock, Sullivan（1996）提出人力資源職能與整合模式如圖 1-11 所示。

---

10. 譯自 Ulrich, Dave, (1997) , Strategic Human Resource Champions, Harvard Business School Press, p.7.
11. 職能管理的內容將在第二章中說明。

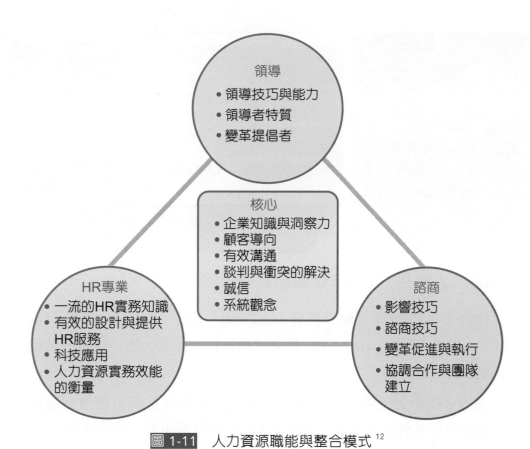

圖 1-11　人力資源職能與整合模式 [12]

　　由上圖可以知道，未來是知識型工作者盛行時代，他們會忠於自己的專業，若企業的人資部門沒有辦法具有誠信、有效溝通、系統觀點等「核心」能力，則員工對企業無顯著忠誠度。同時知識型工作者通常為 Y 型員工，有高成就需求導向，不喜聽命於人，有強烈的自主性，企業在「領導」上面臨不同以往的新課題，需將其視為夥伴，而不是下屬。同時新型態的人資部門也應該要有「諮商」的能力，若無法協調合作與團隊的建立，甚至在組織變革時給予促進與執行，則企業較難以留住人才，因為傳統的金錢不再能有效的驅使他們，如何滿足其自我需求或將企業的願景和其個人願景相結合，才是最重要的課題。

---

12. 編譯自 Yeung, A., Woolock, P., & Sullivan, J. (1996), Identifying and Developing HR Competencies for the Future: Keys to Sustaining the Transformation of HR Functions, Human Resource Planning, 19(4): p.48-58.

人資
個案探討

CHRO（人資長）是 CEO 職能最相近的職位

　　2021 年 12 月，曾任聯合利華（Unilever）人資長的里娜‧奈爾（Leena Nair），獲香奈兒（CHANEL）任命為執行長，此前，她一直致力於提倡以人為本的工作場所。

　　過去 2 年面對疫情期間，許多人資長為了讓員工安全地進行遠距工作，承擔了更多管理的職責。因此，人資長變得更重要，也就不足為奇。

　　香奈兒執行長奈爾過去在聯合利華時，也不斷推動人資單位的重要性，她將人資的職能與公司的財務狀況、營運效率結合，像是運用工具預測哪些員工可能離職，例如，預測出公司將流失 XX 名人才，代表公司將損失 2 億歐元；但若能留住部分的人，就可以省下 5,000 萬歐元，「我們的目標旨在鼓勵人資以這樣的方式思考，並量化他們的工作。」

資料來源：修改自丁維瑀編譯（2022）人資長愈來愈受重用！CHRO 為何是與 CEO 職能最相近的職位，經理人雜誌

⌣ 思考時間

《時代》（TIME）雜誌形容，現今資深的人資主管，能處理多項任務，而且已是可以直接與執行長溝通的角色。人資主管必須將公司戰略結合人才方針、需求，利用數據得出洞見，以此提供領導者建議，例如是否調整管理方法、轉型策略。這些條件，也使得人資長的工作範疇更近似於執行長。你有沒有想過，CHRO 還可以如何協助執行長？

課堂實作
你該不該調停？

班級 _____

組別 _____

成員簽名 _____

說明

這個活動需要以組別為單位，請由下列的情境，比較它們的決策。

情境

你是人資部主管，在一場公司內部一級主管會議上，行銷（業務）部和研發部主管在會議桌上為公司業績吵了起來。研發部主管認為他的部門為公司開發出許多不錯的產品，公司的業績不好，是行銷（業務）部不會賣、沒有努力去開拓市場；行銷（業務）部主管認為，研發部開發的那些產品根本就不符合市場需求，導致我的部門怎麼推都推不動，研發部才需要檢討。眼見兩位一級主管就要開打了，場面火爆，你身為公司的人資部（也是一級）主管，公司內部的和諧需要你來調停，你會怎麼做呢？

實作摘要

_____

Note

CHAPTER 02
人力資源規劃

學習大綱

2.1 人力資源規劃
2.2 人力盤點
2.3 職能管理

人資個案探討

明星員工真的能帶來團隊整體績效？
聯合利華人才在組織內「換跑道」
空姐都在忙什麼？

人資聚焦：經理人講堂

Neuralink 草創成員接連出走

課堂實作

工作任務一覽表

人資聚焦
經理人講堂

Neuralink

Neuralink 草創成員接連出走

　　Neuralink 是馬斯克於 2016 年成立的美國神經科技和腦機接口公司，由伊隆・馬斯克和其他八名聯合創辦者所創辦，負責研發植入式腦機介面技術，公司的總部位於舊金山。

　　2016 年 Neuralink 剛成立時，創始團隊總共有 8 個人，但是絕大多數成員都在公司交出成果前陸續出走，目前除了馬斯克本人外，只剩下植入工程師 Dongjin Seo — Dongjin Seo 曾在 2020 年登上 MIT 科技評論 35 歲以下創新者的榜單—因此這間新創成立 6 年來，創始團隊成員除了馬斯克之外，已經只剩下 1 人。

　　馬斯克是公司的執行長，然而忙於特斯拉、SpaceX 業務的他，待在 Neuralink 的時間非常少，按照馬斯克最初的計畫，2020 年就要將腦機界面植入人腦測試，但直到現在都沒有實現。

資料來源：Juan Lerma, (2022). Chief Editor of Neuroscience, the IBRO Journal

問題討論

相關新創公司需要進行動物實驗之後，政府單位才會准許進行人體實驗。但無論如何，這些消息都顯示 Neuralink 的計畫已經出現延誤，你認為 Neuralink 必須先解決人才流失的問題？還是應該加速進入人體試驗？

前言

　　人力資源規劃（Human Resource Planning, HRP）即是——組織依據其內外環境及員工的事業生涯發展，對未來長短期人力資源的需求，做一種有系統且持續的分析與規劃的過程。換句話說，人力資源規劃即是配合組織策略，預測企業未來的人力需求，以獲得適當的人員，在正確的時間、地點，進入適當的工作，以促進組織目標之達成、人力資源規劃之程序。

2.1　人力資源規劃

　　通常組織都會編列營運計畫（Business Plan），用以擬定組織及各單位做什麼？如何做？等到方向確定後，接下來就是要編列預算（Budgeting）並做資源規劃（Resource Planning），確認要做到多少？要花多少資源？在有限的資源下又如何分配？由於臺灣現今環境變遷快速，產業的轉型非常頻繁，再加上少子化的衝擊，使臺灣人力資源供需產生嚴重失衡的現象，失業率屢創高峰，但企業卻一才難求。因此人力資源規劃是組織，用以了解為支應營運計畫下的各類活動，需要多少質量的人力？與現行人力供給的缺口為何？用什麼人力資源管理方案來補足這個缺口，並且在對的時間，把對的人放在對的位子。

一、人力資源規劃概論

　　在人力的配置上，前期的「規劃」顯得非常重要，這樣的規劃必須要能配合組織未來的策略，因此在需求的預測及管理上就必須結合外界環境的變化。

（一）人力資源規劃

　　根據吳秉恩教授（1999）所提，人力資源規劃乃指，在配合企業未來發展之需要，運用定量、定性分析，藉以「適時適地」、「適質適量」、「適職適格」及「適才適所」地配置人力，促進組織目標達成，永續發展（詳見圖 2-1）。

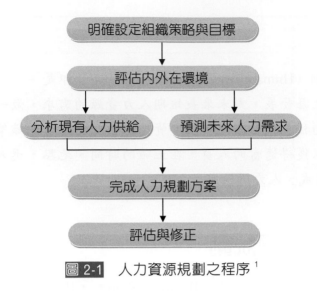

圖 2-1　人力資源規劃之程序 [1]

　　絕大多數的公司都能明確說明該公司的策略方向或目標，但是該如何搭配人力資源系統完成策略目標，則無法明確說出，因此就會造成「病急投醫」的情況，招募上永遠會慢一步，而無法預先做準備。

📍 人資補給站

　　大多數的人資管理學者對於量化的分析技術並不在行，但是少數兼顧統計技術及人資知識的專業 HR，卻能運用量化分析技能，將虛無縹緲的人資問題或人資專案效益，轉化為明確易懂的數據，提供對數字敏感的企業主，能對於呈現的人資策略議題一目了然。

(二) 人力資源規劃之基本模式

　　由上述說明我們可以知道，要談人力資源規劃，必須先了解組織內外部的市場環境狀況。針對環境及市場的狀況，對組織未來的人力需求進行評估，同時考量人力的供給來源，訂定招募計劃（如圖 2-2 所示）。

1.　吳秉恩，（1999），分享式人力資源管理－理念、程序與實務，翰蘆圖書出版有限公司，p.151。

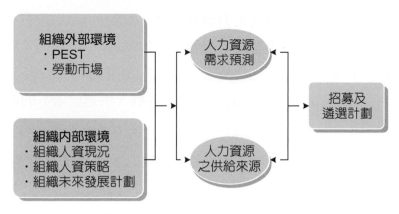

圖 2-2　人力資源規劃之基本模式[2]

　　由上圖我們可以知道，其實人才的供給和需求之間，雖然都必須來自於組織內／外部環境，但若細部了解需求預測及供給分析，卻有不同必須考量的項目，如圖 2-3 所示，我們可以透過量化的方法做需求預測，進行內、外部的供給分析，由分析結果產生供需比較及人力計畫的實施。

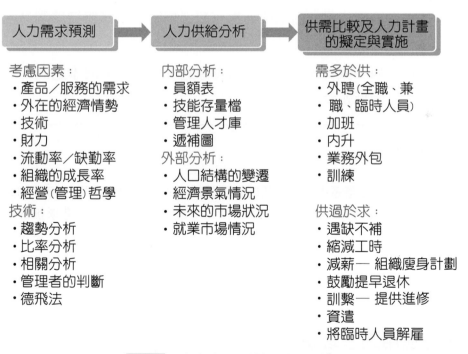

圖 2-3　人力資源規劃過程模型[3]

2. 李正綱、黃金印、陳基國著，（2004），人力資源管理－跨時代的角色與挑戰，前程企管公司，二版。
3. 吳復新，（2004），人力資源管理，華泰圖書，臺北。

　　若人力資源規劃過程發現其人力資源短缺，具體的解決措施，只有自己培養或是由外部招募。但是一般對於管理職人員的短缺，中大型企業傾向自己培養，因為較能與本身的企業文化相契合，同時對企業的狀況有較多的理解；小型企業則以外部招募方式居多。但若人力資源過剩（供過於求）的解決措施，則包括以下幾種方法。

1. **組織瘦身（Downsizing）**：係指為增加組織的競爭優勢，而有計畫地裁減員工人數。

2. **提前退休計畫**：組織為鼓勵績效表現較差的員工自願離職，推出多樣化的提前退休機制（Early-Retirement Programs）。

3. **遇缺不補**：當員工因離職、退休或死亡等緣故，而有空缺時，組織不再聘用新人，工作則由其人員共同分攤。

4. **強迫休假**

5. **縮減工作**

6. **提供進修**：在經濟不景氣而造成人力資源過剩時，常是組織培訓員工的最佳時機。

7. **將臨時人員解雇**：減低薪資——人力資源過剩代表人力成本過高，若不裁減人員，就只好減低薪資。

◉ 人資補給站

　　根據研究，當經營者提出一項新的管理的想法或改變的要求時，90% 的員工首先想到的是，這對於我的工作有何影響？所以，當「流程改善」的要求被提出時，應先進行溝通，並清楚讓員工知道檢討作業流程及工作內容的目的，是為了刪減沒有效益的工作，而不是刪減努力工作的員工，千萬不要因管理目的被不當的揣測而影響員工士氣。

二、人力運用與管理機制

　　在一般企業裡員工的素質大多呈現常態分布，對於心態正常、資質中上的員工，主管只需要輔以一般的管理方式即可，使其能自我管理；而面對常模以外的員工，則必須花費更多的心力在其身上，以避免其影響到組織的正常運作，這種「因材施教」的方式，就必須在公司內部形成良好的人力資源組合，透

過彼此的搭配以達成公司目標。現在讓我們來了解企業是如何運用及管理其人力資源。

(一) 人力資源組合

　　組織內部管理者在運用部屬、管理員工的最大目的，就是協助員工提升工作績效及發揮未來潛力，學者 Odiorne（1990）曾根據這兩項指標之相對表現將員工分為四類（如圖 2-4 所示）。

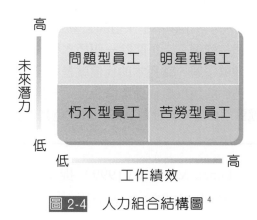

圖 2-4　人力組合結構圖 [4]

1. **朽木型員工**

   指工作績效及未來潛力均表現不佳者，具有消極被動及隱性不滿的心態，其數量佔組織整體員工的 3%~5%。

2. **苦勞型員工**

   工作績效高，但未來潛力低者，屬於苦幹實幹型的員工，其所佔的比例高達 60%~70% 左右，這群循規蹈矩、孜孜不倦的員工，是組織能順利運作的基石。

3. **問題型員工**

   此類員工富有創意、極具未來潛力，但現有績效低落，其所佔的比例約 10%~15% 之間，其績效低落的原因在於主管的領導方式與組織的激勵制度，無法誘使他發揮潛力的緣故。在高科技產業中，此類員工佔很大的比例。

4.　Odiorne, G. S.(1990). The human side of management: Management by integration and self-control. New York, NY: Lexington Books.

4. 明星型員工

指工作績效高及未來潛力表現亦佳者，具優越感與高成就需求的特質，是公司的搖錢樹，這類型的員工應盡力避免使其成為其他三種類型的員工，其數量佔 5%~10% 之間。

📍 人資補給站

你一定想不到，奇異前總裁傑克・威爾許可是出了名的「明快無情」。對於進步空間有限的員工，他說：「工作不是永恆的天堂，工作比較像伊甸園，有時候，不得不請人走路。」威爾許強調：「每開除一個朽木型的員工，就要把握機會教育其他員工，員工才能很快的了解，當朽木的代價就是這麼高。」比方說，公司的價值觀強調「團隊合作、遇到問題以最快速度解決」，一旦有員工因為缺乏團隊精神而必須離開時，主管就該明白告知其他的員工，以避免其他員工犯了一樣的錯。

另一種分類方式是 Lepak & Snell（1999）提出的以人力的獨特性及價值性，將人力資本分成 4 種類型（如圖 2-5 所示）。

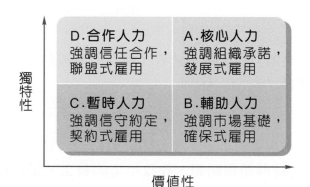

圖 2-5 組織的人力資本結構與人力資源管理[5]

所謂的核心人力，通常是指組織中特殊的專業人員或中高階的管理工作者。輔助人力則是指主要的作業性人力；這 2 類的人力通常都是由組織長期僱用，但是輔助人力因為工作內容大多鎖定在執行常態性的工作，因此，在組織中通常僅進行基礎的技能訓練，而專業人力則是必須為組織解決困難問題，通常要有廣泛的知識與能力才得以勝任，除此之外，組織同時亦須給予發展與晉升機會及較多的績效獎勵。

---

5. Lepak, David P., & Snell, Scott A. (1999). The human resource architecture:Toward a theory of human capital allocation and development. Academy of Management Review. vol. 24(1): p.31-48.

　　暫時人力是指對組織影響不大且很容易從勞動市場取得的人力，一般而言，大多是以短期的勞務外包方式取得；而合作人力則是指一些專業的外部人力，例如，外部的資訊公司、會計師、管理顧問公司等，因為其獨特性較高，所以通常會與組織維持比較長期的合作關係。這兩類的人力，雖然都來自於外部，但是其管理方式有很大差異，前者通常是以契約為基礎的方式進行控制，在取得人力的過程較以價格及工作品質為判斷基礎；後者則組織會關注其問題解決的能力，並以建立信賴關係為管理的基礎。

　　因此讀者可以思考一下，面對不同的「人力」，如果你是老闆，你會採用哪種員工？有沒有什麼限制條件？

> **◉ 人資補給站**
>
> 　　到底什麼是核心人力？一般來說，核心人力通常指的是核心員工，而在實務上，核心員工又大多以知識型工作者居多。因為知識型工作者與創造績效及對公司發展最有影響作用，同時也最具有不可代替性。因此一個企業中，哪些員工是具有不可替代性的，必須透過人力盤點的方式來評估。

(二) 管理機制之配合

　　先前我們提到，當主管在面對問題型員工、明星型員工、朽木型員工、苦勞型員工這四類員工時，如何協助員工提升工作績效及發揮未來潛力，是最大的課題。主管的領導方式，應充分運用激勵理論，隨不同類型的員工而有所不同，並且應建立兼具公平性與發展性的績效獎懲制度，方能發揮其應有的效能。透過黃英忠教授曾提過的人力資源策略矩陣（Human Resource Strategy Matrix）來看這四類員工的管理配套策略（如圖 2-6 所示）。

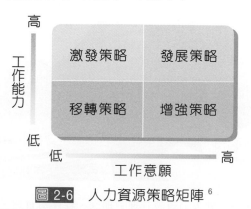

圖 2-6　人力資源策略矩陣[6]

6.　黃英忠，（2001），現代管理學，華泰圖書，p.563。

　　由人力資源策略矩陣與人力組合矩陣（圖 2-4）的比較，我們可發現雖然兩者所使用的構面並不相同，但構面與構面之間仍具有密切的關聯性。根據期望理論，雖然高工作意願並不一定帶來高工作績效，但高工作績效一定來自高工作意願；而工作能力與未來潛力其實是一體的兩面，具有高度的相關性，因此我們可以結合人力資源策略矩陣發展如表 2-1 的管理機制。

表 2-1　人力組合之管理策略表[7]

類　型	管理原則	管理策略	管　理　機　制	釋　例
朽木型	降低閒置現象	移轉策略	人力異動、離職管理、輔導面談、強化工作態度訓練、停止調薪，視工作改善，再予調整。	藉由深度訪談了解員工為何士氣低落，並予以適當輔導與激勵。
苦勞型	延續工作幹勁	增強策略	教育訓練、多功能的培養、加強水平思考訓練。	乃組織運作的基石，設計一系列相關的教育訓練計畫，有計畫培訓成為公司的得力助手。
問題型	正向善用創見	激發策略	各項激勵制度、工作再設計（豐富化、JCM）、善用提案獎金制度、深度面談，提供員工協助方案。	運用參與管理機制，共同制訂營業目標，並且運用激勵理論（例如期望理論）誘導其行為。
明星型	提高附加價值	發展策略	前程發展、管理能力發展、提供入股機會、加強合作性訓練。	將個人願景與組織願景相結合，實現理想的人生。例如，分紅入股計劃。

7.　1. 吳秉恩，（1999），分享式人力資源管理－理念、程序與實務，翰蘆，p.263-264。2. 黃英忠，現代管理學，華泰圖書，p.563。

明星員工真的能帶來團隊整體績效？

西北大學的經濟學家 Jennifer Brown 發現，高爾夫球界的傳奇巨星老虎伍茲 Tiger Woods 只要參賽時，同場的球員都無法發揮正常水平，因此推論一般人認為跟頂尖人才差距太大，無望追趕反而容易放棄。

社交媒體與平台可能會改變這種現象，知識型工作者將由企業中被釋放出來。過去一個知識工作者必須依附在一家企業，不過現在有 Facebook、YouTube 等平台，甚至是許多的新創企業個體更能體現價值。

越來越多專業的工作者服務於多家企業，流動於各平台之間，組織越來越依賴明星員工，但明星員工卻越來越不需要進入組織。

企業越來越留不住明星員工，這樣的情況也越來越不鮮見，管理者除了選擇放手，也可以提供另外一種工作模式，不限制個體發展，反向幫助員工規劃如何打造個人品牌，也能讓公司品牌有加乘效果。

資料來源：鄧天心（2019），明星員工是把雙面刃！數量過多恐拉低團隊整體績效。科技報橘

⊙ 思考時間

在知識工作的領域，明星員工的貢獻往往大於或相等於上級。在運動競賽的領域中，球員的薪水比管理職高都是非常正常的事情。如果你是主管，你該如何讓明星型員工為整體團隊帶來效益？

2.2 人力盤點

　　人力資源盤點是人力資源政策擬定的客觀依據，也是人力資源規劃中最重要的前置項目。因此，無論是人才招募計劃、教育訓練計劃、輪調升遷制度、薪酬制度的制定，若能透過人力盤點，明確得知現有狀況，再配合企業未來發展，才能規劃一套適合企業實際需求的人力發展計劃。

一、人力盤點概要

　　在上一小節中，我們了解人資組合所需搭配的策略，但在這之前，我們必須對公司現況進行人力盤點，才能透過盤點的結果進行後續人力的再加值。

(一) 何謂人力資源盤點 [8]

　　根據勞委會的說法，所謂人力盤點，即是透過企業內部人力需求與供給的預測，進行現有人力編制與分配合理性與正當性，其目的是協助企業主了解目前的人力編制是屬於過剩或者短缺的狀態？了解各部門到底應該配置多少員額才足以因應現有的工作負荷？以作為增員、裁員的標準，並進一步提供人力資源部門作為訂定未來人力資源計劃與策略的參考依據。

(二) 人力資源盤點的項目

　　外在環境不斷改變使企業偶有面臨轉型的必要，然而企業轉型須從策略開始，因此人力資源規劃也必須配合企業的營運策略，人力盤點是人力資源規劃的其中一環，因此要以人力盤點為基礎，做好人力規劃，才能符合企業轉型的需求與目的。

　　一般而言，人力資源部門在人力盤點時應具備之資料如下：

1. 統計現有員工人數及各部門及各職種之人數現狀，並配合新年度營運計劃預估新年度成長情況與人力計劃。
2. 各職稱任用條件、員工知識、技能、其他能力資料、員工調職資料。
3. 員工晉升資料。
4. 員工薪資異動記錄。

---

8. http://www.evta.gov.tw/train/question/89236.htm

5. 員工考核資料。

6. 員工教育訓練資料。

7. 員工職涯生涯期望資料。

　　我們可由上述的資料，用以了解目前組織的人力概況，另外我們也可由表 2-2 中的範例看出，在人力需求表的部分必須清點現有及未來幾年之間的人數規劃，而這樣的清點即可計算正確的數量。但需特別注意的是，表 2-2 僅以「數量」為主，但無法表示「質」的部分，質化的部分必須透過「職位訪談」的方式建構出組織的人資體系。

表 2-2　人力需求表範例（單位：人）[9]

需供說明	年度	第一年	第二年	第三年	第四年	第五年
需求	1. 年初人力需求數	120	140	140	120	120
	2. 預測年內需求之增減	+20	–	–20	–	–
	3. 年末總需求：(1)+(2)	140	140	120	120	120
內部供給	4. 年初既有人數	120	140	140	120	120
	5. 調入或升入人數	5	5	–	–	–
	6. 人力損耗					
	(a)退休	3	6	4	1	3
	(b)調出或升出	15	17	18	15	14
	(c)辭職	2	4	6	3	–
	(d)辭退或其他	–	–	–	–	–
	(e)總計	20	27	28	19	17
	7. 年底既有人數：(4)+(5)–(6)	105	118	112	101	103
人力淨需求	8. 不足 (–) 或有餘 (+)：(3)–(7)	–35	–22	–8	–19	–17
	9. 新進人員損耗估計	3	6	2	4	3
	10.該年人力淨需求：(8)+(9)	38	28	10	23	20

---

9. 吳復新，（2004），人力資源管理，華泰圖書，臺北。

> **◉ 人資補給站**
>
> 　　過去的 15 至 20 年間，哈佛商業評論（HBR）一直在研究高潛力領袖的培養計畫。他們調查了全球的 45 家公司，了解他們如何找出這些人才，並培養他們。然後，我們 訪談了其中十幾家公司的人事經理，深入了解他們提供了高潛力人才什麼歷練，以及用什麼標準去招募及留住高潛力人才名單上的人選。接下來，我們依人事主管提供的意見，訪問了他們視為明日之星的經理人。
>
> 　　研究顯示，不管公司承不承認，以及培養他們的過程正不正式，高潛力人才的名單都是存在的。在研究的公司中，有 98% 說他們有目的地在發掘高潛力人才。尤其是在資源有限的情況下，公司的確會花較多的注意力，來培養能領導組織走向未來的人才。

二、工作分析

　　質化的人力盤點最適合用以實現工作分析的前置作業。工作分析最主要目的是在分析欲完成的工作，需要做那一些事及如何完成。即逐一界定各項工作的內涵與範圍，同時界定每個員工的工作範圍及撰寫一份工作說明書，日後的績效考核亦依據此標準，此一過程即稱之為「工作分析」。而工作分析的目的如下圖 2-7 所示。

　　因此我們可以知道，工作分析最重要的目的就是提供工作的資訊，來幫助進行人力資源管理功能的決策。事實上，工作說明書與工作規範同時也都是工作分析的產物，我們將在本節的後半段進行說明。員工能勝任某項工作之前，除了瞭解工作內容本身，也必須瞭解執行該工作的資格要求。正因如此，工作規範的用途也和工作說明書相近。

（一）何時做工作分析

　　雖然我們有工作分析的概念，但是何時須進行工作分析呢？一般我們可以區分成例行性及非例行性，而這兩種型態又可以區分成以下三種狀況 [10]。

1. 對照工作設計： 在組織架構之下，就每一職位進行設計，對於工作職掌、內容以及擔任此一職位所應具備的資格條件等加以明確規範。

---

10. 吳復新，（2004），人力資源管理，華泰圖書，臺北。

2. **工作變動**：因應內外整體環境變遷而做組織結構的調整，相對地也需將工作內容予以修正變動。

3. **例行作業**：部分企業因制度建立完整，依年度計畫進行年度性的工作分析，作為人力規劃的依據。

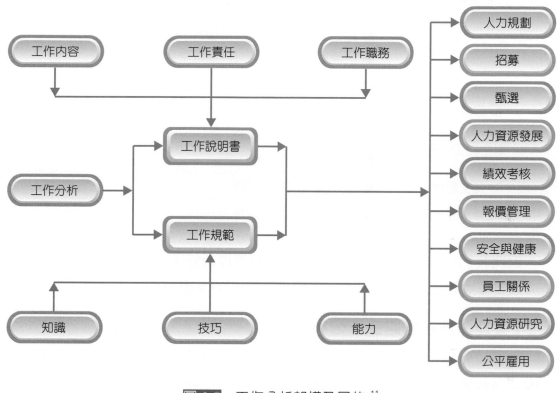

圖 2-7 工作分析架構及目的 [11]

（二）工作分析與人力資源管理功能的關係

大體上來說，人資功能不外乎如表 2-3 中的項目，而在工作分析之後，會得到相關的資訊，此時必須要了解這些資訊在各個功能之間應該如何使用，整理如表 2-3 所示。

11. R. Wayne Mondy & Robert M. Noe, (1996). Human Resourcec Management, 6th , p.94。

表 **2-3**　工作分析與人力資源管理功能的關係 [12]

人力資源管理功能	工作分析資訊之運用
1. 人力規劃	■ 確定所需之人員的種類與資格條件 ■ 建立員工遞補計畫
2. 招募與考選	■ 確定考選方法 ■ 從事考選方法的效度考驗
3. 訓練與生涯發展	■ 鑑定訓練需求／選擇訓練方法 ■ 評量訓練效果／確立升遷管道與生涯路徑
4. 績效考核	■ 確立考核的標準
5. 薪資管理	■ 工作評價／獎金辦法的給獎標準
6. 衛生與工作安全	■ 安全防範措施的分析 ■ 意外及職業災害的分析
7. 員工紀律	■ 建立工作規劃與程序
8. 勞資關係	■ 工資談判／訴怨處理

因此我們可以了解，在不同的人力資源管理功能下，工作分析所得的資訊是可以重覆並廣泛的分佈，也由此可見工作分析有多麼重要。

(三) 管理學派隱含之工作分析概念

由上述的說明我們可以理解「工作分析」乃是逐一界定各項工作的內涵與範圍，同時界定每個員工的工作範圍及撰寫一份工作說明書，日後的績效考核亦依據此標準。但是工作分析的概念並非短時間出現的，而是由不同時期的管理學派所累積而成，因此從管理思想的演進來說，各學派在工作分析的演進觀念上都帶來一定程度的變化，同時將該學派之精神融入工作分析中（如圖 2-8 所示）。

不同的管理學派，對應的是不同的演進過程，我們也可以發現現今的重點在於工作團隊化，同時在數位時代，變動如此快速的情境下，也強調彈性與創新。

---

12. 吳復新，（2004），人力資源管理，華泰圖書，臺北。

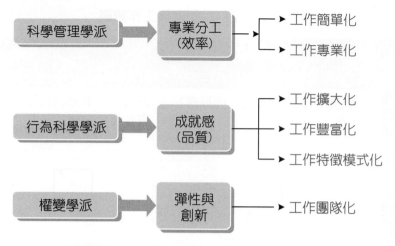

圖 2-8　管理學派隱含之工作分析概念 [13]

（四）工作分析提供的資訊

　　工作分析的基本產出是工作說明書及工作規範，工作說明書與工作規範之定義為記載員工工作職責內容及任職者所須具備之條件的文件，是人力資源管理中不可或缺的管理工具之一其所登載的項目如圖 2-9 所示。

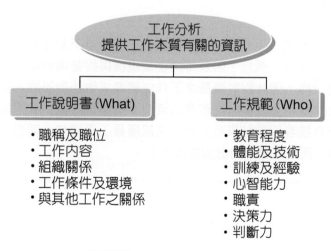

圖 2-9　工作分析結果 [14]

　　工作說明書整體而言，包含「工作說明」及「工作規範」二大部分，表 2-4 為二者之比較。

---

13. 李正綱、黃金印、陳基國著，（2004），人力資源管理－跨時代的角色與挑戰，前程企管公司，二版。

14. 李正綱、黃金印、陳基國著，（2004），人力資源管理－跨時代的角色與挑戰，前程企管公司，二版。

表 2-4　工作說明書與工作規範

	工作說明書 （Job Description）	工作規範 （Job Specification）
定　義	某特定職位所應執行之工作與應扮演之角色。	詳述員工有效執行工作，所應具備之條件。
類　型	What	Who
圖　形	員工 → ？ 什麼員工做什麼事情。	？ → 工作 工作由何種條件的人來做。
舉　例	一位品酒師所應做的工作。	品酒師的學歷或執照。
結　論	工作說明書與工作規範都是一種書面說明。前者定位在員工上，後者則定位在工作上。	

📍 **人資補給站**

　　許多企業雖然知道「工作分析」的重要性，但大多不知道該如何正確著手，經常盲目導入「工作分析」概念。因為每間企業規模與經營項目不同，即便這兩項相同，體質也不會一樣，因此對於職務之工作任務要求也絕對不同，但在時間有限的情況下，多數企業採用直接參考同產業的資料，不管是否適合公司現階段或未來發展的需要，通常直接套用的結果就是會經常感嘆員工不適任、能力不足、績效不彰或不知如何訓練，因此在導入時必須更加小心。

（五）工作分析方法

　　我們在工作分析時，有非常多種方法可做選擇，但該選擇何種方法，必須從效益及成本做考量，因此本書匯整林文政等（1999）提供之方法讓讀者選擇（詳見表 2-5）。

表 2-5 工作分析方法[15]

方 法	說 明
觀察法	觀察法即是實地觀察工作的技術及工作流程之方法。當工作分析人員實際分析時，應將工作分析表式樣牢記，俾便詳細紀錄所需分析的項目。
面談法	面談法是獲取工作資料的通用方法。有三種面談的形式可用來收集工作分析資料——個別面談、集體面談、管理人員面談。 集體面談法是在一群員工從事同樣工作的情況下使用，通常會邀請其主管也出席，如果其主管未曾出席的話，也應找個別的機會將收集到的資料跟其主管談論。 主管面談法是找一個或多個主管面談，這些主管對於該工作有相當的瞭解。
問卷法	問卷法又稱間接調查法，也叫做自行分析法（黃英忠，1997）。通常被人們認為是最快捷而最省時間的方法。最首要的事情在於決定問卷的結構性程度以及應該包含那些問題。在一種極端的情形裡，有些問卷是非常結構化的，裡面有數以百計的工作職責，例如，「需要多久時間的經驗才足以擔任本職務」。在另一個極端情形裡面，問卷的問題型式非常開放，例如，「請敘述你的工作中的主要職責」。在實務上，最好的問卷介於這兩種極端情形中間，既有結構性問題，也有開放性的問題。
特殊事件法	特殊事件法是記錄工作中特別有效或無效的員工行為，當記錄數量夠多時，即可提供相當訊息。
工作日誌法	工作日誌法乃分析人員要求員工逐日記載所有的工作活動及花費的時間，以實際了解工作的狀況。若能接著跟工作者及其上司面談，則效果更佳。
計量分析法	計量分析法主要在於決定一項工作價值及職位高低，一般常用的有職位分析問卷法（Position Analysis Questionnaire, PAQ）、勞工部分析法（Department of Labor, DOL）、職能工作分析法（Functional Job Analysis, FJA）。 其中職位分析問卷法（Position Analysis Questionare, PAQ）係由普渡大學的研究人員所發展出來的，是一種非常結構性的問卷，它是分析任何與員工活動有關的工作專門問卷。 美國勞工部的工作分析法是一種標準化的方法，目的在將各項工作以數量化的基礎來加以評等、分類及比較。 職能工作分析法是由美國勞工部（Department of Labor）於1930年發展而成。
實作法	實作法為分析者實際參與工作以了解工作。
綜合法	綜合法是以上所說明的各種方法中，任何兩種以上的方法合併使用而蒐集資訊的方法。因為任何方法均有其優缺點，所以依據所需工作數據與資料內容及數量分析人員選擇以上各種方法加以綜合應用，可以獲得最佳的結果。

15. 劉麗華、林文政，（1999），「工作分析與職務說明書之建立－以S公司為例」，第五屆企業人力資源管理診斷專案研究成果研討會。

　　以西餐廳服務員為例，除了需了解餐飲業的一般知識外，亦須認識工作部門及職位上特定的專業知識。下表 2-6 為西餐廳服務員任務一覽表的範例。表上的每一行都用一個動詞開始，強調工作必須以行動落實，在研擬時，可將任務按員工日常工作的次序加以排序，以便明確指出員工應負責的工作。

表 2-6　西餐廳服務員任務一覽表[16]

1. 進行營業前的準備工作	18. 調製及服務熱巧克力
2. 補充及維持備餐檯用品	19. 接受點餐
3. 摺疊口布	20. 提供麵包及奶油
4. 準備麵包及麵包籃	21. 準備冰桶
5. 準備服務托盤	22. 服務瓶裝葡萄酒或香檳
6. 接受訂位	23. 服務餐點
7. 招呼及協助賓客就座	24. 查詢用餐情形
8. 與賓客寒暄	25. 快速反應以安撫不滿意的賓客
9. 提供孩童適當的服務	26. 收拾使用過的餐具及整理桌面的擺設
10. 扛起及運送托盤、整理盒或是餐盤籃	27. 銷售餐後飲料
11. 服務飲水	28. 準備外帶的食物
12. 確認點酒賓客的年齡	29. 呈遞帳單
13. 接受點飲料	30. 協助結帳並向賓客致謝
14. 處理飲料點單	31. 收拾並重新擺設餐桌
15. 調製及服務咖啡	32. 整理使用過的布巾
16. 調製及服務熱茶	33. 請清點、申領及補充用品
17. 調製及服務冰茶	34. 完成營業後的收拾整理工作

16. 資料來源：勞動部勞動力發展署首頁http://ttqs.wda.gov.tw/。
　　高屏區評核委員蘇衍綸。從職位工作分析、工作明細表到訓練課程規劃-以西餐廳服務員為例。

聯合利華人才在組織內「換跑道」

　　聯合利華的彈性工作制，讓員工可以利用內部系統申請新的職務，並向公司的任何人尋求協助；同時，部分同事會被授與 15 ～ 20% 的工作時間，來幫助想調動職務的同事。

　　凡妮莎‧奧塔克（Vanessa Otake）2003 年開始在聯合利華工作，最初擔任研發部門（R&D）的工程師，隨後她利用公司的「彈性工作制」，轉調到人資部門，成為公司內部「多元共融」（Diversity and Inclusion）策略的負責人，在組織內落實性別平等。

　　過程中，奧塔克並不是被「趕鴨子上架」般調換工作內容，相反地，她在擔任工程師時，參加了公司內部定期聚辦的「目的工作坊」（Purpose Workshop），她藉此更加確定自己對性別平等的熱情，進而申請新的職務。自 2018 年以來，聯合利華已有約 6 萬名員工參加這個工作坊。

　　這種「彈性工作制」，還能幫助那些可能隨著工作流程自動化而失業的人，再次接受培訓；此外，在疫情期間，衛生用品需求激增，也幫助公司更靈活部署人力，例如可以訓練員工在新的領域努力，來滿足消費者的需求。

資料來源：修改自丁維璊，（2021），3 年內超過 4 千名員工轉調部門！聯合利華為何鼓勵人才在組織內「換跑道」？經理人月刊

2.3 職能管理

　　透過工作分析，我們可了解各種「職務」之間所需的條件，因此我們就可藉由此項產出來進行後續組織的職能管理。一般來說，在做人力資源規劃時必須以職能為導向，然而何謂職能？本節我們將為各位介紹職能的相關概念。

一、職能概念

(一) 五項潛在特質

　　職能可由冰山模型表示，而冰山模型我們大致上可分為內隱或外顯二種特質，而比較重要的特質如圖 2-10 所示。

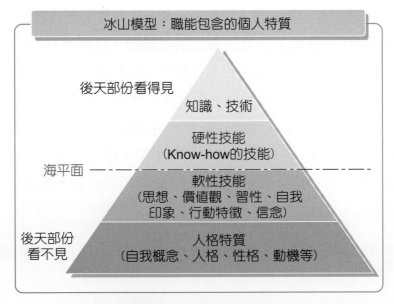

圖 2-10　職能冰山模型 [17]

---

17. 萊爾・史班瑟（Lyle M. Spencer, Jr.），（2002），才能評鑑法－建立卓越績效的模式，商周出版。

（二）職能 PDCA 模型 [18]

中央大學林文政教授認為，職能模型的重點並不在於「認識」，而是在於「實踐」，因此可由 PDCA 循環模式加以探討。

1. Plan

計畫的階段包括導入的規劃，例如，由誰導入？何時導入？如何導入？其次建立支援體系，例如，與高階主管及人力資源人員溝通，並讓他們瞭解職能的內涵與功能。

2. Do

(1) 本階段的重點即在職能模型的建立。

(2) 職能模型包括兩個主要要素

① 職能項目：例如，「培育部屬」是職能項目。

② 關鍵行為：例如，「教導部屬相關管理技巧以成為職務接班人」，則是主管在展現「培育部屬」時，可觀察與評量的行為，兩者缺一不可。

3. Check

職能管理的查核階段即是職能評量，職能評量的方式主要有 360 度評量與評鑑中心（Assessment Center）兩種，絕大多數公司都採用成本較低的 360 度評量。

4. Action

職能管理的行動方案，即是透過職能為基礎的人力資源管理制度來運作，其中包括：

(1) 當員工被評量出需要改善其職能時，公司必須給予訓練與發展的機會，這些包括公司內外部對應各職能的訓練課程、主管的教導、員工自我學習與發展、大學 EMBA 課程等。

(2) 依據受評者的職能表現作為員工晉升與遴選接班人的依據。缺乏這些後續行動方案的職能管理制度，就像沒有引擎的汽車，缺乏向前的動力。

---

18. 林文政，（2006），職能管理的傳言與事實，人才資本雜誌，臺北。

> ◉ **人資補給站**
>
> 　　職能基礎管理（Competence-Based Management）是一種以「能力」為發展的管理模式，目前在實務界的應用相當廣泛，主要目的在於找出並確認哪些是導致工作上卓越績效所需的能力及行為表現，以協助組織或個人瞭解如何提升其工作績效。在組織績效考核表評鑑項目中，大部分是包含過去一年的工作表現，主要是反應員工「過去」的表現，而無法顯示與涵蓋員工「未來」的發展。所以，過去企業的升遷只考慮目前員工的工作績效來晉升，並無考慮員工發展的未來性，是不合理的情況。因此職能為基礎的管理是有涵蓋員工的「未來性」。
>
> 資料來源：修改自吳昭德。中華人事主管協會 HR 知識中心

二、職能類型

　　目前主流的職能模式的分類有二種，其中第一種分類方式為 Darrell & Ellen（1998）所提出，另外第二種乃是勞動部之分類，目前以第 II 種分類較為常見。

（一）主要類型 I（**Darrell & Ellen, 1998**）

　　Darrell & Ellen（1998）[19] 針對職能的分類如下：

1. **核心職能模式**

   主要著重於整個公司需要的職能，通常與組織的願景、價值觀緊密結合。可適用於所有階層、所有不同領域的員工，也可藉此看出組織文化上的差異性。

2. **功能職能模式**

   通常利用企業不同的功能建立，例如，製造、業務行銷、行政、財務等。只適用於某個功能層面的員工，優點是可以聚焦於某個功能面，快速傳遞與鼓勵組織希望的行為，也有詳盡的行為指標促使員工改變行為。

3. **角色職能模式**

   主要針對組織中個人所扮演的某個特殊角色，而非他所屬的功能，例如，主管、工程師、技術員等。例如，主管職能模式涵蓋了各個功能面，包括財務主管、行政主管、製造主管等。由於這是跨功能的，較適用於以團隊為基礎的組織設計。

---

19. Darrell, J. C. and Ellen, R. B., (1998). Competency-based pay: A concept in evolution, Compensation and Benefits Review, Sep/Oct ; 30(5), p.21-28。

4. 工作職能模式

這種職能模式是這四種類型當中最狹窄的，只適用於單一的工作內容，適用於非常多數量的員工從事單項工作時。

(二) 主要類型 II [20]

勞動部將職能類型區分為以下三種：

1. 動機職能（**Driving Competencies, DC**）

從認識個人優勢，進而建立個人職涯發展願景，並透過有效率的自我管理機制，展現高績效的工作成果。

2. 知識職能（**Knowledge Competencies, KC**）

學習了解職場的行為心理並透過個人知識管理與成本管控能力，有效運用於工作問題的解決及績效的提升。

3. 行為職能（**Behavioral Competencies, BC**）

認知團隊運作的重要性，遭遇組織衝突時能運用自我情緒的管理，透過有效的溝通協調機制，發揮團隊合作的綜效機能。

三、職能地圖

職能地圖為職能的表現程度。企業若能找出並確認哪些是導致工作上卓越績效所需的能力及行為表現，就可以藉職能地圖協助組織或個人瞭解如何提升其績效，並確保企業的人力品質。職能地圖主要在描述有效執行工作時所需之知識、技巧、態度及其它特質的組合內容。其涵蓋層面為職能的分類與項目（如圖 2-11 所示）。

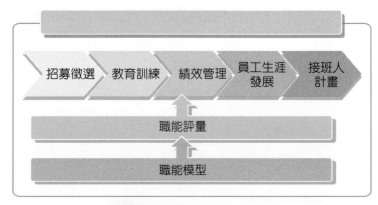

圖 2-11 職能地圖的應用 [21]

20. 黃春長組長，"人力派遣業人才培訓背景資料及提案說明"，行勞院勞委員會職訓局。
21. 萊爾‧史班瑟（Lyle M. Spencer, Jr.），（2002），才能評鑑法－建立卓越績效的模式，商周出版。

（一）建構職能的方法 [22]

　　爲了建構職能地圖，我們必須先建構各種「職位」的「職能」，一般而言。建構職能的方法有下列四種：

1. 工作分析面談法

透過與公司相關人員電話或當面訪談，找出公司能促成組織績效的職能，主要運用一對一的方式或焦點團體方式進行。

2. 問卷法

當有時間限制且受訪者不易見面時，問卷法是最佳選擇。透過問卷的設計及評量方式，以客觀的方式獲取資訊。且問卷的設計必須嚴謹，要具有效度與信度，這樣收集到的資訊才有意義。

3. 焦點團體法

焦點團體法是由領導者帶領小組討論相關議題。當無法採用一對一面談法時，這是收集資料最有效的方式。因爲參與的人數較多，較訪談法減少成本的耗費，也可減少一對一面談法所帶來的偏誤，能激起討論對話，又能收集到較深入的資訊。

4. 工作說明書

若公司的職務設有工作說明書，並不斷更新與調整，那麼透過這項資料的收集，也可建立職能，或者彌補面談或問卷法未能得到的資訊。

（二）職能地圖範例（以 MIS 人員爲例）[23]

　　本書以 MIS 人員爲例，提供初步的職能地圖範例如下，我們可以發現，職能是以「職位」爲單位，因此 MIS 人員將其所需的職能有人際關係與專業知識，建構 7 項的 KPI，並給予權重（表 2-7）。

22. 智通《才富》如何構建企業的核心職能？http://www.job5156.com:6180/gate/big5/www.job5156.com/resource/show_article.asp?id=6553&item=periodical=1.
23. 修改自林文政，（2006），職能管理的傳言與事實，人才資本雜誌，臺北。

表 2-7　職能地圖範例

職務名稱	職能分類	職能項目	關鍵行為指標	行為表現標準程度（1-5）
MIS人員	人際關係	團隊合作精神	尋求團隊的意見	4
			肯定團隊的成就	3
		人際EQ	瞭解團隊的態度與需求	5
			善用情緒管理技巧	4
	專業知識	專業發展	持續更新資訊以管理知識	5
		創新管理	運用創新資訊以管理流程	4

　　此項職能地圖的呈現同時也有助於後續「平衡計分卡」的落實及訂定，我們將在 6.3 節特別進行說明。

📍 **人資補給站**

　　職能地圖是一個學習的目標或道路，或是一個發展的方向。而職能地圖的建立，通常是由上而下。讀者其實可以自己建立職能地圖，你可以想想：如果你想成為國際軟體人才，你該怎麼規劃自己的職能地圖呢？需要哪些職能？你要怎麼去搜集資料？然後利用在校期間將自身的職能補足。

四、管理職能評鑑

　　管理職能評鑑（Managerial Assessment of Proficiency, MAP）即是才能的條件。所謂才能（Competence），有些人稱之為職能，或廣義的管理能力。才能或能力的分類因構面而異，有些分成 12 項能力，有些分成 48 項能力。MAP 將才能或能力分為四大類（詳見表 2-8）。

表 2-8　MAP 之分類[24]

才能（能力）	說明
工作管理能力（行政能力）	時間管理與排序、目標與標準設定等等
認知能力	問題確認與解決、清晰思考與分析等等
溝通能力	傾聽與組織訊息、給予明確資訊等等
領導能力（督導能力）	訓練教導與授權、評估部屬等等

　　過去，企業為確實掌握該職位的工作內容以及擔任該職位所需具備的資格條件。則需透過工作分析以獲得相關資訊，並將這些資訊加以整理後產生職位說明書，做為人力資源管理的依據。若有工作與有人力資源管理的需求，即需工作分析，故在傳統職位劃分的時代裡，工作分析（或稱職位分析）可說是基礎工程。今日，在新經濟時代以任務為導向的專案結構之下，所重視的是需要那些專業知識、技術以及能力來達成任務目標。此時談工作即意味工作人員將被派任某項任務或某幾項任務，在任務導向下，能力就是關鍵重點。

　　管理學者瑞姆‧夏藍（Ram Charan）指出，企業唯有建立龐大、多樣化的人才庫，才能維持組織持續成長的動能。然而，組織的資源有限，人才培育又是一刻都不能間斷的百年工程，因此為聚焦資源，創造核心優勢，許多組織採行職能導向式人才培育與績效發展系統。

　　由於教育訓練之成效容易隨時間而遞減，因此建立評量機制進行短、中、長期追蹤學習成效有其必要性。短期評量可於學習前、學習後及之後六個月內，容易運用問卷得知受訓者行為改變的持續性程度；中期評量可與績效管理制度連動，藉由各項衡量指標驗證學習成效能否轉移為工作績效與效能；最後，長期評量則可連結儲備主管培訓機制與接班人計畫。[25]

24. Denisi & Griffin, (2005). Human Resource Management, 2ed。
25. 資料來源：修改自張寶誠/經濟日報/ 20100712。

人資
個案探討

空姐都在忙什麼？

大型客機的廣泛使用，讓平價飛行成為可能。廉價航空的問世，更讓飛行變得觸手可及。全球航空業的一年客運量超過 30 億人次，空姐才是真正的空中飛人。當機場越建越多、飛機越來越大、飛行越來越觸足可及的時候，她們見過的頭等艙、商務艙、經濟艙的故事，她們經歷過的飛機晚點、飛行事故、特殊乘客，都比你多。

想要成為一個合格的空姐，光年輕貌美是遠遠不夠的。空服人員的首要職能其實是維護飛行安全，其次才是照顧乘客。但是可能早上 6 點，甚至更早，空姐們就要起床、梳頭、化妝、著裝、趕路。到機場後還要開航前會，獲知要客名單等。除偶發緊急情況外，空姐基本以服務員的面目出現：如餐飲的準備與供應，機上娛樂系統的管理、免稅商品的販售以及協助旅客在機艙內舒適搭乘等。服務難度不大，但因場地特殊，體力需求很大，需要久站，更需時常適應時差，機艙因氣壓低，遠比陸地乾燥，空姐又常需化濃妝，不少空姐都會皮膚受損與經期混亂。（圖 2-12）

圖 2-12 空姐忙什麼官網會分享空姐的上班故事給民眾

圖片來源：空姐忙什麼官方網站 https://www.facebook.com/busycabincrew/

⊙ 思考時間

空姐經常是大學應屆畢業生的首選行業。一些不安全地帶航空公司的空姐，都必須經受嚴格的飛行安全及急救訓練，香港航空要求空姐學習詠春拳；阿聯酋航空則要求空姐學習格鬥技，至少能制服一名醉漢；新疆航空也曾發生過空姐制服劫機歹徒的新聞。當然，這樣的場景正常人都不希望遇到。你認為空姐還需要什麼方面特殊的職能呢？

課堂實作
工作任務一覽表

班級 _____

組別 _____

成員簽名 _____

說明

以西餐廳服務員為例，除了需了解餐飲業的一般知識外，亦須認識工作部門及職位上特定的專業知識。下表為西餐廳服務員任務一覽表的範例。表 2-9 上的每一行都用一個動詞開始，強調工作必須以行動落實，在研擬時，可將任務按員工日常工作的次序加以排序，以便明確指出員工應負責的工作。

表 2-9　西餐廳服務員任務一覽表 [26]

1. 進行營業前的準備工作	18. 調製及服務熱巧克力
2. 補充及維持備餐檯用品	19. 接受點餐
3. 摺疊口布	20. 提供麵包及奶油
4. 準備麵包及麵包籃	21. 準備冰桶
5. 準備服務托盤	22. 服務瓶裝葡萄酒或香檳
6. 接受訂位	23. 服務餐點
7. 招呼及協助賓客就座	24. 查詢用餐情形
8. 與賓客寒暄	25. 快速反應以安撫不滿意的賓客
9. 提供孩童適當的服務	26. 收拾使用過的餐具及整理桌面的擺設
10. 扛起及運送托盤、整理盒或是餐盤	27. 銷售餐後飲料
11. 服務飲水	28. 準備外帶的食物
12. 確認點酒賓客的年齡	29. 呈遞帳單
13. 接受點飲料	30. 協助結帳並向賓客致謝
14. 處理飲料點單	31. 收拾並重新擺設餐桌
15. 調製及服務咖啡	32. 整理使用過的布巾
16. 調製及服務熱茶	33. 請清點、申領及補充用品
17. 調製及服務冰茶	34. 完成營業後的收拾整理工作

請以一位麥當勞前檯服務員為例，擬出此人員的任務一覽表，並於下週課堂繳交。

26. 資料來源：勞動部勞動力發展署首頁http://ttqs.wda.gov.tw/
高屏區評核委員蘇衍綸。從職位工作分析、工作明細表到訓練課程規劃-以西餐廳服務員為例。

實作摘要

CHAPTER 03
甄選與面談

學習大綱

3.1 甄選流程
3.2 甄選與面談（評估候選人的方法）
3.3 甄選與企業策略之關係

人資個案探討

萊雅集團的 HR 新同事
星展銀行導入數位徵才
樂高積木徵才方式

人資聚焦：經理人講堂

PChome 延攬媽咪愛創辦人張瑜珊
接任新總座

課堂實作

該不該告訴老闆？

人資聚焦
經理人講堂

PChome 延攬媽咪愛創辦人張瑜珊接任新總座

　　PChome 邀請國內母嬰社群領導電商平台「媽咪愛」創辦人兼執行長張瑜珊，於 2022 年 8 月起擔任集團執行長暨總經理。

　　張瑜珊曾加入 Google 一年只招收 7 位應屆畢業生的 Associate Technology Manager 培訓計畫，之後參與包括 Google 地圖在地化、全世界第一代 Chromebook 合作開發量產，以及開發可合法盈利版權影片的新商業模式的 YouTube 版權合規等多項計畫。她於 2012 年回到臺灣，創立新世代社群電商平台媽咪愛，獲 20 ～ 50 歲媽媽用戶的喜愛，其推出的行動 App 在母嬰垂直型社群電商居領導地位。

　　在過去幾年，PChome 廣泛收購、投資各種公司事業，也在 2020 年設立了「投資長」職務，透過這樣的方式來延伸業務觸角，確實是 PChome 過去一段時間突圍的重要策略。如今看來，廣泛投資做到了，卻不見整合綜效。

資料來源：修改自程倚華（2022）張瑜珊如何領 PChome 駛出風暴？專家指出上任後 3 大任務，數位時代

問題討論

PChome 網頁版（Web）購物介面一直讓許多消費者不滿意，認為跟 2000 年左右剛上線時的介面沒有太大差別。你認為一個新任執行長，除了介面外，還有哪些需要注意的地方？

前言

　　人力資源管理的重點在於適時地提供適當的人力，以達成組織的目標。在整個人力資源規劃的程序中，組織透過招募甄選的流程，期望能找到合適的人才。

3.1　甄選流程

　　在甄選流程中，必須先決定要採用何種方式來進行人才的招募。因此在甄選的流程上，我們可以發現一開始的求職者及組織雙方的期望非常重要，因此以下我們為讀者介紹甄選的流程。

一、甄選的意義

　　吳秉恩（2007）認為「甄選」係指組織就其所設之職位，蒐集並評估有關應徵者的各種資訊以便做聘雇決定的一種過程。因此我們可由圖 3-1 看出求職者與組織之間的訊息接受程度。

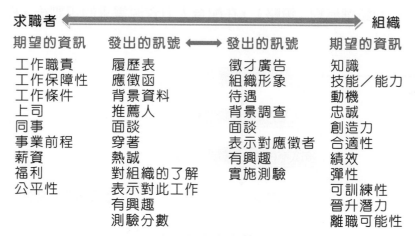

圖 3-1　甄選過程中的「雙向發訊」[1]

　　在第二章中，我們曾經介紹人力資源規劃的基本概念，透過人力資源規劃，可以訂定基本人資策略，有了人力資源策略與計畫，組織人力需求的預估數字就能確定，因此，人力資源規劃可說是甄選計畫的源頭，沒有人力資源規劃，甄選自然無從做起。

1.　編譯自Milkovich & Boudreau, (1994), Human Resource Management, (7th ed)., p.337.

> 📍 **人資補給站**
>
> 　　新進人員在正式任職後，須接受工作上的訓練，尤其是毫無經驗的社會新鮮人，此時所辦的新進人員訓練（Initial Training）與甄選有密切關係。

二、常見甄選流程

　　在人力資源規劃時，我們會定義所謂的職缺條件（Qualifications），這必須透過工作分析，產出工作說明書（Job Description）和工作規範（Job Specification），以界定該職務所必要的專業及管理職能（Functional / Managerial Competencies），期以做好該職務所設定的主要任務[2]。但是另一方面，不同組織會有不同的核心價值觀，故須定義所有職缺皆應具備的核心職能（Core Competencies）。因此，職缺條件就是描述合格候選人其應具備的知識、技巧、能力與特質，簡稱 KSAOs。

　　人資部門規劃出未來的人力資源需求之後，便著手進行人才招募的工作，大部分的企業在甄選時會有一定既定的流程及程序。根據黃英忠（1993）[3]，企業須事先擬出一套甄選流程（策略），在配合人力資源需求的規劃後，程序如圖 3-2 所示。

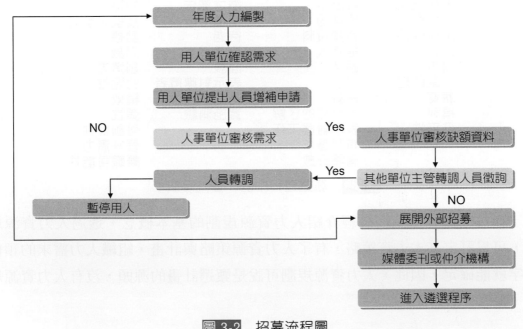

圖 3-2　招募流程圖

---

2. 有關工作分析的內容已於第二章中說明，我們也將在Ch4介紹「工作再設計」。
3. 黃英忠，（1993），現代人力資源管理，華泰圖書，臺北。

> **⚲ 人資補給站**
>
> 　　研究顯示，求職者對甄選流程與評量工具的感受，會影響其對組織徵才公平與否的知覺。一旦求職者認為組織不公，可能會拒絕參與完整的甄選流程，並且拒絕接受僱用，甚至有可能向外傳播不利組織的負面訊息。另外，所有的對外招募廣告或公告的內容都應該納入有關薪資、企業形象、工作條件等三大項目。

三、甄選途徑

　　我們該由何種管道找到新進員工呢？在大部分的情況下可由組織內部及外部進行介紹。以下是一些常見的途徑來源，其中我們也在表 3-1 說明各種方法的產出率。

(一) 內部來源

　　由公司自己的員工填補工作職缺，一方面因清楚員工的優缺點與績效評估資料，且員工亦了解公司本身的企業文化與營運過程，可以降低甄選的成本與風險；另一方面，內部甄選可創造升遷機會，提高員工士氣與動機，降低員工外流的意願。

　　但是內部甄選容易引起內部鬥爭，影響組織的凝聚力，可能成為引進新觀念的阻礙，這也是企業經理人在採用內部甄選時，所應注意並避免的問題。

1. 內部晉升

係透過內部人事異動來達成，企業依公正、公開原則，以制度化、電腦化的方式，使異動流程更加順利。例如，Uniqlo 之中任何主管的升遷，得看他升遷之後有沒有足以勝任的接班人，以及培養了多少部屬來決定（評選標準之一）。

2. 職缺公佈

例如，Uniqlo 若產生人力職缺，便公告於公佈欄上，由員工自行或接受推薦提出申請，其遴選程序與對外招募相同。

> **⦿ 人資補給站**
>
> 　　如果只有一個名額得以晉升，實力較強的人可能容易遭受較多的攻擊，以致於造成無效率以及資源浪費，最後實力最強者反而不一定有最高的晉升機會；但如果當晉升的名額不只一個，例如大型的上市公司組織裡，副總經理通常不只一位，這樣的設計方式，有助於董事會最後選出實力最強的員工，擔任公司的總經理。

(二)外部來源

　　因組織成長快速，或需要大量技術、管理人員，企業一般會採外部甄補的方式來引進人才，其優點為可以比較低廉的成本，獲得優秀的人士加入，並為組織帶來新的觀念與見識。但缺點則是因資訊不對稱的緣故，不易評估潛在的風險，且可能需要一段長時間來適應公司的環境。

1. 徵才廣告

透過媒體（目前是網路媒體）以刊登廣告的方式招募人才。徵才廣告必須要能有效排除不合格者的申請，並且吸引合格人選的注意，才能達到效果，例如於報章雜誌刊登徵才廣告。

2. 就業服務機構推薦

透過各種就業輔導機構來撮合供需雙方，例如學校、各地就業輔導中心、獵人頭公司（Head-Hunter）等。

3. 校園徵才

公司的招募人員在接近畢業時期至各大專院校辦理甄選活動，學校是管理與技術專業人才的大本營，雖然甄選活動成本高又耗時，但仍不失為一個取得人才的管道。例如，台積電曾於畢業季在新竹包下一列火車，與清大及交大之應屆畢業生進行徵才活動。

4. 網路求才

目前較具知名度的人力仲介網站除了提供求職者找尋工作外，也提供企業刊登求才的訊息，企業只須月付少額的費用，就能藉助網際網路無遠弗屆的特性，快速地吸引各方人才的注意。例如 104、1111 人力銀行等。

整體而言，搭配其他主要不同的徵才方式，我們可以列舉如表 3-1 的五種方式。讀者可以發現，平均招募成本是員工介紹為最低，獵人頭公司最高；同

時有趣的是使用校園徵才的招募成本竟比刊登報紙廣告要來得低，這也是為什麼近年來校園徵才廣受企業好評的原因。

表 3-1　不同招募方法的產出率 [4]

	當地大學	名校徵才	員工介紹	報紙廣告	獵人頭公司
投寄履歷表人數	200	400	50	500	20
參加面談人數	160	100	40	400	20
第一階段產出率	80%	25%	80%	80%	100%
通過面談人數	100	80	30	100	10
第二階段產出率	62.5%	80%	75%	25%	50%
錄取到職人數	50	20	6	50	5
第三階段產出率	50%	25%	20%	50%	50%
累積產出率	25%	5%	12%	10%	25%
招募成本	$27,000	$10,000	$1,200	$30,000	$10,000
平均招募成本	$540	$500	$200	$600	$2,000

● 人資補給站

　　求職者透過網路徵才真的好嗎？目前外部求才的管道被大部分的人力銀行網站所取代，當大家都採用人力銀行制式的履歷，你覺得你被公司的人力資源人員看見的機率有多高？再者，人力資源人員透過人力銀行的介面去篩選應徵者的時候，只要在電腦設定一些條件（例如：性別、年齡、工作經驗、相關經驗、婚姻狀況），當關鍵條件一設定，你的履歷表在第一時間就已經被過濾掉，你連被看到的機會都沒有。

四、準備甄選資料

　　為了使所甄選出來的人都是合適的人才，企業須事先準備相關資料如下：

1. **工作說明書**：指的是該工作所必須完成之內容。
2. **工作規範**：指的是該工作所必須具備之能力及條件。
3. **公司或該部門的概況及未來發展方向說明書。**

　　這些在第二章的內容中已詳述，因此本章不再贅述。

---

4. 吳秉恩等（2007），人力資源管理理論與實務，華泰。

人資 個案探討

萊雅集團的 HR 新同事

　　要到美妝龍頭品牌萊雅集團（L'Oréal）工作，應徵時需要做什麼準備呢？先準備跟人工智慧（Artificial Intelligence, AI）機器人聊天吧！

　　萊雅每年大約會有近百萬個求職者，爭取萊雅集團中的 15,000 個職缺。對人資部門來說，如此龐大的應徵者基數，當然是沉重的負擔，萊雅認為「我們真的希望能節省時間，把心力放在具備品質、多元化的求職者上。對我們來說，AI 解決方案，就是加快應對這些挑戰的最佳方式。」

　　現今的聊天機器人大多透過文字進行交談，少數會應用在客服或虛擬助理，但若能成功完成語音對談，同時將特定職位所需的工作條件進行設定，就有可能取代初階的人力篩選及評估。

　　萊雅集團利用 AI 聊天機器人 Mya 來處理例行的基本詢問，以進行初步篩選；當通過的候選者進入下一階段後，再由 AI 軟體 Seedlink 針對其回答開放式問題的表現進行評分。這讓萊雅能接觸到原本看起來沒那麼起眼的面試者。除此之外，還節省了許多時間，根據萊雅在一次實習計畫中招募多元化團隊的經驗，負責招聘的人員工作時間比起以往減少了 200 小時。

資料來源：修改自聯合新聞網（2019）。「HR 新同事上工了，快篩人才減少 200 小時」。

◯ 思考時間

1. AI 能否替業主決定：是否應該聘請特定的求職者？

2. AI 面試可能可以克服招聘人員的潛意識偏見（Unconscious Biases），請問常見的偏見有哪些？

3.2　甄選與面談（評估候選人的方法）

　　當我們配合公司策略，做好人力資源規劃之後，依照人力資源需求，開始增補所需人力，而甄選（Selection）與面談（Interview）則是企業招募「適當」人才，引進組織中發揮效益的兩種方式。人才甄選通常考慮的是未來的發展以及整體效率的提升，選擇合適的員工有助組織文化的維繫，再者，組織目標的推行亦較容易，如圖 3-3 所示。

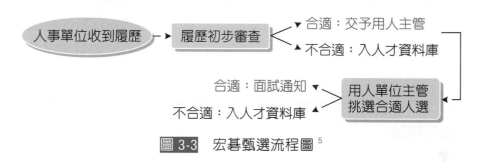

圖 3-3　宏碁甄選流程圖[5]

📍 **人資補給站**

　　面試時，公司選你，你也選公司。對於要應徵的公司的好壞，最在意的恐怕就只是福利好不好，薪水高不高，好像只有福利好、待遇佳的公司才是好公司。但公司好壞不在大小、也不在是否有名，福利好的公司未必是一家好公司，能夠帶領大家走向成功的才是好公司。注意：不只是公司成功，而是大家都能成功。一個以誠為出發點，有能力、有執行力的公司，就有機會成為一家好公司。所以可以從公司營運績效看出其執行成效，從企業文化可以看出其經營哲學，兩者兼具才會是一家好公司。

修改自：凌帠的管理世界。老鳥教你面試：怎麼判斷這公司好嗎？。yes123

一、人力甄選與測試面談之重要性

　　良好的甄選活動之目的只是達成「充分運用人力資源，完成組織策略」的「手段」，而不是「目標」。倘若能以企業的整體規劃，來引導組織的人力資源規劃，相信甄選活動將能有效發揮其對企業的影響力。

5.　資料來源：宏碁集團網站。https://www.acer-group.com/ag/zh/TW/content/overview

二、甄選的原則

　　甄選的方式必須在合情、合法、合理的範圍內，顧及科學性與人性面，使標準具有彈性，以下歸納幾點重要的原則。

1. **合法**：在法令制度的規範下，甄選合格人選；遵循目標導向，減少因人設事。
2. **合理**：遵照合理程序，避免主觀決定；強調疑人不用，用人不疑。
3. **合情**：以同理心為基礎，尊重每一位申請者的人格與權益。
4. **科學化**：制定甄選標準及選用面談測試工具，在科學方法上，須符合信度（Reliability）與效度（Validity）之檢定[6]，例如，經特殊設計的性向測驗[7]。

◉ 人資補給站

　　Google 的人力資源主管說，根據 Google 的分析，在校成績對於員工績效的預測是相當無效的，換句話說，應徵者在求學時的學業成績和他加入 Google 以後的績效表現其實沒有多大的關係。文章中，Google 的人力資源資深副總裁甚至承認「這些刁難人的問題沒什麼目的，只是想要滿足主考官自以為聰明的虛榮心」。你認為這樣的觀點對不對？ 如果你是主管，你會怎麼設計你的面試流程？

圖片來源：Google 官網

三、面談方式

　　面談法是目前企業最普遍使用的選才技術之一，但這項方法卻也最容易受面試官主觀意見左右。研究指出，面談者往往會因為應徵者具有與其類似的條件（例如，同校畢業、同鄉、學經歷相同、興趣相仿），而對應徵者偏愛有加。面談方式一般可分為下列三種。

---

6. 在員工甄選中，Criterion and Preditor 是非常常用的名詞。所謂的 Criterion（效標）就是 Y，Preditor（預測值）就是 X。甄選的重點，就是要找一些有效的 Preditors and Criterion 來定義一個成功的工作。如：客觀的產量（效標）：衡量的方式如銷售金額、生產的數量（Predictor）；個人資料（效標）：薪水、出缺席、特別的獎酬（Predictor）；訓練成效（效標）：訓練期間的出錯率、訓練的考試成績（Predictor）。
7. 常用為五大人格特質測驗。

(一)非結構式面談

指的是面談題目未事先準備，面談者隨興所致的問問題，而此類之方法，學術上稱為非結構式面談。

(二)結構式面談

主張使用標準化的問題（對每一應徵者詢問相同之問題，且不針對應徵者之回答下去追問），並且預先準備好給分標準。其優點是較不易受面試者的主觀意見影響，較為公平。

(三)半結構式面談

指的是上述二者之折衷。它保有結構式面談之特性，但是允許面試者視情況針對應徵者的回答加以追問，因此面試者的自主權會提高。

基本上，半結構式面談及結構式面談都可分為「情境式」與「經驗式」二種，二者的差異在於，前者會在句末加上一句「如果你是故事的主角你會怎麼做？」，而後者會在句末加上一句「當時你是怎麼處理的？」，而此二者在選才效用上並無不同。

> **📍 人資補給站**
>
> 無論採用結構式面談、非結構式面談或是半結構式面談，大多數的公司都一定會進行面談的程序，尤其是越頂尖的公司，面談的程序或次數也會越多，因此部分的求職者可能會對於面談非常反感，但是反過來思考：「如果有一家公司不面試你，所以你完全無從得知未來你的直屬主管是什麼樣的人，你還會想要加入這家公司嗎？」

四、印象管理（Impression Management）

印象管理（Impression Management）從最早期的形象管理（Image Management）（Cialdini & Richardson, 1980），到後期的印象調整（Impression Regulation）（Schlenker & Weigold, 1992），到最後稱之為印象管理。Goffman（1959）認為印象管理不是一種企圖去改變他人意圖之行為，事實上所有的行為都有其相對印象管理的價值，因為印象管理的效果不只對他人產生影響，也會對自己產

生影響。Gilomore（1999）等學者將印象管理定義為「在互動的期間，個人有意或者無意的企圖去影響他人對自己的看法」，把自己內心的心理企圖層面導入印象管理的定義中，再根據與他人互動的結果做進一步的探討。套用在面談情境上，應徵者為了達此目的往往都會使用印象管理策略，採取某些行為與主試者互動，因此取得工作機會。

近代學者們探討印象管理戰術行為對個人、組織所造成的影響（Rosenfeld, Giacalone,& Riordan, 1995；Mohamed, Gardner, & Paolillo, 1999）。其中 Silvester（2002）等學者對印象管理行為的定義中提供了一個較為周延的觀點，他認為無論個人是有意識或無意識的實行此種行為，只要個人擁有企圖去控制他人的想法時，皆可將之稱為印象管理。通常討論一般情況下應徵者與他人人際互動中所產生的態度與心理狀態的差異。

♀ 人資補給站

    過去在社交場合，你與陌生人交換名片後，經常是隨手就放進名片夾；但若由印象管理的角度來看，你應該是回去上網在 LinkedIn 上把對方加為好友。一來既不怕弄丟名片，二來又可以把對方的畢業學校、公司經歷了解得一清二楚，甚至還能查詢一下對方有哪些人脈可供自己聯絡。因此，印象管理從有形的見面到無形的網絡，也從短暫交流延續到持久的關注。

圖片來源：Linkedin.com

五、面談測驗

    在面談時，有時我們需要科學的方式輔助我們判斷，因此除了常見的專業能力測驗之外，可能會採用部分的量表或是實作，以了解應徵者不議突顯的內在性格。

(一)五大人格因素 [8]

John Holland 提出五大人格（Big Five）因素，後來被證實具有信度及效度，便應該使用在人力資源的甄選上，其中包括外向性（Extraversion）、情緒穩定性（Emotional Stability）、勤勉審慎性（Conscientiousness）、親和性（Agreeableness）、對新奇事物的接受度（Openness to Experience）。其各因素的說明如表 3-2 所示。

表 3-2　五大人格特質表

五大人格特質	說明
情緒穩定性 （Emotional Stability）	此構面主要在描述一個人在承受壓力及充滿緊張的環境下，其所展現的情感反應。換句話說：就是你屬於傾向憂慮、恐懼和焦慮的；或者你屬於冷靜、沉著且鎮定的人。
外向性 （Extraversion）	此構面主要描述一個人精力旺盛與熱情的程度，特別是在處理人際間事物上。換句話說：你是一個積極且個性外向的人嗎？還是你比較喜歡獨自工作？
新奇事務接受程度 （Openness to Experience）	描述一個人為了自己某些目的而去探索以及評價經驗。換句話說：你喜歡去經驗一些新奇的且各式各樣的活動嗎？還是你比較喜歡例行公事或熟悉的事務？
親和性 （Agreeableness）	描述一個人對其他人的態度：你會對他人表現出憐憫同情嗎？還是你是一個強硬、謹慎的人呢？
勤勉審慎性 （Conscientiousness）	描述一個人在生命中如何有系統且有動機的追求目標。換句話說：你是一個勤勞且做事周延、組織良好的人嗎？

Big Five 能夠用來預測該名員工對組織的貢獻，主要是在以下二大方向上：

1. 五大人格因素與工作績效的關聯

(1) 外向性與「經理」及「銷售員」的績效有關。

(2) 情緒穩定性＋勤勉審慎性＋親和性與「服務顧客的工作」有關。

(3) 對新奇事物的接受度與「需要創新的工作」有關。

(4) 勤勉審慎性與所有工作績效有關。

---

8. 參考張承、張奇、趙敏（2005），管理學（上），第八章，組織行為，鼎茂。

2. 五大人格因素與工作行為之關係

(1) 勤勉審慎性能預測「助人行為」與「遵守公司規定」。

(2) 情緒穩定性 + 勤勉審慎性 + 親和性能預測「所有對公司有害之組合」。

(3) 親和性能預測「助人行為」、「遵守公司規定」與「團隊合作」。

（二）個人風格量表（Myers-Briggs Type Indicator, MBTI）

　　麥布二氏行為類型量表為 1940 年代，由兩位美國學者 Isabel Myers 與 Katharine Briggs 根據美國心理學家榮格的理論發展出來的。測量人類性格的外在狀態模式，為一種自我評核的性格問卷，此量表受學術界與實務界的重視與肯定，為目前全世界使用率最高的性格量表。它分別為下列 4 大類。

1. 社會互動：（E）外向型、（I）內向型。

2. 對收集資料的偏好：（S）實際型、（N）直覺型。

3. 對做決策的偏好：（T）思考型、（F）感覺型。

4. 做決策的方式：（J）判斷型、（P）感知型。

　　性格測驗對於決定應徵者是否適任某一個工作，HR 部門在使用時必須小心。因為 HR 無法判定這些人格特質的強弱對於我們公司的那些職位的適任程度如何。因此，透過性格測驗，我們也許可以找到某一些特定人格特質的員工，但是每個公司、每個部門都面臨不同的情境，所以擁有這些特質是不是就真的可以把工作做好，則還必須考慮情境或企業文化等因素。

📍 **人資補給站**

　　HR 在很多時候其實都只是在「表面效度」上努力。無論是 104 人力銀行或是 Career 的一大堆評量工具，只不過是為了讓你的甄選過程「看起來更嚴謹」。問題的關鍵其實是「效標」。我們應該問的是：「這個工具能不能有效地幫助我們找到合適的應徵者？」而不是「這個工具能不能有效地評量個人的特質？」換句話說，「效標關聯效度」的效標指的是「工作績效」。例如如果應徵者在成就動機上得分較低，你可以說這名應徵者有較低的成就動機，但並不能推論出所以該名應徵者會因為成就動機較低而影響工作績效表現。

(三)評鑑中心（Assessment Center）

　　係二次世界大戰德國遴選評估軍人潛能的方法。由一組受過訓練的評鑑員，利用各種技巧，例如競賽、測驗、做問卷、團體討論、模擬、角色扮演等，由各方面來評鑑公司內的管理者。透過標準化的方式，由多位受過良好訓練的評估者，評估應徵者在多重活動（包括公事籃中測驗、無領袖集團討論、個案討論、人格測驗、績效測驗等）中所展現出的行為模式，以推斷應徵者的 KSAO 及對工作的適任性。活動完成之後，由評估者舉行評估會議，以達成最終雇用的決策。其優缺點如表 3-3。常見方式有以下三種。

1. **公事籃測驗（In-Basket Exercise）**
   (1) 評鑑中心中常見的演練方式。
   (2) 讓被評估者在一緊急狀況下，時間通常半小時至一小時，扮演主管的角色。
   (3) 從許多放在主管籃內的備忘錄或資料中，做出許多的決定。
   (4) 排定解決方案的優先順序，以書面化的方式呈現。
   (5) 被評估者可以充分展現書面表達能力、創造力、敏感性、主動性、冒險性、計畫與組織能力、控制力、授權、問題分析、判斷力及果決等。

2. **管理遊戲（Business Game）**
   以真實的個案，要求應徵者扮演個案中的角色，制定決策及處理各種決策可能造成之後果。

3. **無領導集團討論（Leaderless Group Discussion）**
   將一群人聚在一起，要求他們在特定時間內討論一個主題。最後並於時間內進行簡報及論證。

📍 **人資補給站**

　　渣打銀行在招募儲備幹部時，會先要求應徵者上網做人格特質測驗，接著進行筆試（考英文和數學），然後接下來是為期一整天的評鑑中心，最後則是一對多（主考官）的面談。在評鑑中心時，測試的內容包括了分組做個案分析（Case Study），並上台做簡報，或是設計一些需要團體合作的任務，主考官會從小組討論過程中，觀察應徵者是否具備該職位所需的特質，或是能不能和團隊成員分工合作。

評鑑中心可用在員工甄選或是生涯發展。員工甄選以評估員工是否具有工作必須之 KSAO 為主；生涯發展以發掘員工的能力與潛能為主。評鑑中心適合用在重要決策時，唯其缺點為索費很高。

表 3-3　實施評鑑中心之優缺點

優　　點	缺　　點
公平客觀	費用高昂
可應用於管理階層測試	造成士氣低落
與全面評核結果相同	造成壓力和恐懼
可測出參加者潛能	影響員工自信

人資
個案探討

星展銀行導入數位徵才

　　星展銀行為新加坡最大的商業銀行，為了尋求臺灣科技人才，決定在新加坡、臺灣及印度三地同日舉行線上面談會（Virtual Hiring Event），招募資訊科技專才，且導入數位徵才流程，僅需手機或筆記型電腦即可參與應徵。應試者在線上面談會前，會先通過 60 ～ 90 分鐘的技術測驗，接著面談會當天，依據不同技術領域與職缺，同時舉辦數場由用人主管及工程師與應徵者進行的 60 分鐘技術面談。

　　除了考驗求職者的臨場問題解決及技術實作能力，通過技術面談者會與人力資源部進行約 30 分鐘的一對多面談，挖掘不僅具資訊科技背景，還擁有忠誠度、個性積極、樂於團隊合作等人格特質者。星展銀行爲選出符合企業文化，有機會成爲新進同仁的求職者，將企業文化也融入面談中。

資料來源：修改自楊筱筠（2022）新加坡星展銀線上面談挖台科技人當天就知道是否錄用，經濟日報

◎ 思考時間

星展銀行透過線上面談，並在當天通知是否錄取，這樣的操作模式有助於雙方節省等待時間。如果是你，會怎樣設計面談內容，以確保錄取者的技術與企業文化皆可融合？

3.3　甄選與企業策略之關係

　　甄選的過程除了必須了解企業未來的策略方向之外，也應該了解員工是否能配合未來組織方向。因此個人及組織之間是否契合，以及找到人才之後，是否能跟企業從「優秀到卓越」則是關鍵。

一、個人－組織契合

　　個人－組織契合（Person-Organization Fit）是指組織價值與個人價值觀、規範的一致性。組織透過甄選過程找到和組織價值觀相同的員工，提升個人與組織的契合度。對於那些想要吸引合適人才的公司來說，若求職者知覺到契合程度高的話，可爲組織回收較高的報酬率，包括招募，甄選及訓練的成本。

　　個人與組織契合高可導致高的工作滿意度和更佳的個人工作成果，亦可提高組織承諾，減低離職的意圖。個人與組織的契合度與工作投入也有重要的正向關係，個人－組織契合有幾項重要的觀念。

（一）求職契合

在現今高度競爭的全球企業環境，以及緊縮的勞動力市場中，能夠維持彈性及留住高承諾人才的關鍵，恐怕就是這種契合度。個人與組織之所以互相吸引，是基於一些相類似的價值觀及目標。許多研究都顯示出，求職者會選擇某一組織是基於契合的理由。

（二）契合有助勞資關係

若是個人與組織契合的話，可導致高的工作滿意度和更佳的個人工作成果，尚可以提高組織承諾，降低離開的意圖。事實上這種契合度與工作投入也有很重要的正向關係，而且對於學習型組織、個人學習層次、團隊學習層次、組織學習層次也都有正向關係。

（三）報酬不是契合唯一條件

薪酬對員工來說，是有形的報酬，但是事實上有許多無形的報酬，能夠給予員工更大的動機，充分發揮自己的能力，如工作滿意度，其潛在的影響力之大，不容忽視，尤其新世代的員工所企求的，不只是薪酬而已，更重視自我實現部分。而對於欲培養高層級經理人的組織來說，有研究結果顯示高層經理人其契合程度比一般員工高出許多的。

因此，現在企業透過不斷的面試來尋找和自己組織相契合的員工。例如，昇陽公司面談的次數可能會有 4 次到 7 次，而面談者可能會高達 20 人左右。而 Toyota 在美國的公司，為了尋找 3,000 名工廠員工，他們看過約 5 萬份的履歷表。平均來說，花費在每個新進員工的僱用時間，包括了常識測驗、工作態度測驗、人際關係技巧評估、工作模擬、體能測驗，一個人會花掉 18 個小時左右。

📍 人資補給站

如果從職能的觀點來看，所有職位皆應具備的核心職能都必須考量人員和組織的適配性（Person-Organization Fit, PO Fit），以期能快速融入組織文化和運作方式；另外，有些組織會考量用人主管的管理風格與部屬特質間是否能媒合，故會特別考量人員與主管或同儕間的適配性（Person-Supervisor Fit, PS Fit & Person-Group Fit, PG Fit），期以產生良好的人際相處與合作模式。

二、A 到 A+

由前小節我們可知甄選的方法及重要性，但事實上，甄選對的人上車是相當重要的觀念，而此觀念則延續企業能否由 A 到 A+。

Jim Collins 和 Jerry I. Porras 歷經長達六年的研究，針對如何建立百年企業，觀察並歸納出幾項原則，發現能歷久不衰的百年基業往往是能固守核心價值的卓越企業；最後，其團隊又花了五年時間，他們從一千多家企業中篩選出十一家「從優秀到卓越」的企業，並且做嚴謹的對照分析，企圖找出卓越之謎。

發動戲劇性變革和組織重整的人，幾乎無法成功地推動優秀公司躍升為卓越公司。無論改革的成果多麼令人刮目相看，從優秀到卓越的蛻變過程絕對不是一蹴可幾的。卓越的公司不是靠一次決定性的行動、一個偉大的計畫、一個殺手級創新構想、一次好運氣，或靈機一閃而造就。相反的，轉變的過程好像無休無止地推動著巨輪朝一個方向前進，一開始，得費很大的力氣才能啟動飛輪，輪子不停轉動，累積的動能就愈來愈大，終於在轉折點有所突破，一躍而過，快速奔馳。

如果把企業蛻變的過程看成先累積實力，然後突飛猛進的過程，可以把它分為三階段——有紀律的員工、有紀律的思考和有紀律的行動。形成了一個稱之為「飛輪」的架構（如圖 3-4 所示），這個觀念抓住了企業「從優秀到卓越」整個過程的型態[9]。

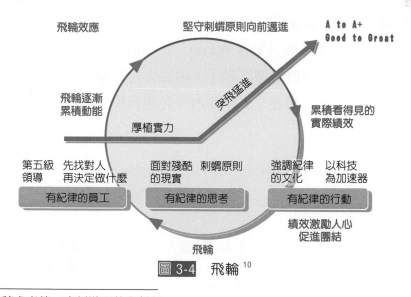

圖 3-4　飛輪[10]

9. 詳細內容請參考第二章領導理論與信任。
10. 齊若蘭譯（2002）。Jim Collins著；從A到A+；遠流。

　　「從優秀到卓越」的企業領導人在決定人事問題時通常很嚴格，但並非冷酷無情。他們不會把裁員和重組當作提升績效的主要策略。主要內容在於找對的人上車，再決定往哪裡去。

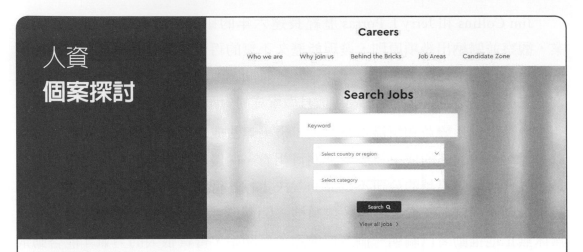

樂高積木徵才方式

　　由於樂高（LEGO）在市場的亮眼業績，這些年除了不斷推出各式模型組合外，為保持成長動能，也不斷需要新的積木設計人才。樂高招募計畫經理韓森（Caroline Hansen）說明，為了能讓公司快速了解候選人和其真本領，所以 LEGO 以堆積木的方式招聘已有 7 年。樂高表示，在全球徵才時，安排來自世界各地，共 21 位候選人到樂高樂園飯店，這 21 名候選人來自美國、澳洲、紐西蘭、巴西、臺灣、印尼和德國等多個地方，各有不同背景。49 歲的布萊耶（York Bleyer）是美國退伍軍人，在美泰兒當設計師多年，他說：「這真是個好點子，因為你可以拿出自己的本事，展示自己的作品。」面試者需在 2 天時間內，先速寫模型構圖，然後再以樂高積木完成。

圖片來源：樂高官方網站　http://www.lego.com/en-us/careers?domainredir=www.jobs.lego.com

◯ 思考時間

小朋友最愛的樂高積木，強調他們不需要候選人有設計學位和經驗，要的是實力。對於這樣的招募方式，有候選人用「殘酷」兩字來形容。以堆積木好壞來決定是否錄取，你認為這樣的招募方式是否適當？

課堂實作
該不該告訴老闆？

班級

組別

成員簽名

說明

這個活動需要以組別為單位，請由下列的情境，比較它們的決策。

情境

你大四準備畢業了，想要應徵一家公司，這家公司在業界非常有名，薪資及福利都高於業界平均，是你夢寐以求的一份工作。但在雇用的流程中，你拿到一份基本的個人履歷表，要求你填寫年齡、婚姻狀況、過去病史及其他資料。要求這些資訊顯然與個人資料保密有些許的衝突，但如果告訴你雇主你的考量，雇主可能會認為你是一個不誠實的員工，或者你不合群；如果你在欄位上留白，雇主可能會有同樣的想法，甚至認為你隱瞞了一些事情。你對雇主的所知不多，但是得到這份工作對你的生涯是重要的，你會怎麼做呢？

實作摘要

Note

CHAPTER 04
企業文化與員工引導

學習大綱

4.1 企業文化
4.2 員工引導及社會化
4.3 工作分析及設計

人資個案探討

向公司申請一包衛生紙，你多久會拿到？
GitHub 的無主管文化
Gamania 橘子集團在創業路上一路打怪

人資聚焦：經理人講堂

Netflix 謝絕乖乖牌人才！

課堂實作

一項文化隱喻的練習

Netflix 謝絕乖乖牌人才！

　　Netflix 曾經表示他們只要超級英雄，制式的流程對他們來說是管理笨蛋的手段。老闆用什麼樣的人、怎麼用人，決定了一家企業的團隊文化和發展潛能。沒有企業喜歡原地踏步，想要不斷突破框架、創造價值，首先一定要培養夠「野」的人才，才有機會在瞬息萬變的商場殺出一條血路。

　　「非常野」的員工一定要搭配「心臟強」的老闆，大部分的公司可能將威力強大卻太有個性的員工視為問題寶寶，因此要帶得動這樣的員工，老闆也要有無限增強的覺悟。

　　非常「野」的員工會認真地想要踩到老闆頭上，這不是壞事，因為這代表他們夠聰明，也有成長的動力和企圖。如果做老闆的可以適時「發功」、展現真本事，他們很快能判斷眼前的人是否值得跟著學功夫。剩下的，就是老闆要無限增強自己，讓大家追在後面。

資料來源：修改自俞伯翰（2022）謝絕乖乖牌人才！員工「個性野」又怎樣？只怕老闆心臟不夠強，經理人月刊。

問題討論

每年畢業季都會有校園招募活動。若你是名校畢業、能力優秀也有想法的面試者，找工作卻不順利，喪失信心，你有沒有想過，有一種可能性是：「不是你太爛，而是他們有問題？」

前言

　　企業文化是一種組織共有的信念，在這種信念之下，會影響企業對於員工的引導及社會化過程，更會因為此種信念，建構不同的工作設計方式，因此本章將為您介紹這三種重要的概念。

4.1 企業文化

　　台積電董事長張忠謀先生曾說：「一家企業最重要的三項東西——願景、企業文化與策略。」更強調：「如果一家公司有很好、很健康的文化，即使遭遇挫折，也會很快地再站起來，如果沒有很穩固的企業文化，一旦遇到同樣的挫折，便不會站起來。」此言闡述了企業文化的重要性！

一、何謂企業文化

　　企業文化又稱為組織文化。Schein（1992）[1]將組織文化的內涵依照具體（表面）到抽象（深層）的程度，分為三個層次，第一個層次是人為飾物（Artifacts），是組織文化中最具體可觀察的層面，包括面對一個新群體或不熟悉的文化時，所聽見、看見與感受的一切。第二個層次是信奉價值（Espoused Values），也是組織的策略、目標與哲學，具有規範的意味，約束成員的行為。第三個層次是基本假設（Basic Underlying Assumptions），是一種潛意識的運作，將成員視為理所當然的觀念，原本只靠價值支持的假設，重覆行動逐漸成為無庸置疑的真理。這些假設由於運作良好，而被視為有效，因此傳授給成員，做為當遇到這些問題時，如何去思考及判斷的正確方法。

　　Robbins 強調組織文化是組織成員共有的信念，它會大略的決定組織成員的所為。其中，由於企業屬於組織類型的一種，因此企業文化包含在組織文化之中，以下的內容說明即以企業文化為主。

---

1. Schein, E. H.(1992). Organizational culture and leadership (2nd ed.). San Francisco: Jossey Bass.

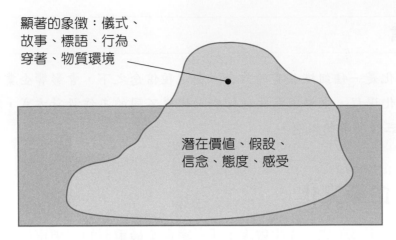

顯著的象徵：儀式、
故事、標語、行為、
穿著、物質環境

潛在價值、假設、
信念、態度、感受

圖 4-1 組織文化冰山概念圖

　　組織文化就像一座冰山，可分為顯著的象徵以及潛在的價值。顯著象徵可以藉由儀式、故事等過程觀察得知，但潛在的價值如信念、態度、感受等則不是那麼顯而易見。

◉ 人資補給站

　　一張海底世界的照片在你面前，你會看到什麼？也許是魚、珊瑚礁、水草…等等，但大多數人都會忽略了如同隱形般的「海水」，魚不會感受到海水的存在，可是這種需要它、卻又感覺不到的東西，就好比是企業文化，員工就像是魚群，他們身處的海水可能很健康，也可能已經被污染、甚至也許有毒，在已經有毒的海水裡，就算魚群本來很健康，也會慢性中毒最後導致死亡。

資料來源：修改自潘俊琳 / 經濟日報 / 20101006

二、如何衡量企業文化

　　組織文化該如何評估與描述呢？根據 C.A.O' Reilly III, J. Chatman, and D. F. Caldwell 等人之分析，認為可以利用下列七種構面來描述企業的組織文化特性，而這七種構面亦可用來比較不同企業間的文化差異性。

1. 創新冒險的程度（Innovation and Risk）。
2. 要求精確分析的程度（Attention）。
3. 注重結果的程度（Outcome Orientation）。

4. 重視員工感受的程度（People Orientation）。

5. 強調團隊的程度（Team Orientation）。

6. 要求員工積極的程度（Aggressiveness）。

7. 強調穩定的程度（Stability）。

　　組織文化取決於組織的價值觀，而不同企業的員工對組織價值觀的接受度皆不相同，這樣的情況又可將組織的文化描述成主文化與次文化、強勢文化與弱勢文化，因此接下來我們分別探討其形成原因。

（一）主文化與次文化

　　由組織大部分成員所認同的價值觀，即稱之為主文化（Main Culture；Dominant Culture），主文化可有效幫助我們了解一家企業的特性與行事作風。而次文化（Subculture）為組織部分成員所擁有，常發生在不同部門或不同地理分支機構。

圖 4-2　星巴克帶給顧客良好的體驗

　　實例說明：星巴克的成功就詮釋了企業文化對組織策略的影響，這家公司的自身定位不只是一家連鎖咖啡店，而是一家體驗供應商；當員工感受到公司的關懷，才能關懷顧客（圖 4-2）。

（二）強勢文化與弱勢文化 [2]

　　強勢文化（Strong Culture）是指組織的價值觀被員工強烈地持有、廣泛地接受，而這樣的組織文化對於員工的行為，有較大的影響力，員工忠誠度及認同感也會較高，流動率則較低。因此，環境改變，正式化程度可

圖 4-3　統一集團對誠信非常要求

2. 有什麼構面可用來評價、衡量組織文化為強勢或弱勢呢？可能的測量方法如下：在研究上先確認測量文化的構面與量表（可查論文或參考上課講義構面可以知道），再來衡量文化的強弱。測量的部分可以以公司創辦人、高階主管以及高年資員工的分數當做效標，然後再衡量其他人與該校標之間的差異。如果差異很大，則為弱文化；如果差異很小，則為強文化。

以較低。若組織具有強勢文化則可以替代此一組織的規章制度，弱勢文化（Weak Culture）則恰好相反。

實例說明：已故統一集團董事長高清愿對員工的道德操守要求相當高，尤其是「誠信」的表現，而誠信的價值觀也因此深植統一集團內部。

◉ 人資補給站

　　強勢文化為何可以替代組織正式化的程度？正式化程度越高，代表這個組織規章制度越嚴明，許多事情都白紙黑字寫下來，讓員工清楚知道該如何遵守。但是當正式化程度高的公司遇到劇變複雜的環境時，正式化反而會成為一種限制，讓組織變得沒有彈性。因此組織會藉由降低正式化程度來增加彈性，不過這樣一來許多事情就無法規範到制度中（也沒有必要，因為會出現太多無法預期的事），產生控制上的問題。這時，比較好的作法就是讓員工認同公司的價值觀，讓員工自己培養出自行判斷的能力，並且能夠自己規範自己，這就是為何強勢文化能夠替代組織正式化的原因。

三、組織文化的類型

　　對於組織文化的類型，學者提出相當多的研究成果。根據不同的分析構面，可區分成不同的文化類型，而廣為後世學者所接受的三種分類，較具代表性者如下。

（一）Deal & Kennedy（1982）

　　Deal 與 Kennedy（1982）在「企業文化」一書中指出，在考察過數百家企業及其所處的環境後，他們發現由市場上的兩個因素——企業營運活動所涉及的「風險度」和公司及其員工在決策（或策略）成功之後獲得回饋的速度，可將大部分組織歸為四種類型的組織文化（如圖 4-4 所示），此四類文化說明如下。

圖 4-4　組織文化的類型 [3]

1. **硬漢式組織文化（The Tough-guy / Macho Culture）**

   屬於個人主義者的世界，這種人經常冒大險，所採取的行動不管是對或錯，很快就得到回饋。例如建築公司、廣告公司。

2. **努力工作／盡情享樂的組織文化（The Work-hard / Play-hard Culture）**

   重行動、講享樂是此種文化的特色，員工很少需要冒險，一切作為立見成效。此類型組織文化鼓勵員工儘量採取低風險的活動以求保險。

3. **長期賭注的組織文化（The Bet-your-company Culture）**

   這一類公司的特色在於決策時，常需花極大的成本、賭注極大，結果則需數年後才能知道，所冒的風險極大，而所得的反應卻十分緩慢。

4. **注重過程的組織文化（The Process Culture）**

   這一類型的公司只注重辦事的程序及手續，而對自己的所作所為很難去測知結果。當過程失去控制時，此類型的組織文化即被稱之為官僚作風。

（二）Goffee & Jones（1998）

　　Goffee 及 Jones（1998）最近的研究，將組織文化分為四種（如圖 4-5 所示）。

3.　Deal, T. E., Kennedy A., (1982). Corporate Cultures, MA: Addison Wesley.

圖 4-5　組織文化的類型 [4]

1. **網路文化（Networked Culture）（高社交性：低團結性）**

   可能會對績效差的員工一味容忍及形成許多派系，因為組織中的人們彼此熟識，相互關懷及幫助，並且公開的分享資訊，其成員如同親友一般。

2. **傭兵文化（Mercenary Culture）（低社交性：高團結性）**

   人們且有強烈的使命感，不僅是求勝而已，更要擊敗對手。這種文化非常專注在目標上，但可能會衍生出不人道的對待那些績效差的員工。

3. **孤島文化（Fragmented Culture）（低社交性：低團結性）**

   成員所認同且放在第一位的是任務，而不是組織。因此員工個別的以工作的質與量來進行評估。也就是說此種文化所帶來的負面影響將是員工會過度地批評他人，及缺乏共事情誼。

4. **自治文化（Communal Culture）（高社交性：高團結性）**

   領導者深具魅力，也能啟發他人，對組織未來有清楚的願景。但負面的效果是會掏空成員的向心力；魅力型的領導者所帶領的成員不僅是追隨者而已，更是死忠的信徒，他們在極為崇敬的氣氛裡會為組織鞠躬盡瘁。

   讀者可以想像自己所在的班級，面對不同的事件或議題時，你們班的文化風格為何？

---

4.   Goffee, R and G. Jones, 1998. The Character of a Corporate, New York: Harper Business.

人資補給站

　　西方文化建立在「人人平等」的基礎上,大部分企業都奉行「以人為本」的價值觀;基層員工對企業的重要性,和金字塔中高層的管理階級一樣重要。東方文化則建立在「不平等」的階級架構上,企業穩定運作依靠的是「服從權力」;在組織金字塔不同高度上的人,都代表著不同的重要性。因此,也讓東方的員工有三累,這三累長期積壓下來,就是員工離職的主要原因,所以,企業最大的敵人可能是老闆自己。

員工的三累	舉例
生理上的累	客戶經常在下班前交代工作、要求資料報告,第二天上班時就要;更經常在週五下班前突然要資料和報告,下週一上班時就要。
心理上的累	在大企業裡分工越來越細、工作越來越無聊,日復一日重複單調、持續、沒有成就感的工作。這種大企業中的小螺絲釘,沒有學習、沒有創意,遙望職涯前程,茫茫然不知所終,形成了「心理上的累」。
情緒上的累	東方文化使得企業慣用教導與羞辱的管理模式,加上鼓勵內部競爭、幫派文化、山頭主義,除了資源內耗之外,人與人之間的信任降低、背後放話、互相插刀,甚至在公開場合互相言語衝突。

(三)環境與策略和公司文化的關係

　　環境與策略和公司文化的關係可由兩項構面來描述。第一為對環境的需要,分為彈性與穩定;第二為策略重點,分為外部與內部。根據此兩項構面,又可分為四個象限,如圖 4-6 所示。

圖 4-6　組織文化的類型 [5]

---

5. Daniel R. Denison and Aneil K. Mishra, (1995). "Toward a Theory of Organizational Culture and Effectiveness," Organization Science 6, No.2

1. **任務文化（Mission Culture）**：穩定的環境、策略重點在外部。

2. **適應力 / 企業家文化（Adaptability）**：彈性的環境、策略重點在內部。

3. **氏族文化（Clan Culture）**：彈性的環境、策略重點在外部。

4. **科層文化（Bureaucratic）**：穩定的環境、策略重點在內部。

　　這四種的文化類型乃是依據策略的角度而言，也就是說，總體策略影響了組織文化的改變。

四、組織文化的形成與維繫

　　Robbins（2006）[6] 曾用一簡圖來說明組織文化的形成與維護，他指出綜合創始人的理念、用人政策、高階主管的措施以及新進員工的社會化，便會形成組織的文化（如圖 4-7 所示）。

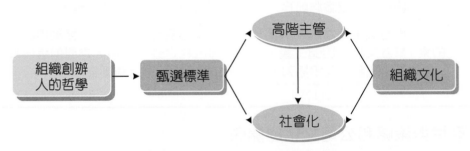

圖 4-7　組織文化的形成與維護[7]

（一）創辦人的經營理念

　　組織文化塑造過程中最關鍵的因素之一，並且在日後擁有深遠的影響力的，是公司的創辦人以及創業夥伴的中心思想。例如，誠品的創辦董事長吳清友先生認為，經營客戶的第一步是「經營生命」，以人為出發點來談服務，經營生命比經營事業重要（圖 4-8）。

圖 4-8　誠品書店

---

6. 李青芬、李雅婷、趙慕芬合譯，（2006）。組織行為學，華泰文化，11版。原註S.P.Robbins。

7. Kelley（1967），林孟彥譯，（2006）。管理學，華泰文化。譯自Robbins, Stephen P. and Mary Coulter(2005), "Management" 8th ed., Prentice Hall, Pearson Education, Inc.

（二）高階主管的領導風格

在歷史悠久的百年企業之中，「高階主管」的理念與領導風格，常對於組織文化有很大的影響。企業進行國際化的過程之中，因為任用當地人才使得其本身的國家文化，可能與組織文化相互衝突。因此，跨國企業本身必須有足夠的能力，吸引並管理當地的人才，調節其中可能產生的文化衝突。

（三）甄選標準

對現在企業招募員工來說，「找到具有才能的人」已經不是難事，但是，其是否能夠與目前的經營方式與企業文化相契合才最為關鍵。因此一般而言，企業除了要求應徵者檢附相關的學歷以及能力、工作經驗證明之外，大多會再透過深度面談、團體面談、職業性向測驗等方式，以確保錄取新人的特質，能與公司目前的文化相符。

（四）社會化作用 [8]

最後一個維繫企業文化的重要因素，便是企業本身對其員工進行「社會化」，也就是組織協助新進員工對於組織文化，能夠提早適應且最後產生高度認同感的過程。

成功的社會化過程 [9]，可以使員工對於公司的運作更為熟悉，拿捏非正式慣例的箇中分寸，同時也可感受到同事與上司對他的接受與信賴，表現出良好的工作績效，並充分將個人目標與組織目標結合。

◉ 人資補給站

壽險業在輔導新進業務員適應階段，多採取由資深主管引導新進業務員的訓練方式，這種方式即相當於 Kram 在 1985 年所提出的師徒關係，這種關係的建立，有助新人職能增加，並在徒弟遭遇挫折時，師父可提供經驗並協助其解決問題，這對新進業務員之適應有極大影響，許多文獻皆指出師徒關係之建立，對新進人員的適應有正面的影響。

---

8. 林孟彥譯，（2006），管理學，華泰文化。譯自Robbins, Stephen P. and Mary Coulter (2004), "Management" 8th ed., Prentice Hall, Pearson Education, Inc.
9. 社會化可參考第九章。

五、組織文化的功能

　　由於組織文化能夠影響內部一般員工對於外在環境變動以及外來資訊的解釋與處理方式，並影響主管人員制定決策以及對內外在環境的管理方式。因此，組織文化的塑造與管理的重要性不可言喻，有了與組織目標以及環境配合良好的組織文化，不僅可以增進組織的效能，若是能夠配合組織規模與業績的成長，適度的調整、管理組織文化，相信更能不斷提昇組織在同業中的競爭地位。本節可由正面功能及負面功能兩方面說明。

(一) 組織文化的正面功能

　　組織文化的正面功能可從組織成員和組織本身的方向加以討論。

1. 從組織成員方面探討

　　(1) 增加成員對組織的認同感。

　　(2) 協助成員心理調適促進組織安定。

　　(3) 協助成員瞭解組織的目標。

　　(4) 增進成員解決問題的能力。

2. 從組織本身方面加以探討

　　(1) 組織文化可以提昇組織運作效能。

　　(2) 組織文化可以增進組織的凝聚力。

　　雖然，組織文化具有上述的正面功能，但不可諱言，它對於組織本身或成員並不全然是有利的，並且具有其負面的影響。

(二) 組織文化的負面影響

1. 阻礙組織的變革與創新

　　組織為因應環境變化而需進行變革時，強勢文化反而容易成為變革的最大阻力，並且成為組織創新的頭號敵人。現今的企業常常以併購的方式來強化企業體，而「強勢文化」則常是造成併購失利的重大因素之一。

例如：海尼根啤酒公司近年來面臨營運成長的挑戰，以往海尼根保守的財務作風是他們獲利穩定的憑藉，但現在他們若不大膽的丟掉保守的財務作風，積極進攻新族群，將會面臨失敗（圖 4-9）。

圖 4-9　海尼根酒瓶

2. 阻礙員工的多樣化

組織文化亦會阻礙員工的多樣化，並逐漸削弱對外在環境的應變能力。因為就長期的角度來看，從員工甄選到社會化的過程當中，會使得所有組織成員的價值觀與行為模式都趨向一致，並且相對排斥外來的新觀念，產生「群體迷思」。例如，日產汽車在變革前，內部員工同質性太高，加上終身雇用制度的弊病，導致日產組織過於僵化，幾乎宣佈破產。

3. 對立的次文化造成組織整合與溝通困難

組織的主文化與次文化若產生衝突時，常會造成組織整合困難，成員間彼此的信賴與合作關係破裂，也對整體組織的目標產生歧見，降低組織效能的發揮[10]。例如：八方雲集收購丹堤咖啡 69% 股份，卻不敢輕易的更動丹堤咖啡的人事及作業模式，以免遭受阻礙（圖 4-10）。

圖 4-10　丹堤咖啡於 2020 年被八方雲集收購

10. 有關文化變革的介紹請參考第十四章。

4. 各種形式主義或功利主義的負面影響

以學校教育為例，學校是以教育為目的，若學校的組織文化傾向於功利主義，將會使教育工作者違背教育的初衷，凡事以利益作為其判斷的最高準則，使學校組織產生潛在的反理想、反價值的負面功能。最後，甚至失去教育工作的原始信念與價值，引導學校走向錯誤發展的方向。

由此上述可知，無形的組織文化是組織興亡的關鍵因素，組織文化的拿捏與塑造對組織有莫大的影響，使用得當，將促進組織永續經營與不斷突破；若流於封閉或僵化，則將使組織無法因應時代潮流或產業競爭。

♀ 人資補給站

想要建立良好的組織文化十分困難，但文化要「變壞」卻非常容易。常看到一些過去以良好組織文化為傲的組織，在換了領導人或經歷購併之後就完全走樣。而且從過去實務經驗來看，似乎沒聽說過有任何組織，可以將負面的文化轉變成良好的組織文化。

(三) 員工如何學習組織文化

員工可以藉由許多方式與管道學習組織的文化[11]，例如故事、儀式、物質象徵、語言等都是最常見的方式。

1. 故事 (Stories)

對組織重大事件或人物的描述，這些故事提供員工處理問題的原則，同時員工也能體會到組織所堅持、期待與重視的是什麼。例如，王永慶賣米的故事。

2. 儀式 (Rituals)

儀式是企業一系列重複性的活動，可以讓員工了解組織所重視的目標。例如，一些直銷公司利用年度大會表揚業績優秀的主管，讓這些主管成為所有員工學習的榜樣。

---

11. 林孟彥譯，（2006），管理學，華泰文化。譯自Robbins, Stephen P. and Mary Coulter (2005), "Management" 8th ed., Prentice Hall, Pearson Education, Inc

3. **物質象徵（Material Symbols）**

組織內部擺設、員工穿著、差異化福利措施等，都是組織所育強調的物質表徵。例如，金融業穿著強調穩重專業；高科技則較隨性。

4. **語言（Language）**

不同組織所發展出的特殊術語，員工經由學習特殊術語來體會組織的文化，而這些術語是組織成員彼此溝通的橋樑。例如，某些行業會有行話；某些企業有自己的專用術語。

📍 **人資補給站**

　　很多人聽過溫水煮青蛙的故事。故事是這樣的：將一隻青蛙放在鍋裡，裡頭加水再用小火慢慢加熱，青蛙雖然可以感覺外界溫度慢慢升高，但因惰性與沒有立即必要的動力往外跳，最後被熱水煮熟而不自知。企業的競爭大多是漸熱式的改變，如果管理者與員工對環境之變化沒有任何疼痛的感覺，企業最後就會像青蛙一樣，被煮熟、淘汰了仍不知道。

六、當前的文化議題

　　根據 Robbins（2005）[12] 的整理，當前的文化議題包括下列四點。

（一）建立一個有道德的文化

　　根據 Robbins（2005）的整理，建立一個有道德的文化可以由以下幾點切入，一、作一個大家都看得到的模範；二、傳達所期望的道德水準；三、提供道德方面的訓練；四、公開表揚道德行為與懲罰不道德行為；五、提供保護機制讓員工可以討論道德難題，同時舉發不道德行為。

　　其中，高道德標準的文化特色包括風險容忍度高、積極度低度到中等、目標達成上重視過程、不會為達目標而不則手段、強文化。

（二）建立一個創新的文化

　　根據 Robbins（2005）的整理，Goran Ekvall 創新的文化包括，一、挑戰與參與——許多員工參與、承諾組織長期目標的達成；二、自主性——自行決定工

---

12. 林孟彥譯，（2006），管理學，華泰文化。譯自Robbins, Stephen P. and Mary Coulter (2005),"Management" 8th ed., Prentice Hall, Pearson Education, Inc.

作範圍；三、信任與開放——互相幫助與尊重；四、思考空間——行動前有很多時間用在思考；五、玩笑幽默——擁有歡樂與悠閒；六、衝突解決——基於組織利益；七、辯論——表達意見空間大；八、風險承擔——不確定與模糊容忍度高。

(三) 建立一個回應顧客的文化

根據 Robbins（2005）的整理，建立一個回應顧客的文化可以由以下做法開始，一、直率友善的員工；二、很少嚴格死板的程序規定；三、授權員工服務顧客；四、良好的傾聽技巧；五、角色清楚；六、勤勉審慎的特質。

(四) 建立一個具有職場精神的文化

根據 Robbins（2005）的整理，職場精神（Workplace Spirituality）為藉由從事對社會有意義的工作，來達到員工心中對自我生命的認同（Conlin,1999）。建立一個具有職場精神的文化[13]可由下列方式進行，一、對目標的強烈意識；二、專注於個人發展；三、信任與開放；四、員工授權；五、對員工的容忍。

📍 人資補給站

你有沒有這種經驗？進去公司兩年，走了四五批新進員工，流動率高得嚇人，而你也在高層不停的加諸傷神耗腦的任務，還時不時搶走功勞、陰你幾把，免得自己在大老闆面前顯得太無能之下，逐漸感到心神耗盡。

通常，這麼多年的職場下來，你應該也累了，最可怕的不是付出沒有得到相對應的報酬，而是職場上「能者過勞死，無能者升天」的文化。離開的都是原本充滿雄心壯志的員工，選擇另覓良枝；留下的，被扭曲的環境折騰得愈來愈不想發聲，因為多做多錯、少做少錯、不做不錯。若自己再繼續留任，絕對會變成一丘之貉，連自己都討厭自己。

資料來源：修改自 104 職場力（2021）就算工時短，「能者過勞死，無能者升天」的醬缸文化還是可能壓垮你。

---

13. 研究顯示職場精神與高生產力、低離職率、績效、創造力、團隊合作、組織承諾有關。

七、組織氣候

Rousseau（1988）[14] 認為文化是組織較深的層面，而氣候則是組織可見的日常生活面，所以有些成員可能無法完全經驗到組織的文化面（即深層的價值觀），但是所有的組織成員都可經驗到組織的氣候面（即環境的知覺）。Schneider 與 Rentsch（1988）[15] 則認為氣候可以告知「這裡發生了什麼事情」，而文化可以告知「何以事情是如此發生的」。兩者概念比較，如表 4-1 所示。

表 4-1 組織文化與組織氣候之比較表 [16]

	組織文化	組織氣候
定 義	成員間共有的價值觀。	成員間所知覺到的組織環境。
起 源	來自人類學。	源自社會學。
層 次	歸屬與組織整體的層次。	對個人的動機與行為的連結更貼近。
觀 點	文化是整體客觀的觀點。	隱含著滿意度的概念。
關 係	組織氣候可視為一組次級的文化。	

● 人資補給站

假設你任職的公司，對於偷懶跟投機取巧的員工非常寬容，讓你深感憤怒。這種公司文化將導致認真的人做到死，打混的人，身體健康、心情很愉快。

「妥協」兩字代表找到平衡點，於是就會有人說：「跟著一起擺爛！反正就領薪水，直到公司爆掉，看不下去我的爛表現，到時候再進步一些就好。」

跟著大家一起墮落？這是一種方法，也達到某種「公平」，但是這樣的公司文化是如何形成的？什麼樣的環境可能形塑這樣的文化？

---

14. Rousseau D.M. (1988). The construction of climate in organizational research. In C.L. Cooper & I.T. Robertson (Eds.), international review of industrial and organizational psychology, New York: John Wiley & Sons.

15. Schneider B., & Rentsch J., (1988). Managing climates and cultures: A futuristic perspective, In J. Hage, Futures of organizations. Lexington, MA: Lexington.

16. 整理自Hofstede, G. H.(1998). Attitudes, Values and organizational culture: disentangling the concepts. Organization Studies. 19(3), p.477-492.

人資 個案探討

向公司申請一包衛生紙，你多久會拿到？

　　美國政府的員工申請衛生紙要花多少時間？答案是 6 個月。你得先提出申請，填妥問題評估表後交給採購組，他們會聯絡供應商，確保產品符合監管要求。衛生紙到你手上最快也要 180 天。

　　你或許覺得很荒謬，只不過是一包衛生紙，為什麼要這麼久？事實上，一般企業在沒有生產力的工作上，耗費的時間與精力，超乎我們想像。企業極少留意或反思組織架構或規則，遇到問題，就會先求助過去的做法，像是一套制定好、不可更動的系統，規則層層疊疊的結果，造就了買支筆也要填採購單的文化。

資料來源：林力敏譯（2020）。組織再進化：優化公司體制和員工效率的雙贏提案。時報出版

◯ 思考時間

在企業裡，組織的各種政策、流程、措施和常規也是如此，熟悉的工作方法不見得管用，但人們很難相信或嘗試另一個做法，彷彿「常見」就是「理所當然」，這樣的組織文化你認為要怎麼改變？

4.2 員工引導及社會化

在上一小節，我們曾說明，企業本身對其員工進行「社會化」，可協助組織新進員工對於組織文化，能夠提早適應且最後產生高度認同感的過程，也因此透過短暫的組織介紹及磨合，進而產生生產力、認同感、離職率，如圖 4-11 所示。

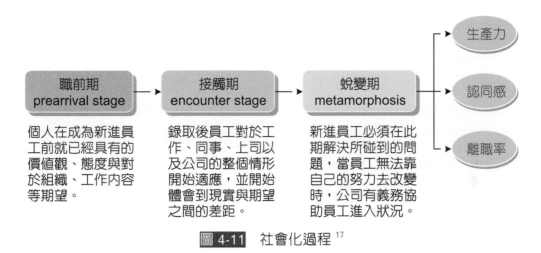

圖 4-11　社會化過程 [17]

由上可知，員工的引導應該包含所有的訓練過程，不單單只是涵蓋新人進公司時短期的訓練，訓練制度大致包括以下三項。

1. **社會化（Socialization）**：注重企業文化與哲學的教育。

2. **訓練（Training）**：改善員工今日與近期內所需要的工作能力。

3. **發展（Development）**：改善員工長期的能力。

因此我們可知，成功的社會化過程，可使員工對於公司的運作更為熟悉，拿捏非正式慣例的箇中分寸，同時也可感受到同事與上司對他的接受與信賴，表現出良好的工作績效，並充分將個人目標與組織目標結合。

---

17. 林孟彥譯，（2006），管理學，華泰文化。譯自Robbins, Stephen P. and Mary Coulter (2004), Management 8th ed., Prentice Hall, Pearson Education, Inc.

　　一般而言，社會化過程是透過員工引導，所謂的員工引導意指對新進員工提供基本的背景資訊，使他們能有正確的工作態度、標準、價值觀及行為模式。員工引導（Employee Orientation）進行方式包含三種，分別是——書面資料（包含薪資，獎懲辦法）等新人手冊、非正式的介紹（例如各樓面各部門巡禮）、正式訓練課程等三種。其中書面資料的部分最基本的是利用工作分析，讓員工有明確的工作說明書及工作規範，了解組織及職位所需的職能以及制度內容。另一方面在非正式的介紹的部分，大多的企業在新人訓練時都會帶新進人員到各部門進行介紹，好讓新進員工對於各部門的軟硬體有進一步的認識。本章後續的部分亦會針對不同位階進行正式課程的部分進行說明。

人資
個案探討

GitHub 的無主管文化

　　GitHub 創辦人認為水平化組織運作更順暢，且可讓員工追求自己的理想，並集結其他有興趣的人一起合作，做為一家開放資源軟體的公司，GitHub 一直自豪於這種水平化的企業結構。

但沒有主管也有盲點。當 GitHub 員工約 600 人時，水平化組織仍足以應付所有工作，但隨著責任愈來愈重大，需要工程師、法律、行銷、業務與其他部門的主管一起合作，且現在的產品更多，週期更短，但新創文化的風險在於迷信這種文化，又承諾制定一套做法，最終發現不符期待。

企業在擴展規模的同時仍然可以保持新創的文化，代價也無關好壞。過去水平化制度的確凸顯大型結構無法解決的問題，雖然人人平等的文化創造許多革命情感，但是員工不知道要向誰報告問題，發生衝突時也不知道要向誰請示，沒有一個最低層級的管理制度，有些對話無法進行，或是獲得支持。

◎ 思考時間

GitHub 有一半的員工都是遠距工作，有些還是遊牧民族，每幾個月就移居不同城市，甚至有些員工覺得有主管會破壞快樂與隨性的工作環境。在這種狀態下，面對越來越大的專案，要怎麼制定決策的層級？

4.3 工作分析及設計

在第二章中，我們曾提到工作分析係指透過組織圖（Organization Chart）與職位對組織進行瞭解，其用意在分析各職位，以得到工作說明書及工作規範。

因此本小節並不特別說明工作分析。但工作分析會產生工作說明書及工作規範，而「工作說明書」（Job Description）乃是記載該職位人員職務的三個面向——What、How、When 的管理文件；而「工作規範」（Job Specification）乃是訂定勝任某一工作職位所需之技能及條件，包括教育程度、特殊技能、過去經驗及其他背景等。而這些內容將對後續工作設計、個人工作再設計、群體工作再設計產生影響。

一、工作設計

Robbins（2006）認為「工作設計」的定義為「將任務集結成一個完整工作的方法。」而許士軍教授則認為，「工作設計」是對於工作內容、工作方法以

及相關工作間之關係，予以界定。我們可以說「工作設計係一種將各式任務，組合成一件完整工作的方法。」而不同的任務組合，便會產生各種不同的工作設計。

　　而「工作再設計」即針對組織結構、人力分工、作業流程等重新設計。其中所謂的「再設計」，意指「針對工作內容重新思考與檢討，並了解員工、主管或各階層職員對工作之認知感受程度，最後，依照不同的結果對症下藥，翻新作業流程，以獲得最好的改善。」此觀念不僅有助於各機關以系統性的觀點來作通盤的考量，而且對組織而言，可以透過工作再設計把工作變得更具挑戰性與激勵性，提升組織整體的績效。

二、工作再設計的原則：工作特性模式

　　圖 4-12 為工作特性模式（Job Characteristics Model, JCM）[18] 主要是讓管理者在進行工作設計時，藉由對五種核心構面的掌握，其內容摘要詳見表 4-2，來正面影響員工的基本心理狀態，帶給員工成就需求的驅動力，進而產生良好的效果（高內在工作激勵、高工作品質效果、高工作滿足感、低曠職率與離職率），達成組織目標。

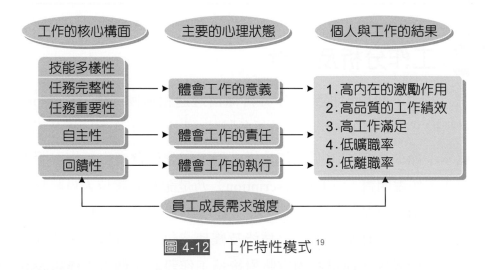

圖 4-12　工作特性模式 [19]

18. J.R. Hackman and G.R. Oldham, (1975). "Development of the Job Diagnostic Survey," Journal of Applied Psychology, p.159-70.

19. J.R. Hackman and G.R. Oldham, (1975). "Development of the Job Diagnostic Survey," Journal of Applied Psychology, p.159-70.

表 4-2 工作特性模式之工作核心構面

工作特性模式	內容說明
技能多樣性	工作的完成需要員工多項技能和技術。
任務重要性	工作的結果對組織甚至人類、社會的影響程度。
任務完整性	員工負責的工作須有一個整體或可分辨的段落。
自主性	工作給予員工的獨立性及自由度。
回饋性	執行工作時,個人獲得的成果以及其他相關資訊。

　　Robbins[20]認為這一個模式中,「技能多樣性、任務完整性、任務重要性」這前三個構面結合在一起,決定了工作是否有意義。如果某個工作包含了這三個構面,我們將可以預期員工會覺得此工作很重要、有價值、值得做。另外工作上的「自主性」會使工作者覺得自己對工作的成果負有個人責任,最後在工作上的「回饋性」則讓員工可以覺得自己所執行工作的績效成果如何,因此五大特性的強弱會影響工作結果,我們以汽車修理廠為例,如表 4-3 所示。

表 4-3 工作特性強與弱的實例

	強	弱
技能多樣性	汽車修理廠的老闆兼技工,修理引擎、電路系統、並與顧客打交道。	汽車修理廠的技工,只負責維修工作。
任務完整性	電腦程式人員,負責擬定、撰寫、偵錯、測試、軟體相容等一系列完整工作內容。	生產線人員,只負責整體任務中的一部分,從事較狹隘的工作內容。
任務重要性	醫院中照顧病患的護士。	醫院中打掃清潔工人。
自主性	電腦程式人員,可以自行安排上班時間、工作內容進度等。	電話接線生,電話一來他必須馬上立即處理。
回饋性	業務推銷人員,可以從顧客購買或滿意與否直接得到工作的成果。	生產線人員,產品經過處理之後,須經過品管人員檢驗,始可得知工作成果。

---

20. 林孟彥譯,(2003),管理學,華泰文化。譯自Robbins, Stephen P. and Mary Coulter (2002), "Management" 7th ed., Prentice Hall, Pearson Education, Inc.

由工作核心構面可以組成一個單一指標，那就是激勵潛能指標（MPS）。

$$MPS = \left[\frac{技能多樣性 + 任務完整性 + 任務重要性}{3}\right] \times 自主性 \times 回饋性$$

由以上的公式，我們不難獲得以下三點結論。

1. MPS 分數愈高，則代表員工的工作滿足感、生產力等愈高。
2. 核心構面中，「自主性」與「回饋性」扮演更加重要的角色。
3. 高層次需求愈強的員工愈適合擔任 MPS 高的工作。

　　工作特性模式經歷許多研究之後，大多數的證據是支持模式之一般架構的，也就是說工作中確實存在有多組工作特性，而且這些特性確實會影響著行為績效，所以研究上可以很有信心地認為「所從事的工作於核心特性上的得分較高時，員工被激勵的程度、工作滿足感以及生產力也都表現較佳。工作特性會影響員工的心理狀態，亦間接地影響工作結果[21]。」

　　Hackman & Suttle 即以工作核心構面來說明如何設計更具激勵效果的工作，如表 4-4 所示。

表 4-4　如何設計更具激勵效果的工作[22]

方　法	說　明
將工作加以結合	將現成零碎的工作結合成一個新的、較大的工作模組，以提高技能的多樣性與工作完整性。
建立完整工作單元	將工作設計成一個較完整且有意義的工作單元，藉由工作單元，增進工作人員的認同與責任感，並激勵員工對工作產生興趣，而不再視其為無關緊要又無意義的。
建立顧客關係	客戶是員工所生產的產品或勞務的使用者，管理者應儘可能地建立員工與客戶間直接的關係，以提高技能多樣性、自主性與回饋性。
授權員工工作	將部分掌握在管理者手上的職責與控制權釋放給員工，以縮減執行與控制之間的距離，提高員工的自主性。
開放回饋通路	提高回饋不但可以讓員工知道工作績效，還可以知道工作績效是否有改進、惡化或持平。理想的情況之下，工作者應可直接取得回饋資料而不是間接偶爾地透過管理者取得。

21. 林孟彥譯，（2006），管理學，華泰文化事業公司。譯自Robbins, Stephen P. and Mary Coulter (2004), Management 8th ed., Prentice Hall, Pearson Education, Inc.
22. J. R. Hackman and J. L. Suttle, eds., (1997). Improving Life at Work (Glenview, IL: Scott, Foresman and Company) p.138.

> **⚲ 人資補給站**
>
> 　　在 JCM 中，MPS 的分數與回饋性是屬於乘法關係。許多人在求職時會優先選擇：薪資待遇、公司名聲、福利條件、學習與未來機會……，很少人會選擇自我實現，很少人會看到工作背後的意義。當你開始看到你的工作能夠幫助多少的人？能夠為社會帶來多少改變……時，這樣的正向回饋性會讓你在職場快樂許多，並看到自己真正的價值。

三、個人工作再設計

　　如何透過工作的設計與工作的再設計（Job Redesign），把工作變得更具挑戰性與激勵性，使員工的產能達到最大，組織整體的績效也最大，正是經理人或管理者最關切的。而就員工的角度而言，工作設計的良窳則深深地直接影響到其工作生活品質（Quality of Work Life）。

（一）工作輪調（**Job Rotation**）

　　Robbins 認為當員工很難忍受過於例行性的工作時，可以考慮使用工作輪調，意即當某項工作不再具有挑戰性時，就讓員工橫向地調往工作技能要求類似的另一項工作[23]。

（二）彈性工時（**Flexible Time**）

圖片來源：臺灣麥當勞季報

　　其為工作輪調的特例，Robbins 認為彈性工時允許員工在某段特定時間中，自行決定何時上班，但是彈性工時並非全然彈性，它讓員工在上下班時間中，擁有一些自由裁量權。所以說每人每星期都有特定的上班時段，但是在這個特定上班時段（共同核心時間）之外，員工可以自由安排其他工作時間，由於可能同一件工作在不同的時間會有不同的工作情境（如圖 4-14 所示），因此彈性工時亦可以視為一種工作輪調系統，其優缺點詳見表 4-5。

---

23. 類似工作擴大化的概念，但卻不具備多樣性。

圖 4-13　彈性工時範例

表 4-5　彈性工時優缺點

優缺點	彈性工時優缺點說明
優點	1. 降低員工曠職率或離職率。 2. 提高員工自主權與責任，使員工增加工作滿足感，進而提高生產力。 3. 降低加班成本、減少員工對管理者的敵對性。
缺點	1. 適用性不足。對於與外部溝通頻繁的員工，例如，接待人員、業務代表等。 2. 組織無法進行嚴密之監督控制。

　　例如，公務機關人員，上班時間皆為朝九晚五，上班時間固定；麥當勞管理者則視用餐時間，安排工作人員的共同核心時間，以因應用餐時間，大量人潮的負荷，其餘工作時間由排班人員協同工作人員敲定。

(三) 工作擴大化（Job Enlargement）

　　Robbins 認為工作擴大化，意即水平地增加工作任務，目的意在增加的任務數目與種類使工作更具多樣性，但是後續研究卻顯示工作擴大化仍被認為無法將工作變得更具挑戰性、更具意義，它對過於分工的工作幫助不大，如圖 4-14 所示。

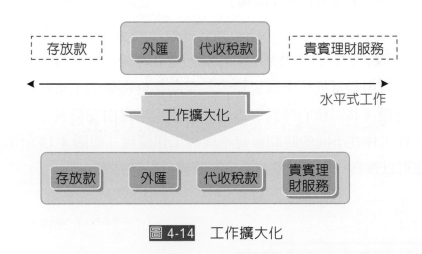

圖 4-14　工作擴大化

　　「工作擴大化」是在原本就無聊的工作之外又再加重員工更多無意義工作的負荷，所以不一定能夠增加員工工作滿足感。但其包含不同項目，而有較大程度的完整性。

圖片來源：環境資訊中心

　　例如，銀行人員早期屬於專業分工，假設現今銀行人員負責項目包括存放款、外匯操作、代收稅款、貴賓理財服務等業務。

(四) 工作豐富化（Job Enrichment）

　　工作豐富化是垂直地增加工作任務（談到與激勵因子之間的關係），使員工有較大的自主權，讓其工作更有意義。研究證據顯示，工作豐富化的確有助於降低離職率、離職成本、提高工作滿足感，工作者對於所擔任之工作具有較多機會參與規劃、組織及控制，但對生產力的提升與否，則並無一致的結論。

　　工作豐富化與工作擴大化的比較，詳見圖 4-15。

比較構面	工作擴大化 (Job Enlargement)	工作豐富化 (Job Enrichment)
定義	增加水平工作負荷	增加垂直工作負荷
結果	工作多樣性增加	員工自主權增加
工作滿足感	不一定增加	必定增加
舉例 (以銀行 行員為例)	原本只受理提款、存款、轉帳等業務，增加了受理基金、保險等的購買。	除了櫃檯業務外，還替客戶做投資理財規劃、貸款額度與徵信等工作。
圖形	新增水平工作範圍	
應用於群體	整合性的工作團隊 (Integrated Work Team)	自主性的工作團隊 (Autonomous Work Team)
相同處	皆屬於個人之工作再設計，使工作不單調而有趣，並有助於生產力的增加。	

圖 4-15　工作擴大化與工作豐富化的比較

> **📍 人資補給站**
>
> 　　念商管的同學很大一部分會覺得行銷是有趣的，因此畢業之後選擇行銷的領域的人也多。假如你是一位媒體企劃人員，從事這份工作也已邁入十年了，從以前單純的負責媒體企劃、建議媒體組合以及媒體購買的執行，到現在工作內容真的可說包山包海（廣告片的製作拍攝、活動的建議與執行，媒體企劃人員變的十八般武藝），這樣的轉變，到底是工作擴大化還是工作豐富化？

四、群體工作再設計

　　「群體的工作再設計」是現今企業為了因應環境上的變化與人力資源的需求，以倚賴「團隊」運作的方式來完成各種專案的情況下的工作再設計方式，其方式如下。

(一) 整合性工作團隊（Integrated Work Team）

　　屬於群體性的工作擴大化，以達成組織團隊的特定目標為任務。運作方式為，由一領導者領導一團隊以及分派各成員任務，以達成特定目標，過程中亦可配合工作輪調的方式來增加員工的工作多樣性。

圖片來源：臺灣麥當勞季報

　　以麥當勞為例，店經理依成員專長分配工作，因各項工作困難度並不高，下次可以就相似工作進行輪調。

(二) 自主性工作團隊（Autonomous Work Team）

　　屬於群體性的工作豐富化，係由團隊成員共同參與各項決策並共同決定目標。其運作方式為，由團隊領導者選派團隊成員與分派任務，同時亦可自行決定工作進度、檢核控制及休假等，可以說是在團隊工作上做高度的垂直整合。

圖片來源：饗食天堂官網

　　例如饗食天堂的廚房團隊，整合具甜點、中餐、西餐、調酒等不同背景的成員，所有目標、進度、檢核及控制等皆由團隊決定。

（三）品管圈（Quality Control Circle, QCC）

起源自於日本，係指由工作現場人員與主管，自發性地參與定期品質管制活動，並在過程中利用全員參與與統計方法，分析問題主因並研議實際可行之改善措施，進而達成品質改善之目標。除此之外，「品管圈」更能進一步提升員工品質意識，建立起精進品質之組織文化。

例如，菸酒公賣局台中酒廠透過品管圈活動進行能源管理，隨時掌握耗能動態並積極尋求節能措施。積極研究改善製程，提升能源效率，榮獲經濟部節約能源績優廠商優等獎。

最後，針對群體工作再設計方法的比較，詳見表 4-6。

表 4-6 群體工作再設計方法的比較

項目	整合性團隊	自主性團隊	品管圈
特性	群體性、團隊性的工作擴大化。	群體性、團隊性的工作豐富化。	由數位成員所組成之品管團隊。
任務	達成組織或高層所賦予的特定目標。	完成團隊共同訂定之目標，進行自我管理與控制。	對員工品質意識、產品品質的提升。
方法	由團隊領導者分配成員各項任務以完成目標，其過程可採行工作輪調方式以增加員工工作多樣性。	團隊領導者可自由選派人員和分配任務，同時可自行決定工作進度、時間或檢核控制等。	藉由固定時間開會進行互動、討論問題、分析原因及提出解決方法，並實際執行，同時提升員工品質意識和產品品質。

📍 人資補給站

品管圈（QCC）是一種標竿學習（Benchmarking），臺灣的企業大多並沒有學到日本企業精髓。主要是要企業必須先建立員工的問題意識能力才是根本解決之道，所以除了強化教育訓練之外，經營管理人員必須身體力行，示範不斷的提出問題並解決問題，以建立注重改善與創新的組織文化，同時還要將員工的努力成果與業績獎懲連結在一起，才容易成功。

五、現代工作再設計方法

現代工作再設計方法包括壓縮工時、工作分享、電子通勤等。

（一）壓縮工時（Compressed Workweek）

最常見的壓縮工時，是四天四十小時的安排。Robbins[24] 認為這種 4-40 計畫使得員工休閒計畫時間增加、更容易安排旅遊，以及可以在非尖峰時間下班。壓縮工時制度之優點，可以有效提高員工工作士氣，以及對組織的承諾；再者，可提高組織生產力及降低成本，減少生產設備開關機次數。最後，將減少加班、曠職及離職，而且使得組織更容易招募員工。

而在實證研究上，4-40 之研究結果大多為正面的，雖然有人抱怨快下班時總是覺得非常疲倦，但是與無法協調工作與私人生活的問題比較起來，多數人還是會喜歡壓縮工時。例如，在美國所做的研究顯示，有 78% 的受訪者表示希望能繼續採行壓縮工時，而非回復到傳統的週休二日。

> **♀ 人資補給站**
>
> 　　有另外一個名詞為彈性工時。彈性工時是讓員工對自己的工作時間有彈性的調控權，可以依照自己的生活方式或突發情況調整上、下班時間。譬如你若臨時需要去看牙醫或處理私事，必須在上班中間請假一個小時，你可以在當週額外時間將這一小時的工作時間補上；或是雙薪家庭可能父母會需要輪流接送小孩上下學，也可以與公司約定好固定某天會晚點進公司或是早點離開。

（二）工作分享（Job Sharing）

工作分享可以使得組織在某一個職位上，得以享有多人的才能貢獻。因為這一種制度讓公司只須支付一份薪水，但卻享有兩個人才，是一種創新的工作流程。

例如，兩個或兩個以上的工作人員分攤一份傳統的一週四十個小時的工作，如果其中一人可以選擇在早上八點到十二點上班，另一個人則在下午一點到五點上班，或是由兩個輪值員工，採每日輪替的方式。但是，從管理者的角度來看，此一制度主要的問題是，如何可以找到合作無間的工作搭檔是較為困難的。

---

24. 林孟彥譯，（2006），管理學，華泰文化。譯自Robbins, Stephen P. and Mary Coulter (2004), Management 8th ed., Prentice Hall, Pearson Education, Inc.

> **📍 人資補給站**
>
> 　　在荷蘭，許多的新創公司員工可以自由地決定上下班時間，以及上班地點，更重要的是可以隨時請假，筆者認識的荷蘭公司，許多的員工可能因為早上要等 Amazon 送貨的快遞而請假在家中等待。然而這樣的公司文化在績效考評時須特別小心在團隊中的共同評價。

（三）電子通勤（Telecommuting）

　　電子通勤又成為「虛擬辦公室」，乃用以描述員工可以經常性地在家工作。現今，傳統辦公場所成本高漲，而網路等通訊設備價格卻快速下滑，因此，吸引了越來越多的管理者有意引進虛擬辦公室，以提高員工彈性與生產力，提振員工士氣，以及降低成本。

　　然而，電子通勤仍然有其特定的適用性。例如，其較適合擁有例行性的資訊處理、機動性高的活動，或是高知識的專業任務之人員；但是對於需要大量正式互動、強調團體共同活動之職業，亦或是成員需要社交活動維持工作熱情時，就不是每一個員工都願意接受了。因此，還是有許多人願意每天花上兩到三個小時的通勤時間，以維持傳統之實體工作方式。

> **📍 人資補給站**
>
> 　　目前虛擬團隊與行動辦公室的情況愈來愈普遍，平時不用見面、不用聚集在一起的人，照樣能夠組成任務團隊並完成工作。但有些工作，可能就不適合運用虛擬團隊來進行。首先，通常如果工作是連續性非常高的、或整合性非常大的，就不太適合運用虛擬團隊來進行，因為團隊成員可能必須經常聚在一起來回討論。第二，必須透過招募、交易、創新、維持關係…等這些需要分享複雜資訊的活動，也最好不要採用虛擬團隊，面對面溝通較達到效果。

　　事實上，電子通勤的確還是有許多模糊地帶有待解決。例如，員工在家工作是否不利於辦公室政治？電子通勤者的加薪或升遷是否會受到影響？人不在辦公室，會不會心也不在辦公室了？一些與工作無關的因素，例如小孩、鄰居會不會讓電子通勤者分心，而使他們缺乏上司監督情況下，生產力大減等？這些問題都需要學者進一步證實與研究。

Gamania 橘子集團在創業路上一路打怪

　　1995 年橘子集團成立，在那個遊戲產業尚不成熟的年代，這無疑是條艱鉅的探險之路。1990 年代，遊戲是個幾乎還不被視爲「已存在」的產業，因此 1996 年春天，Gamania 橘子集團創辦人劉柏園（Albert）僅僅在公司成立一年後就已經產生收手的念頭。

　　劉柏園認爲，「人才」是決定公司成果的關鍵，而企業文化的建立也有助於找到適合的人才，可以將這些人才整合到同一個方向。當這些條件都具備了，企業的品牌形象也會建立，「對內是企業文化，對外就是品牌形象，這兩者必須一致，創造者與執行者才會在同一陣線。」Albert 說。

　　不過，Albert 也提醒，人才同質性過高是危險的，所以他會特別留意同事是否能接受新事物，只要他們都具備這樣的條件，橘子集團就有不斷轉型的可能性存在。「世代交替是很重要的，年輕人接收資訊的成本比我們小很多，總有一天要換年輕人出來闖。」

資料來源：修改自曾令懷（2021）創業、上市、建立企業文化……創業路上一路打怪，橘子集團創辦人劉柏園是怎麼過關的，數位時代

⊙ 思考時間

Albert 說，在橘子集團這趟旅程的下一戰，將是佈局一個遊戲生態圈，讓臺灣人能在遊戲產業中，具有選擇由臺灣人提供的服務的權利。你認爲遊戲產業跟一般傳統產業的公司文化有何不同？

課堂實作
一項文化隱喻的練習

班級 _____

組別 _____

成員簽名 _____

說明

這個活動以組別為單位，確認你的學校存在著什麼文化。

題項

1. 本項練習以組別為單位。

2. 每個小組在下列空白處討論應填入哪些文字，討論時間為 15 到 20 分鐘。

   (1) 如果我們學校是一間動物園，它應該是 ＿＿＿＿＿＿＿ 的動物園，因為 ＿＿＿＿＿＿＿。

   (2) 如果我們學校是一種食物，它應該是 ＿＿＿＿ 的食物，因為 ＿＿＿＿＿＿＿。

   (3) 如果我們學校是一的地方，它應該是 ＿＿＿＿ 的地方，因為 ＿＿＿＿＿＿＿。

   (4) 如果我們學校是一間季節，它應該是 ＿＿＿＿ 的季節，因為 ＿＿＿＿＿＿＿。

   (5) 如果我們學校是一個電視節目或電影，它應該是 ＿＿＿＿ 的電視節目或電影，因為 ＿＿＿＿＿＿＿。

3. 班上同學聆聽每一小組對組織的隱喻。

討論

1. 你的小組是否容易達成共識？

2. 你聽到了這些對於學校的隱喻，它可能代表什麼文化價值？這些價值又如何影響組織的效率？

實作摘要

CHAPTER 05
訓練計畫與模式

學習大綱

5.1 訓練計畫模式概論
5.2 教育訓練評鑑之模式
5.3 管理發展與訓練的方法

人資個案探討

迪士尼樂園：重新定義工作目標與價值
以色列新創推小白工程師的「職前訓練平台」
三星的一萬小時的練習，由菜鳥變高手

人資聚焦：經理人講堂

疫情冰封房產業？ NO！線上轉型正
開始

課堂實作

專業是把事情簡單說

疫情冰封房產業？NO！線上轉型正開始

　　這次疫情來得又快又猛，許多行業都措手不及。房仲業也是一樣，一個超級大海嘯打來，有的店頭直接宣布所有員工休假，不用來上班，美其名曰「超前佈署」，其實內心在滴血。因為他們認為來上班也無事可做，沒有顧客上門，也不能上門，業績一定直接放入冰箱冷凍庫封存。現在臺灣的房地產業，也是直接冰凍在零下80度的冷鏈當中，接受時代的考驗。

　　沒有辦法跟客戶約見面？那就「線上拜訪」。沒有辦法約客戶一起看房子？那麼就「線上帶看」。無法斡旋？那麼就「線上斡旋」，Google Meet還可以個別開房間。簽約總要見面吧！不必，也可以「線上簽約」。現在一切房地產行為都可以由線下轉成線上。

　　數位化並非一蹴可幾，消費者不論是房屋買方還是賣方，都需要時間適應與教育，那麼房仲該怎麼打發剩餘的大量時間呢？其實，業務平常忙於認識客戶、帶看斡旋，此時就是最好的教育訓練時機！充實自己永遠是最好的投資。來店接待有沒有更好的禮數與SOP？數位行銷有沒有更新的趨勢？斡旋有沒有更好的能力？房地產法令有沒有更新的認識？以往藉口沒有時間學習的人事物，如今老天爺普降甘霖，就給大家時間了。此時房地產界不充實自我，更待何時？

資料來源：工商時報數位編輯（2021），疫情冰封房產業？NO！線上轉型正開始…，工商時報

問題討論

疫情在三級警戒的這段時間，短則3個月半年，長則9個月1年，不正是教育訓練的黃金時刻？如果你是房仲業的HR，你該怎麼規劃教育訓練？

前言

　　訓練為一學習過程，可增進員工工作技能及知識，改變工作態度、價值觀等，以提升生產力、工作績效，進而符合組織的需求達成組織目標。但是在訓練過程之中，不僅只是訓練而已，還包括了引導以及評估，因此接下來本章將介紹相關的訓練議題。

5.1 訓練計畫模式概論

　　談到員工訓練或員工教育，很少人能夠否認它的重要性，但是有多少業主與主管人員能夠了解它的真正意義及其對一個組織長期發展的重要性呢？在此，讓我們先了解在訓練的過程中，如何訂定訓練計劃。

一、何謂訓練與發展

　　一般而言，訓練與發展是二個不同層面的導向。訓練（Training）：是指組織為了促進員工對於工作相關職能的學習，所進行的計劃性努力，通常焦點較窄，而且也較偏向短期績效導向。而發展（Development）：較偏向於拓展員工的技能範疇，以因應未來的責任要求。

二、訓練計劃模式

　　因此，我們可以發現，訓練計劃乃依據全員需求調查結果擬定，不但需考量員工需求且需結合各階層之專業訓練需求。所規劃之專業技能訓練方式可能包括：專案式訓練、工作指導式訓練、派外訓練等。所規劃之訓練課程則可能涵蓋：各階層管理技能之訓練、專業訓練、語文訓練等。

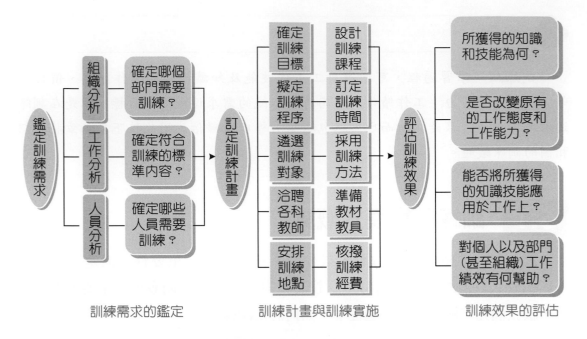

訓練需求的鑑定　　　　　訓練計畫與訓練實施　　　　　訓練效果的評估

圖 5-1　訓練計劃模式 [1]

　　由圖 5-1 可知，訓練包括了需求的評估，訓練的實施及效果的評估。而每個過程中都必須思考其 Why & How，才能在各階段中精準地達到組織的目標，同時達成員工及組織的知識技能的提升。

表 5-1　企業內部訓練體系 [2]

階級別訓練	階級區別	職能別訓練
經營者訓練	經營者	部門專業訓練及個別管理訓練（生產、行銷、人事、財務、資訊）
管理者訓練	管理者	
監督者訓練	監督者	
基層督導人員訓練	基層督導人員	
一般從業人員訓練	一般從業人員	實務及操作訓練
職前訓練	新進從業人員	基礎訓練

1. 資料來源：Susan E. Jackson、Randall S. Schuler著，吳淑華譯，（2001）。人力資源管理－合作的觀點（第七版），滄海書局。

2. 資料來源：Susan E. Jackson、Randall S. Schuler著，吳淑華譯，（2001）。人力資源管理－合作的觀點（第七版），滄海書局。

由表 5-1 可知，針對組織內的各階層所需的訓練是不盡相同的，因此在需求評估時，不應是開設相同課程，而是應該區分職位或階級，給予不同的職能別訓練，方能達到最適規劃。

三、結構化在職訓練（S-OJT）

實務上，大多數的員工在職場上都需配合預先規劃的教育訓練，因此，S-OJT（Structure-On The Job Training）是改進企業在職訓練的技術手法。Ronald（2003）將 S-OJT 定義為：「資深員工為新手在工作現場與工作現場環境相近的地點，透過一套有計畫的程序，以提昇其在工作單元（Unit of Work）上能力的訓練計畫。」

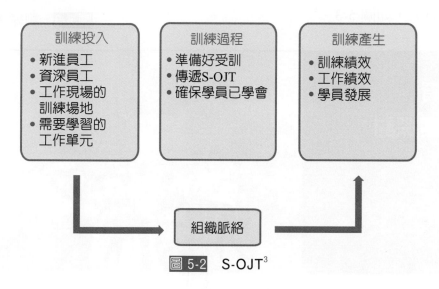

圖 5-2　S-OJT[3]

S-OJT 和非結構化 OJT 的不同在於其實施的流程是預先規劃的。以整體系統的觀點實施有計劃的訓練程序，可助於確保訓練成效與效率。S-OJT 是在工作現場或模擬現場的環境中，由資深員工依據事先規劃的程序，指導新進人員，發展特定工作單元所需要的技能。

四、工作指導

工作指導其目的是為了提升員工的素質與能力，工作指導（Job Coaching）的意義是指主管運用有效的方式與工具，傳遞知性與感性的內涵，藉以提升部屬的工作能力之過程。

---

3. 資料來源：Susan E. Jackson、Randall S. Schuler著，吳淑華譯，（2001），人力資源管理－合作的觀點（第七版），滄海書局。

訓練（Training）是組織人力資源發展（Human Resource Development）最基礎的工作，因為它是協助員工發展（Development）不可或缺的要素。不管是重視短期效果的訓練，或是重視長期效果的教育（Education），組織投入龐大的經費、時間與資源，無非是要能看到真正的效果。而教育訓練實施後，員工將所學到的知識、技術在返回工作崗位後，將它運用在工作上，所產生行為或思考模式的改變，進而提升個人工作效率與組織效能的現象，即是所謂的訓練移轉（Transfer），如圖 5-3。[4]

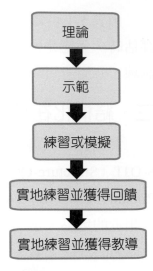

圖 5-3 訓練移轉流程

人資
個案探討

迪士尼樂園：重新定義工作目標與價值

　　當你擁有一份地球上最快樂的工作，那會是什麼樣的感覺？你知道受訓是最困難的時刻？對於「創造良好的顧客經驗」，迪士尼所投入的心力令人難以置信，也讓人驚訝。

　　讓員工覺得自己是「表演者」，重新定義工作目標與價值，是迪士尼相當重要的核心。如果你去過迪士尼樂園，會注意到一切都沒有痕跡。你絕不會看到背景的東西，看不到正在報到、換班或執行每日業務的員工，這一切都是在舞臺下發生的。在餐廳裡，你不會看到員工在客人旁邊吃東西，

---

4. 吳復新，（2004）。人力資源管理，華泰文化。

因為員工有自己獨立的餐廳。你會看到員工利用布滿全樂園的暗門溜進溜出。門上有小小的標示，寫著「限演員進出」，員工都是通過那些門上下舞臺。一切都運作正常。

　　若你要表演，必須在舞臺下報到，換上綠紅相間的襯衫制服，上面有個大大的米老鼠頭。穿上制服甚至讓員工覺得是一件非常驕傲的事。然後，會走過公園拿攤販車，但在第一次碰到攤販車之前，你當然必須接受一大堆訓練。

資料來源：梅里特・瓦茨（2019），為何迪士尼樂園沒「職員」、更找不到「客戶」？第一份
　　　　　工作教我的事。經理人月刊

⊘ **思考時間**

迪士尼的教育訓練中有一題：「如果有人來找我們，拿著空的冰檸檬汁杯子，說不小心灑出來了，你要給他們一杯新的，而且努力讓他們覺得開心，不問任何理由」。你可否想想，在你打工或任職的公司，怎樣不是想著賺更多錢，而是真心地思考：「如何讓這個人的快樂最大化？」。

5.2 教育訓練評鑑之模式

　　許多學者提出訓練評鑑的模式，事實上沒有任何一種模式是適用於所有組織，但從模式當中可見評鑑所需的一般原則（Robert, 1990）。一般而言，教育訓練評鑑模式約有 9 種，本書將針對常見的 5 種，分別是 Kirkpatrick、CIPP、Brinkerhoff、IPO、ROI 模式，進行概略的說明及介紹 [5]。

一、Kirkpatrick 模式

　　Kirkpatrick（1974）強調訓練的成效與貢獻，以結果和成效為導向，並將評鑑的標準分成參訓者對管理才能發展方案的反應、學習所獲知識、技能的增進程度、行為改善的程度和對組織目標的貢獻成果等四個層次 [6]。

---

5. 平衡計分卡亦是其中一種方法，請參考第六章。
6. 何俐安（2006），探討人力資源發展成果談組織評鑑教育訓練之模式，研習論壇月刊，67期。

1. **第一階層**：反應（Reaction）。針對受訓者對訓練課程的（主題、講師、時程）的感覺如何，基本上就是使用者滿意度評量，也是訓練評鑑最基礎的衡量方式。

2. **第二階層**：學習（Learning）。有關受訓者從訓練中學得的知識、技能、態度進行評量。可以發現學習評估層次比反應評估層次困難得多，Kirkpatrick 建議訓練人員要多設計屬於自己的方法或測驗工具（張惠雅，2000）。

3. **第三階層**：行為（Behavior）。有關受訓者因訓練而改變工作任務行為之程度的評量，也就是是否於訓練結束後，有運用在工作上，常指訓練後的學習遷移。

4. **第四階層**：結果（Result）。有關因訓練而發生的最後結果，如生產力提升、工作效率增加、成本減少、銷售量增加、員工流動率降低以及較高的利潤報酬。

📍 **人資補給站**

　　不少企業人資主管都聽過 CEO 或其他部門主管這樣的質疑：「教育訓練花那麼多錢，好像都沒看到成果？」最廣為人知的教育訓練評估指標，是已故美國威斯康辛大學（Wisconsin University）教授唐納德・柯克派區克（Donald L. Kirkpatrick）提出的「柯氏四級培訓評估模式」（Kirkpatrick Model）。

　　不過，柯氏指標幾乎都在員工受完訓練之後才蒐集，當資料顯示顧客滿意度、客訴率等指標都有所改善，就可以將這些成效完全歸功於教育訓練嗎？

　　要做出員工「因為受了教育訓練，所以產生行為改變」這樣的因果推論，必須使用科學方法，最基本、簡單的做法就是「增加前測」。人資部門可以在訓練前，先對員工進行測驗（前測），只要訓練後的測驗分數高於前測，即可看出學員在知識技能與行為上有所改變。

資料來源：修改自蔡維奇（2017）為什麼大部分員工都覺得，教育訓練浪費時間？人資和主管該有的 3 個認知，經理人月刊

二、CIPP 模式

　　CIPP 模式經過數次的修改，以結果和成效為導向，強調系統性改進以便利決策的一種模式，其內涵乃在於評鑑訓練之情境（Context）、投入（Input）、過程（Process）與成果（Product）[7]，此模式適用於組織、機構、方案乃至個人。

---

7. 何俐安（2006），探討人力資源發展成果談組織評鑑教育訓練之模式，研習論壇月刊，67期。

（一）情境的評鑑

　　為最基本的評鑑，其目的在於協助選定訓練的目標、確認訓練需求（如分析組織、人員、工作任務）之後，依據訓練需求與實際狀況的差距，找出沒有達到的訓練需求，進而提供改善方針，重新擬定訓練目標。

（二）投入的評鑑

　　針對訓練計畫或是方案做分析，透過審查可運用的訓練資源（如設備、人力、物力、經費預算、講師專業等），其目的為確定如何運用適當資源以達訓練目標。

（三）過程的評鑑

　　主要目的有三項：1. 使評鑑者了解計畫實施進度和資源運用情況；2. 提供計畫內容修正指引；3. 提供計畫執行的紀錄，便於成果評鑑時的參考。

（四）成果的評鑑

　　著重在判定訓練成果是否有達到預期目標，運用前三個向度（情境、投入、過程）來合理說明成果的價值和意義，其主要目的為提供未來訓練方案是否要繼續實行，或是調整、修正和中止訓練方案時的參考。

表 5-2　設計 CIPP 評鑑的架構方法[8]

評鑑的步驟		評　鑑　種　類							
		情境角色		投入角色		過程角色		成果角色	
		決策	責任	決策	責任	決策	責任	決策	責任
	描述	需要對哪些問題提出解答？							
	獲得	如何獲得所需的資訊？							
	提供	如何呈現和報告所獲得之資訊？							

8.　資料來源：Stufflebeam, D. et al., (1974). Education Evaluation Decision Making, 4th edition, Peacoca.

三、Brinkerhoff 六階段評鑑模式

　　Brinkerhoff（1998）認為所有人力資源訓練課程必須要以有效率的方式產生學習上的變化，強調預測需求及訓練過程評鑑，因此發展訓練方案過程中的每個關鍵決策階段，形成一個訓練發展的決策循環[9]。

（一）設定目標（Goal Setting）

　　為了解訓練方案的需求、問題及機會，提供決定是否應繼續實施訓練方案或是該修正的地方。

（二）設計方案（Program Design）

　　主要在於評量訓練方案的內容是否可行，藉此決定訓練方案的設計能否發展至實施階段。

（三）實施方案（Program Implementation）

　　重點在於完成前兩個階段之後，繼續檢視方案進行的流程，以得知方案是否可以如預期進行，同時預知可能產生的問題。

（四）立即的結果（Immediate Outcome）

　　了解受訓者是否透過訓練方案，獲得預期的知識、技能和態度。

（五）應用結果（Intermediate or Usage Outcomes）

　　主要在衡量受訓者是否能將有所學的新知識、技能運用在工作中，即評量訓練遷移的狀況。

（六）影響及價值（Impacts and Worth）

　　確知訓練方案對組織的效益程度，其中包括訓練之後是否產生影響、是否滿足需求，再和訓練成本作比較，來確定訓練方案所帶來的價值。

9.　何俐安（2006），探討人力資源發展成果談組織評鑑教育訓練之模式，研習論壇月刊，67期。

表 5-3　**Brinkerhoff 六個階段評鑑模式的重點以及評鑑方法** [10]

評鑑階段	評鑑重點	評鑑方法
1. 設定目標	● 訓練需求、問題與機會的程度為何？ ● 問題是否可以透過訓練解決？ ● 訓練是否值得實施？ ● 訓練是否合乎成本？ ● 是否有判斷訓練效益的指標？ ● 透過訓練解決問題是否比其他方案更好？	● 組織的稽核 ● 工作表現分析 ● 紀錄分析 ● 觀察 ● 意見調查 ● 研究報告 ● 文件回顧 ● 背景環境研究
2. 設計方案	● 何種訓練可能最有效？ ● A方案的設計是否比B方案有效？ ● C方案的設計問題在哪？ ● 所選擇的方案設計是否能有效實施？	● 教材評估 ● 專家評估 ● 測試性試辦 ● 受訓者評估
3. 實施方案	● 方案的教學是否達到預期成效？ ● 方案的教學是否有案進度進行？ ● 方案的教學有沒有問題產生？ ● 實際的教學狀況如何？ ● 受訓者是否喜歡本方案內容？ ● 方案執行的成本為何？	● 觀察 ● 查核表 ● 講師和學員的回饋 ● 紀錄分析
4. 立即的結果	● 受訓者是否有學到東西？ ● 受訓者的學習成效為何？ ● 受訓者所學為何？	● 知識與工作表現的測驗 ● 模擬測驗 ● 心得報告 ● 工作樣本分析
5. 應用結果	● 受訓者如何運用所學的內容？ ● 受訓者運用了哪些內容？	● 學員、同事、主管的報告 ● 個案研究 ● 調查 ● 實際工作觀察 ● 工作樣本分析
6. 影響及價值	● 訓練之後有何影響？ ● 訓練需求是否被滿足了？ ● 這個訓練方案是否值得？	● 組織的稽核 ● 績效的分析 ● 紀錄分析 ● 觀察／調查 ● 成本效益分析

---

10. 資料來源：Brinkerhoff, O.R.(1988), "An integrated evaluation model for HRD", Training & Development Journal, Vol. 42 No.2, p.66-8.

四、Bushnell 的投入、過程與產出（IPO）評鑑模式

Bushnell（1998）將訓練視爲一個投入、過程與產出的系統，包括七個環節（E1 至 E7）可以進行訓練評鑑[11]。

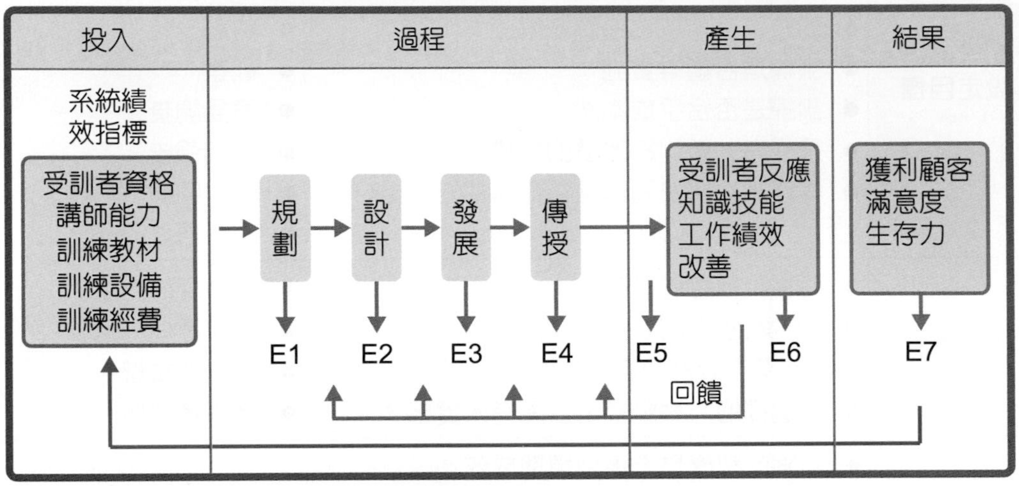

圖 5-4 IPO 模式[12]

五、Phillips 的投資報酬（ROI）

ROI 評估模式以 Kirkpatrick 四階層評估模式爲基礎，加上 ROI 的衡量，以結果爲導向，目的是衡量人力資本的投資報酬率，將訓練的成效以具體的貨幣價值呈現之，進而作爲 HRD 對組織貢獻的證明[13]。

➡ **階層一：**評鑑反應、滿意度和確認行動計畫（Reaction、Satisfaction、Planned Action）：本階段的重點在於了解受訓者的反應爲何？如何實施方案計畫方能符合受訓者的學習需求？

➡ **階層二：**評鑑學習（Learning）：此階段強調受訓者的知識、技能、態度是否被改變了？改變程度爲何？

➡ **階層三：**評鑑工作應用與實踐（Application、Implementation）：本階段在於評量受訓者是否已經應用訓練時所學到的知識、技能和態度在工作上。

---

11. 何俐安（2006），探討人力資源發展成果談組織評鑑教育訓練之模式，研習論壇月刊，67期。
12. 資料來源：Bushnell, P. (1998). Does evaluation of policies matter? Evaluation, 4(3):p.363- 371. Casswell.
13. 何俐安（2006），探討人力資源發展成果談組織評鑑教育訓練之模式，研習論壇月刊，67期。

➡ **階層四：** 確認方案的商業效益（Business Impact）：此階段主要評量受訓者
回到實際工作場所時能應用所學，並衡量商業利益。

➡ **階層五：** 計算投資報酬率（ROI）：本階段主要衡量訓練結果的經濟效益是
否高過訓練方案的執行成本。

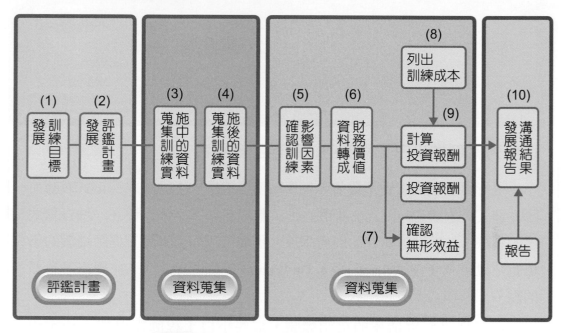

圖 5-5 Phillips 的 ROI Methodology[14]

　　ROI 是針對一個訓練的整體評估，從事前資料類型的定義與收集，到事後
的評估計算，系統化的做法，能夠呈現真實的訓練成效，Phillips 提供了一套包
含 ROI 的評鑑模式共 10 步驟（見圖 5-5）。

📍 人資補給站

　　訓練滿意度到底是不是訓練績效？如果有一個老闆，他認為員工滿意一直是很
重要的議題，所以如果有員工在年度意見調查中反映對公司的訓練不滿意的時候，
他就決定要提撥更多的經費在教育訓練上，可是，他又認為訓練有激勵性質，只應
該提供給那些對公司有貢獻或是有潛力的員工，於是教育訓練辦得更多也更好了，
但是訓練經費卻砸一定比例在特定員工的身上。

---

14. 資料來源：ROI Institute (2005). The Phillips ROI Methodology, from http://www.roiinstitute.net/
websites/ROIInstitute/ROIInstitute/

以色列新創推小白工程師的「職前訓練平台」

　　飛行員在正式駕駛飛機前會先駕駛模擬飛機、老師在成為正式教師前會先進入校園實習，然而工程師在進入職場前卻多半僅沉浸在一堆打程式碼的訓練，缺乏貼近真實的職前訓練。那麼可以如何滿足工程師培訓的市場呢？以色列新創 Wilco 創辦人 On Freund 有著切身之痛，並提出了新穎的點子。

　　為了提供真實情境的培訓體驗，這些小白工程師需要加入一家由 Wilco 虛構的科技公司 Anythink，並在此體驗模仿真實工作情境的工作流程。平台會指派任務給這些工程師，比如說即時通知工程師某個虛構的 App 出現了什麼問題。工程師在接到任務後就必須找到 App 中有問題的程式碼，並在修復後回傳到 Anythink 上。

　　因為 Wilco 建立了不同主題的程式訓練關卡，所以使用者在使用 Wilco 時，也能體會到破關、打怪、累積經驗值的愉悅感，顛覆了以往培訓的死板印象。對於工程師而言，Wilco 的服務可以幫助他們更好地進入職場；對於公司而言，則可以降低新手工程師因為不熟悉多人協作的工作模式，又或是對於開發軟體仍不夠上手，因此搞砸整個專案的風險。

資料來源：修改自創業小聚（2022）以色列新創推小白工程師的「職前訓練平台」，模擬真實
　　　　　環境無痕上工，科技新報

> ### ⊙ 思考時間
>
> 這種即時指派任務的情境，可以模擬未來在收到客戶需求後，需要盡快處理軟體缺失的狀況。也可以透過 Wilco 平台上的訊息功能，得到來自 Wilco 員工扮演的虛擬同事的指導，以此模擬疫情下與其他工程師遠端協作的情境。你認為這個平台和市面上其他教育訓練系統之間的差異為何？

5.3 管理發展與訓練的方法

對於管理上的發展及訓練，大多數的組織是以人員繼承計畫（Succession Planning）為原則：這是一種系統化的程序，定義出未來的管理需求，並把最為符合這些需求的職位申請者找出來[15]。

一、階層別教育訓練能力開發重點

企業應配合人力資源規劃，定義管理上的需求，並且找出具有高度管理潛力的員工，實施人員繼承計畫，規劃並發展所需的管理能力訓練及發展活動，培養出未來的「接班人」。而各階層之接班人應培養之重點如下表 5-4：

表 5-4　各階級教育訓練能力開發的重點[16]

階級區分		教育訓練能力開發的重點	
管理階層	最高管理階級	策略決策能力	企劃能力開發
	中高管理階級	管理決策能力	協調能力開發
	基層督導階級	業務決策能力	分配能力開發
基層一般職員工		技術能力	執行能力開發

二、創造力訓練與群體決策

由於時代潮流的演進與環境變動的快速，導致管理者所面對的問題愈趨複雜，新時代下的決策模式，企業常以團隊（Teams）、委員會（Committees）、品

---

15. Walker, J.W.(1980). Human resource planning. New York: McGraw-Hill.
16. 資料來源：Susan E. Jackson、Randall S. Schuler著，吳淑華譯，（2001）。人力資源管理－合作的觀點（第七版），滄海書局。

管圈（Quality Circles）、工作小組（Task Forces）等型態來共同討論並提出決策，進而發展出許多有關群體決策的技術。同時本小節也將探討在群體決策中，培養創造力的階段及方法。

（一）創造力思考的階段

創造力思考的過程之中，一般而言我們可分為找尋問題、全心投注、孵化點子、頓悟、驗證應用等五大階段。其具體的說明及方法如圖 5-6 所示。

找尋問題（Problem Finging）	·運作上哪裡出差錯 ·察覺問題或干擾
全心投注（Immersion）	·把注意力集中在問題上
孵化點子（Incubation）	·將資訊儲存在腦中一陣子 ·並不進行修正或評價點子
頓悟（Insight）	·解答常在意想不到的時機出現
驗證應用（Verification & Applying）	·個體必須證明創意的解答是有價值的 ·證據、理由、實驗

圖 5-6　創造力思考的階段 [17]

（二）創造力工作者的特徵

依據 T.M. Amabile [18] 的創造力三要素——專業技術、工作本身的激勵及創意思考的技巧（如圖 5-7 所示）。「專業技術」係指個人在特殊領域中具備的專業素養；「工作本身的激勵」係指員工從工作中所獲得的激勵因子，包括有形的與無形的；而「創意思考的技巧」則是指增進創造

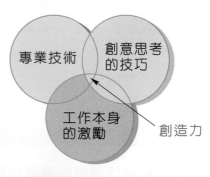

圖 5-7　創造力三要素 [19]

17. 洪英正、錢玉芬譯，（1997）。管理心理學，華泰文化。
18. Teresa M Amabile. (1997). Motivating creativity in organizations: On doing what you love and loving what you do, California Management Review. Berkeley. Vol. 40, Iss. 1; p. 39.

力的所有技巧，如「高登法」與「腦力激盪法」等。只要於決策時注意此三要素，則可以增進決策的創造力，獲取更具創意的行動方案。[19]

📍 人資補給站

　　近年來，企業界流行創新能力的培養，根據創造力三要素的定義，我們可知創造的行為即鼓勵員工提出新提案新觀念（New idea），「不同而更好的想法」或「新而有用的想法」。然而創造力需要經過「守門人」的把關，才不會無限上綱。「守門人」的概念以學術界而言，期刊的編輯委員、負責審查計畫的教授即是學術界的守門人；以藝術界而言，買畫的大眾即是畫家的守門人、看電影的大群影迷即是導演、演員們的守門人。

（三）群體決策的方法

　　常見的群體決策技術[20]包括德爾菲技巧（Delphi Technique）、腦力激盪法（Brainstorming）、名目團體技術（Nominal Group Technique, NGT）。

1. 德爾菲技巧

又名專家意見法，以通信溝通的系列問卷調查方式統合參與者意見。德爾菲技巧主要的步驟如下（如圖 5-8 所示）。

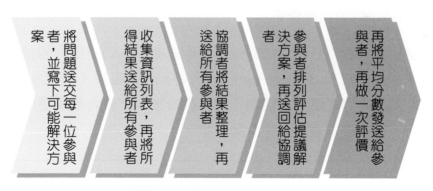

圖 5-8　德爾菲技巧的執行步驟

(1) 將問題送交給每一位參與者，並寫下可能的解決方法。

(2) 將收集的資訊列表後，分送給各參與者，再將結果交回協調者。

(3) 協調者將結果整理，再分送給所有的參與者。

19　T. M. Amabile, (1983). The social psychology of. creativity, NY: Springer-Verlag.

20. 同學可將群體決策與創造性思考做連結。

(4) 參與者排列或評估提議的解決方法，並送回給協調者。

(5) 再將平均分數發送給參與者再做一次評價，並送回給協調者。

　　此程序一再重複，直到產生一致的結果爲止，一般需要重複四次以上，而最多人支持的解決方案就是參與者最好的選擇，也是最後所決定的行動方案。

　　值得注意的是這裡所談的德爾菲技巧（Delphi Technique）與德爾菲法（Delphi Method）是有所不同的。德爾菲法是用於「預測」；而德爾菲技巧則是用於「決策」，此一觀念必須釐清，千萬不可誤用。

　　由上可知，在群體決策時常需要做適度的批判成意見整合。

2. 腦力激盪法

　　「腦力激盪法」最初是由奧斯邦（Alex Osborn）[21] 爲了解決廣告問題而發展出的，如今已被證實具有廣大的適用性。一個爲了解決特定問題的腦力激盪小組，由六至十二人組成。此小組必須堅守四條相關的規則。

(1) 限制批判性的判斷。

(2) 鼓勵瘋狂的點子：把瘋狂的點子改成平易可行要比較保守的想法簡單得多。

(3) 量越多越好：點子越多則找到最佳想法的機率也越高。

(4) 要追求點子的連結與修正。

腦力激盪基本上認爲嚴厲和批判性的判斷會抑止人們提出非傳統的點子，而這種平常說不出口的點子卻往往是解決問題的關鍵。因此，在會議過程中，沒有人會提出評價性的回應（到會議最後，才做各種反應的評價），所有好的點子都不會被遺漏並被記錄下來。

> **◉ 人資補給站**
>
> 　　腦力激盪法是業界常用的方式，但實際上執行時你會發現，當人們在面對老闆或階級較高的主管發言時，通常會因為對上位者的恐懼而無法侃侃而談。另外也因為有這些高階長官在場，你會害怕要是發表任何糟糕的點子，很可能讓你看起來很蠢、甚至對工作不利。如此一來，在你擔心你的意見可能最終會成為糟糕點子的前提下，反而更怯於分享任何古怪點子。

---

21. Alex F. Osborn, (1953). Applied Imaginatios. New York: Charles Scribner's Sons.

3. 名目團體技術（Nominal Group Technique, NGT）

「名目團體技術」被廣泛地運用在醫療、社會服務、教育問題、產業發展與政府等議題與組織中。此方式乃將參與者聚集在一起，但不允許成員在事前有任何會面與交談。其主要的步驟如圖 5-9 所示。

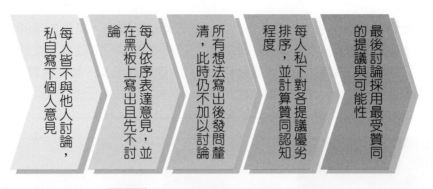

圖 5-9　名目團體技巧的執行步驟

(1) 每人皆不與他人討論，私自寫下個人意見。

(2) 每人依序表達其意見，先不要討論，再依序在黑板上寫下自己的意見，讓每個人都能看得見。

(3) 所有的想法都提出來後，參與者才發問以釐清各個想法，此時，仍不加以評價或討論。

(4) 每個人私下對各提議依其優劣排序，並計算出每一提議受贊同之程度。

(5) 最後討論採用最受贊同的提議之可能性。

4. 高登技術（Gordon Technique）

Gordon（1956）指出，高登技術針對腦力激盪過於空泛、容易失焦等缺點加以改善。主張事先不告訴與會者真正的問題，只有領導者知道。因此，其在會議中，領導者可能說：「讓我們談談公司的安全問題。」然後領導者再一步步將討論引導到特殊問題上。這樣的過程非常有賴主持人的技巧[22]。

5. 腦力書寫法

由小組成員提出問題狀況，將個人構想簡略書寫於紙上，但不經過討論，該紙張不記名並傳遞給其餘成員繼續寫下個人構想，直到所有成員都參與。

---

22. 請參閱William J. Gordon, (1956). Operational Approach to Creativity, Harvard Business Review, Vol.34, No.6, p.41~51。

6. 聯想法

利用關鍵字推論的方式做聯想。

⦿ 人資補給站

　　如果我們採用聯想法。以「工作」為題進行關鍵字聯想，可能出現的字包括：趕時間、時鐘、公事包、忙碌奔波、職業婦女、樂在工作、成就感、女性、柔和的堅毅、溫柔的堅強、媽媽、包鞋、高跟鞋、步伐、家庭與事業、嬰兒與電腦、角色、超人、媽媽的手、對比、柴米油鹽、家門 ......（其餘的可以自己想）

人資
個案探討

三星的一萬小時的練習，由菜鳥變高手

　　要花多久的時間，一位員工才能真正獨當一面？在韓國最大企業三星（Samsung），這個問題的答案是 5 年。

　　根據統計，如果一個人要成為某一領域的專家，至少必須持續投入一萬個小時的練習。如果我們以一天 8 ～ 9 小時的上班時間來計算，扣除掉吃飯、交誼等休息時間，真正能夠專注於工作的時間大約是每天 6 小時，因此我們以此為基準點，大約就是累積到一萬小時的時間，剛好就是進入職場的第五年。

　　文亨進以自己年輕時的經驗為例，他在負責三星液晶電視部門時，曾經與主管一起出差至德國參加商展。到達德國的第一天，進入飯店已經是晚上 10 點，主管與大家約定第二天早上 6：20 在飯店大廳見面，開始第二天的行程。文亨進為了準備第二天會議的資料，當晚足足忙到凌晨 4 點，好不容易小憩了一下，醒來時已經是 6：18，匆匆忙忙洗臉換衣後，他勉強趕在 6：23 分到達大廳。

　　「只遲到 3 分鐘而已，幸好……」但主管卻板著臉問道，「我們約定幾點見面？」「6：20」「那現在幾點？」「6：23」即便文亨進努力解釋自己是為了準備資料才遲到，卻仍然只得到主管冷漠的斥責。

資料來源：修改自《經理人月刊》2012 年 10 月號

◇ **思考時間**

1. 專注在一個產業，持續一萬個小時才有可能成為專家，你決定好你要投身的產業了嗎？
2. 時間管理往往是學生與上班族最容易忽略的項目，請討論究竟該如何管理時間？

課堂實作
專業是把事情簡單說

班級 _____

組別 _____

成員簽名 _____

說明

不管你是學生還是在職人士，你會發現在做報告或開會時，永遠都是冗長而且沉悶的，同時你還會發現，與會在場的人士永遠不知所云。但是許多行銷或活動的創意，都必須經由文案的方式進行呈現，所以本次的練習需要你「說人話」。

這個活動需要以組別為單位，請由下列的情境，進行文案的修改。

文案內容

1. 近年來，校園創業蔚為風潮，在校的年輕人紛紛投以許多的新創計畫，以爭取預算開設公司。

2. 以下文案為「科技部創新創業激勵計畫」上的公開文案。請你依據這個文案，設計出一份簡單的、精簡的、看得懂的文案。

為振興我國科技發展與經濟成長之動力，行政院國家科學委員會依據民國 101 年第九次全國科技會議相關討論之決議，推動將創新成果導向新事業創造之激勵政策，國家實驗研究院依此政策指示啟動「創新創業推動機制之研究、規劃與試辦」計畫（下稱「創新創業激勵計畫」試辦方案），計畫內容包含創新創業選拔活動之辦理。本計劃整合國內外創業輔導資源，以鼓勵青年學子科技創業，進而帶動國內創新創業風潮，創造社會價值。

3. 請各小組分享你所設計出的文案或標語。

實作摘要

Note

CHAPTER 06
績效評估與管理

學習大綱

6.1 績效評估概述
6.2 常見績效考核方式
6.3 新興績效評估方法

人資個案探討

特力集團的績效管理
分級評鑑制度
獎金怎麼分配

人資聚焦：經理人講堂

Google、微軟為何不用 KPI？

課堂實作

工作績效練習

人資聚焦
經理人講堂

Google、微軟為何不用 KPI？

近年來有項管理工具受矽谷公司青睞，就是 OKR（目標與關鍵成果，Objectives and Key Results），甚至倡導 KPI 管理的巨擘如微軟到奇異（GE），都紛紛揚棄 KPI 改用 OKR。

過去 KPI（關鍵績效指標）大概是最多公司採用，但也是老闆心中最頭痛的制度。然而 OKR 這個方法早在 1970 年代，就由英特爾創辦人葛洛夫（Andy Grove）提出，但卻由矽谷知名創投 KPCB 合夥人杜爾（John Doerr）的推廣而盛行。杜爾是 Google 早期投資人，經由他的導入，Google 即便已由新創公司成為網路巨人，至今仍全體奉行 OKR，更多矽谷公司如推特、LinkedIn、Dropbox、臉書、Airbnb、優步，都開始使用這項管理工具。

為何近幾年 OKR 這麼風行？一來，它較有彈性，可以隨時因競爭環境變化調整；二來，它更能激發創新，因為關鍵成果是員工自訂，且不與績效掛鉤，員工會依據能力與興趣來設定關鍵成果，對新世代員工尤其有效。

由此可知，相較於 KPI 主要目的是考核員工，OKR 最主要目的並非只是考核，而是要激出員工潛能，提升組織績效水準。它不僅適用於企業，甚至能運用於團隊管理、個人職涯規畫。

舉個例子，在課堂中，老師跟學生說，學期末要考試，從指定的教科書出題，以分數高低做為是否好好學習的基準，這就是 KPI 模式；若是 OKR 模式，老師則跟學生說：目標是學好人力資源，關鍵成果則由老師與學生去討論協商，不論是寫報告、專題等皆可，重點是由學生自己提出，而且成績不是只由關鍵成果來決定。

資料來源：修改自邱奕嘉（2019）。「矽谷最夯的管理工具 OKR」。商周雜誌

1. 如果組織已採用 KPI，還有必要採用 OKR 嗎？
2. 有些企業主也許會擔心，若沒有 KPI，那員工績效要如何評定？績效獎金要如何發？

 前言

　　績效評估是一件複雜和細化的工作。對員工而言，員工可以對自身在考評期內的工作業績，工作表現進行自我評價；對管理者而言，需要對部屬進行目標規劃、建立管理日誌、考勤記錄、統計資料和接受述職等，以便對被考評人作各方面考核。

6.1　績效評估概述

　　Peter F. Drucker 認為「獲利能力是企業最好的標準」。而績效考評（Performance Appraisal）是透過評量員工某段時期的工作態度、行為及結果，以正式化且結構化衡量、評估與影響的目標達成率之程序，藉以做為調薪、任免或晉升等人事決策之參考。因此接下來我們將由績效評估的流程進行說明。

一、建立共識

　　當組織的策略目標決定之後，依目標管理的精神，建立一個目標體系，使個人的目標與組織的目標能充分連結在一起，在確認目標之後，才能設定績效衡量的標準，例如，台積電（TSMC）以績效管理與發展（Performance Management and Development, PMD）[1] 作為該企業績效評核制度，其中透過「目標設定」、「發展計劃」建立共同願景，有效將個人目標（囊括個人生涯規劃）與組織目標相結合，充分建立組織共識。

---

1. 資料來源：廖志德，能力雜誌，1999年5月，p.38。

二、建立標準

在建立績效衡量的標準時，必須把握兩項重要的原則－關聯性與清楚明確，要能使標準與員工的目標取得關聯，所獲得的績效才能反應員工的目標達成度；且所設定的衡量標準必須明確界定，使員工得以了解該如何努力以獲得績效，而考評者也能清楚知道如何評估員工的績效。例如，台積電（TSMC）以PMD作為該企業績效評核制度，定時定期評估員工工作績效，透過按件計酬方式（具特殊表現者予以特別鼓勵及表揚），藉以提昇績效的質與量。

三、正式評估

一開始先決定考核的時間與選擇考核者，考核時間可依工作性質而定，大多以半年為期；考核者的選擇可以是上司、同事、部屬、員工自己或顧客等。在考核時，必須秉持「公平、公正、公開」的原則，同時要提醒考核者應避免發生如刻板印象或是月暈效果，導致評分產生偏誤的情況。例如，360度評量之中，考核者的選擇上，可以是上司、同事、部屬、員工自己或顧客等，透過各個角度擬出公平的評比結果。

> ### ◉ 人資補給站
>
> 什麼樣才算是績效不佳的員工？大概有五種情況，一、無法做到合理品質或數量標準的員工。二、不認同公司的價值體系。三、影響其他員工的負面態度。四、違反企業倫理或工作規則。五、其他的行為不當，例如經常遲到、缺席。
>
> 處理績效不佳員工的時機很重要，一定要及早指出並且即時處理，員工才能清楚地知道對錯。並且在溝通前，主管應該要先做客觀的調查，釐清之前認為不適當的事情，或許只是個誤會，如果不是誤會，在溝通時也才能有所本，例如說對方遲到，那就應該拿出打卡單，以避免各說各話，無法達到溝通效果。

四、結果回饋

在完成績效評估、獲得結果之後，組織可與員工進行深度面談諮商，了解績效低落的原因，據以擬定後續的人力計畫、教育訓練與修正組織的整體目標，而員工也由績效結果，來了解自己的問題發生在哪裡？如何改進？並重新修訂未來努力的方向，例如，丹堤股份有限公司對於季銷售績效評比名列前矛（前五名）的業務員，給予日本七天六夜來回食宿免費旅遊招待。

人資 個案探討

特力集團的績效管理

　　特力集團連續幾年皆創造了 15% 的年營收成長率，這證明特力執行長童至祥導入外商公司常見的高績效文化（Performance Planning & Management，簡稱 PPM），用來制定特力集團員工的績效和改善考評的決定是成功的。

　　PPM 是一套循序漸進的程序，在每年年初先訂定員工與部門的績效目標計畫，到了年中則進行成效追蹤，最後到了年底，則進行綜合的績效評估，而各部門也依據績效評估結果，作爲員工的晉升、轉調、調薪、績效改善計畫等參考。因爲每個部門都以使用這套以同樣基準訂定的績效指標，所以，童至祥就可以進一步用同一套績效管理工具，來管理各部門的業績。

圖片來源：特力集團官方網站

⌄ 思考時間

特力集團下一步要切入行動商務的戰場，因為特力集團的會員數眾多，採購行為也不同，因此若由 Big Data 從客戶與商品的關聯性，找出客戶真正想要的商品和生活型態，就可以作爲下一步公司營運方向及產品採購的參考。請問 Big Data 資料分析師的績效考核可以怎麼訂定？

6.2 常見績效考核方式

　　績效考核有非常多的方法，本書選出幾種較常見的方式，將績效考核方式共區分為包括常規型考核法、行為型考核法、產出型考核法、特質評估法等四大方式[2]，分述如下。

一、常規型考核法

　　常規型考核法又稱為相對比較法，共有下列四種方法。

（一）直接排序法

　　考核者依照每個人的表現，從最好到最壞，排列出所有被評估員工的順序，通常考核者在排序時是根據整個工作績效的互相比較。

　　例如，有三位員工 A、B 和 C，依他們的工作表現排列出他們的名次，如第一名是 A，第二名是 C，第三名是 B。

（二）交替排序法

　　是績效考評的一種方法，針對特定考評項目，列出所有將接受評分的員工，而後首先挑選出在該考評項目上表現最佳和表現最差的員工一人，接著再選出剩下人選中的最佳與最差的人（亦即全體中次佳與次差者），一直重複。

（三）配對比較法

　　利用矩陣之型式，發展出該部分所有員工的績效考評，我們藉由表 6-1 可看出舒○德的評等最高。

---

2. 李正綱、黃金印、陳基國著，（2004）。人力資源管理－跨時代的角色與挑戰，前程企管公司，二版。

表 6-1　配對比較法 [3]

工作數量					
評核者					
相較於	A宋○蘭	B鹿○芳	C舒○德	D臧○蓮	E連○珠
A宋○蘭		+	+	－	－
B鹿○芳	－		+	－	－
C舒○德	－	－		－	－
D臧○蓮	+	+	+		+
E連○珠	+	+	+	－	

（四）強迫分配法

　　評估者分辨出所有受評員工所屬的績效水準類別（如圖 6-1 所示）。例如，有 50 位員工，分為最差者（5 人）、較差者（10 人）、普通者（20 人）、較佳者（10 人）及最佳者（5 人），這樣評估者即可將 50 位員工快速的分成五類。

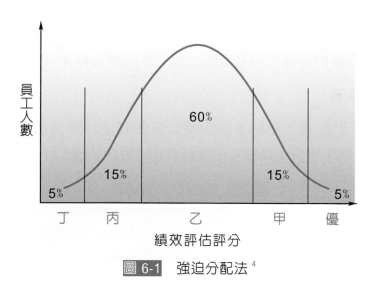

圖 6-1　強迫分配法 [4]

3. 李正綱、黃金印、陳基國著，（2004）。人力資源管理－跨時代的角色與挑戰，前程企管公司，二版。
4. 李正綱、黃金印、陳基國著，（2004）。人力資源管理－跨時代的角色與挑戰，前程企管公司，二版。

> **◉ 人資補給站**
>
> 　　考試院近來正研修《公務人員考績法》，修正幅度相當廣泛。在部分具爭議的項目中，爭議性最大的就是「丙等比例」的規定：將年終考績連續 2 年列丙等、10 年內考績達 3 次丙等的公務員，均列為強制資遣對象。這種直接排序的作法，對公務員的生態會產生什麼影響？

二、行為型考核法

　　行為考核主要是透過較具代表性的重要事件，利用量化的尺度，設計進行評分，李正綱等（2004）說明行為型考核法，包含以下三種[5]。

（一）圖表評等尺度法

　　尺度表中包括績效說明的部分，且以一條連續的線段來表示各種不同的績效水準的意義。不同的評等尺度圖法在績效構面的定義清晰度、評等尺度數目，與各尺度的說明上，會有很大的差異。

1. **優點**：較簡單。
2. **缺點**：缺乏清晰的定義，容易產生出不一致的評估結果。

（二）重要事件法

　　由直屬主管對於員工平時工作中足以影響其工作績效的特別或重要的事件，加以考核觀察，並做成記錄，作為衡量其績效的依據。

表 6-2　重要事件編碼表

基本資料						受訪者提到的重要事件						
編號	性別	年齡	職位	年資	教育	1	2	3	4	5	6	7
1	1	2	1	2	1	1		1		1		1
2	1	2	3	1	1		1	1	1	1		
3	1	1	4	3	2	1		1	1	1		
4	2	3	2	1	1	1		1	1	1		

資料來源：Stitt-Gohdes, Lambrecht, & Redmann（2000）

5.　李正綱、黃金印、陳基國著，（2004）。人力資源管理－跨時代的角色與挑戰，前程企管公司，二版。

　　主管應將所有訪談資料記錄，則必須進行重要事件分類。我們可以使用重要事件之編碼表來操作（如表 6-2 所示），左邊部分為被評者基本資料，而右邊是所提到的重要事件之編碼及反應頻率。我們可以將重要事件進行編碼，然後讓受訪者填寫編碼表上重要事件的發生頻率或參與程度，頻率或參與程度愈高者就表示是參與過的重大事件。

(三) 行為定位尺度法

　　先蒐集重要績效事蹟的資訊，並且以優等、普通，與差勁等尺度，分別詳細說明重要工作行為，然後將這些事件依照數個績效構面或類別做分類，每個構面都是一項評估績效的準據，接下來要設定每一項事件的分數，分數越高，代表績效越好，詳見表 6-3。

表 6-3　行為定位尺度法 [6]

尺度價值	定位（行為的特定書面說明）
7 ( ) 優秀	廣泛的專案計劃；記錄完整；廣受贊同；將計劃分配給相關人員。
6 ( ) 很好	計劃與溝通良好；每週詮釋專案計劃；維持專案之更新；運用專案計劃之更新，使日程表之更新得以及時完成。
5 ( ) 稍佳	佈置工作；每個工作都進行日程安排；滿足顧客的交期需求；使時間與成本的浪費最小化。
4 ( ) 平平	將到期日列表控管；隨著進度需要而修正到期日；一般而言，會增加不可預見的事件；顧客會時常抱怨。
3 ( ) 稍遜	專案計劃不良；不實際的日程安排時常出現。無法領先做好一、二天之內的計劃；到期日經常變更。
2 ( ) 拙劣	缺乏工作執行計劃日程安排；缺乏工作指派計劃。
1 ( ) 惡劣	缺乏專案計劃，對到期日不關心，不重視日程安排。

📍 人資補給站

　　績效評量的主角是員工，如果他是個認真的員工，他其實真的很希望知道，主管對於他過去這半年（或一季）的表現，到底抱持什麼樣的想法？未來他是否有更進一步發展的機會？他要怎麼做才能成功？表格只是輔助工具，藉由量化的數據，可以做為評估時的參考。所以當彼此溝通某個重要的問題時，必須針對表格上所列出的相關項目作為討論內容的依據，才不至於過於空泛。

6. 李正綱、黃金印、陳基國著，（2004）。人力資源管理－跨時代的角色與挑戰，前程企管公司，二版。

三、產出型考核法

產出型考核法又稱爲成果評估法，主要是透過期初目標的設定及期末的目標檢核，決定完成的項目及比重，包含以下二種[7]，分述如下。

(一)目標管理法

我們可以從下列「目標的特性」來一窺究竟。

1. 可數量化

目標必須明確且是可以衡量的，例如銷售業績成長一倍。如果目標太過模糊或不明確，則將使組織成員無所適從，例如銷售業績成長。

2. 有時間性

目標之完成必須有一限定的特定時間，如此才能使組織的行爲更有效率，例如第一季提高銷售額 5% 等。

3. 具挑戰性

依「目標設定理論」可得知設定較困難的目標，可以使組織較有挑戰性，進而發揮組織潛力以達成組織的目標。當然，至於挑戰性的難度該如何設定，就必須仰賴管理者的個人判斷與組織成員當時的狀況而定了。

4. 可書面化

目標應該儘量書面化，以使組織成員瞭解及共同努力，也唯有將目標書面化才能時時刻刻提醒組織成員並銘記在心。

♦ 人資補給站

創意教學軟體公司（Creative Courseware）執行長 Connie Swartz 的做法值得參考。通常她會在績效評估的面談前請員工思考以下的問題：

1. 過去這段時間，自己感到最驕傲的成就是什麼？原因何在？
2. 過去這段時間，自己學到了什麼？
3. 在工作上最感到挫折的事情是什麼？
4. 如果你希望在工作上有所改變，最想改變哪一件事情？

---

7. 李正綱、黃金印、陳基國著，（2004）。人力資源管理－跨時代的角色與挑戰，前程企管公司，二版。

(二)績效標準考核法

先設定工作標準（亦即產出期望水準），然後將每位員工的產出水準與該標準作比較，詳見表 6-4。

表 6-4 設定工作標準的常用方法 [8]

方　法	適用性領域
工作團體的平均生產量	當所有員工執行的任務相同或近似相同。
特定員工們的績效	當所有員工執行的任務基本上相同，而且利用團體平均數將會不便且耗費時間。
時間研究	工作涉及重複性的任務。
工作抽樣	非循環性的工作，它要執行許多不同的任務而且沒有一定的模式或循環。
專家意見	當沒有比上述直接的方法適用時。

人資補給站

工作抽樣（Work Sampling）又稱「瞬時觀察法」。是預估員工或機器在不同活動中，所需花費的時間比例與閒置時間的技術。它利用統計學中隨機抽樣的原理，按照等機率性和隨機性的獨立原則，對現場操作者或機器設備進行瞬間觀測和記錄，調查各種作業事項的發生次數和發生率，以必需而最小的觀測樣本，來推定觀測對象總體狀況的一種現場觀測的分析方法。

四、特質評估法

特質評估法一般而言較沒有具體性的評分標準或項目，也因此特別容易受到「評分者偏誤」的影響，包含以下二種 [9]，分述如下。

---

8. 李正綱、黃金印、陳基國著，（2004）。人力資源管理－跨時代的角色與挑戰，前程企管公司，二版。
9. 李正綱、黃金印、陳基國著，（2004）。人力資源管理－跨時代的角色與挑戰，前程企管公司，二版。

（一）描述評分尺度法

每一項納入評估的特質或是特性都有附加尺度，並針對各特質描述之尺度進行評比。

（二）混合標準尺度法

對於係各特質均給予優良、平均、不佳三種績效水準描述，並混合排列。同時針對每一描述評估受評者是優於、相當於或不及予以描述。也就是說，某特質可能是「優於優良」、「相當於不佳」、「不及平均」…等排列組合。

由以上四種常見的績效評估介紹，我們可由表 6-5 的幾種指標進行比較。

表 6-5　各績效評估方法的評價比較 [10]

績效評估法	評估指標特性				
	策略一致性	信度	效度	判別能力	具體性
相對比較法	很低，除非評估者評估時特意與策略連結	取決於評估者，但通常較難衡量信度	評估者決定效度高低	通常較高	非常低
特質評估法	通常較低，也需要評估者評估時予以連結	通常較低，但可藉由明確界定特質而改進	通常較低，但若仔細設計特質構面亦可改進	通常較低，除非評估者確實進行評估	非常低
行為評估法	可獲致高度連結	通常較高	通常較高，但需注意避免評估範圍不足及污染問題	通常較高	非常高
成果評估法	非常高	高	通常較高，但亦可能發生評估範圍不足及污染問題	通常很高	目標明確度高，但如何達成目標則不明確

---

10. 編譯自 R. A. Noe, J. R. Hollenbeck, B. Gerhart and P. M. Wright (2003), Human Resource Management: Gaining a Cimpetitve Advantage, New York: McGraw Hill/Irwin p.254.

人資補給站

　　吳秉恩（2007）認為在績效評量時，為了保持客觀性，避免形成「評分者偏誤」，主管必須克服下列幾點。

1. 光圈效應（暈輪效應）：管理者發現員工一項優點時，則以為其各方面都是好的。
2. 觸角效應（尖角效應）：考核者常因員工某一項缺點，會誤認為其各方面表現均不佳，而給予較低的評核。
3. 向日葵作用：因自認強將手下無弱兵，而給於較高的評核。
4. 中央趨勢（集中傾向）：將所有工作人員之績效以平均分數來給予。
5. 情緒化作用：員工績效完全依考核者情緒給予評定。
6. 效用：員工考核之結果常以近期之工作表現為主。

人資 個案探討

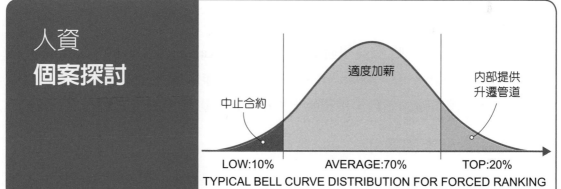

TYPICAL BELL CURVE DISTRIBUTION FOR FORCED RANKING

分級評鑑制度

　　在國內也有不少的企業遵循分級評鑑管理制度。它的基本理念就是，一個部門裡頭員工表現分級，假設一個部門有 10 個人，那麼菁英佔少數：2 個人，一般的平庸工作者佔大多數：7 個人，還剩下 1 個人是打混摸魚的。

　　標準的 Stack Ranking 會搭配「鐘形曲線」來解釋，一般人佔 70%，菁英佔 20%，還有 10% 是公司該淘汰的壞份子。

> **思考時間**
>
> 這個制度聽起來很合理，但如果你身在其中時就會發現有問題。我們來假設以下兩種狀況：
> 1. 你的部門突然調來兩個戰鬥力超強的超級賽亞人，而你的戰鬥力趨近於零。面對 Stack Ranking 你會怎麼做？
> 2. 你的部門突然調來兩個媽寶，每次都哭說壓力好大，客戶見到他們都抱怨連連，而且每天早上晨會都遲到，來了後還白目問有沒有早餐。面對 Stack Ranking 你會怎麼做？

6.3　新興績效評估方法

一、平衡計分卡

1990 年代初期，哈佛商學院教授 Robert S. Kaplan 及 David P. Norton 共同發展出來的平衡計分卡（Balanced Scorecard），作為溝通企業目標、整合績效衡量及監控整體策略的工具，被視為上世紀末最具影響力的企業觀念之一。

(一) 平衡計分卡的簡介

1. 平衡計分卡的源起

平衡計分卡（The Balanced Scorecard）起源於 1990 年 KPMG（安候建業會計師事務所）的研究機構，進行一項內容關於「未來的組織績效衡量方法」的研究計畫。該計畫由哈佛大學的教授 Robert Kaplan 及 Nolan Norton Institute 的最高執行長 David Norton 兩位主持，其中也有 12 家來自製造、服務、重工業和高科技產業的企業也參加這項計畫。主要目標是尋求更適當的績效衡量模式，以取代傳統觀念上過度依賴單一會計財務面的衡量指標。

2. 平衡計分卡之基本觀念

平衡計分卡有兩個主要的基本概念，其中第一個概念是，「你所衡量的就是你所要達成的目標（What you measure is what you get），強調衡量績效的內容、模式需求，必須與組織目標、策略相結合，將公司的策略與目標納入

衡量模式當中，幫助管理者將企業的策略計劃，與營運及預算等作業流程整合，把企業的財務及物質資源作整體規劃，建立策略目標與資源配置相配合的機制，以達成企業的營運目標。」

平衡計分卡採用四個構面來衡量組織的經營績效，並不代表是由一連串冗長指標與數字所構成的數值；相反地，它取代了繁雜的指標，而將重點集中在少數具有代表性的 15 至 20 個重要的策略性指標上。平衡計分卡的第二個基本概念是，「突破傳統單一財務面，僅依據投資報酬率及每股盈餘等財務指標，來判定組織績效模式的衡量項度，而改以財務（Financial Perspective）、顧客（Customer Perspective）、企業內部流程（Internal Business Perspective）、學習及成長（Innovation and Learning Perspective）等四個構面，衡量企業的營運表現，將組織的目標與策略，連貫成一致的策略管理系統。」如圖 6-2 所示。

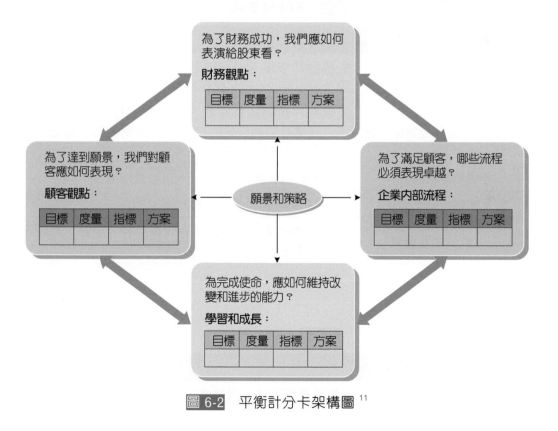

圖 6-2　平衡計分卡架構圖 [11]

11. Kaplan, R. S., & Norton D. P., (1996). Using the balanced scorecard as a strategic management system, Harvard business review, p.75-84.

3. 關鍵績效指標 KPI（Key Performance Indicator）

「KPI 指標」是聚焦於攸關企業未來之發展核心之「策略性」衡量的「關鍵性」指標，而非只是一般財務評估指標。「KPI 指標」的推動實施，企業績效才能達到績效極大化目標，充分發揮員工職能與組織力量達成企業經營目標。

各「KPI 指標」間包括財務與非財務、落後與領先、組織內外部要素、長短期績效等指標必須是平衡無衝突的，且指標定義須明確，以確保成員能確實瞭解並實施。「KPI 指標」的項目必須與組織的願景及策略緊密結合、是可量化並精確客觀掌握的、成員容易理解的、指標資料來源務實容易取得，以及指標評估可化為行動方案。

(1) KPI 與 BSC 結合

表 6-6　**KPI 與 BSC 結合**

項目	說明
確立企業策略主題	檢視目前與未來目標的差距，訂出差異化競爭策略主題，如從前的公司若有網站為差異，但現在則不然。
訂定策略目標並展開策略地圖	決定每一策略主題在顧客，內部流程、財務、學習成長。四構面中的策略目標，並且注意策略目標彼此間須有因果關係，以形成策略地圖。
發展衡量指標	透過策略目標決定相對應的KPI衡量指標。
訂定策略行動方案	訂定KPI與策略目標的行動方案。
策略回饋與定期檢討	經由回饋與檢討，策略本身或執行時的失誤，才能及時發現並修正。

(2) KPI 的迷思

表 6-7　**KPI 的迷思**

項目	說明
數目越多越好	必須衡量管理成本與效益，KPI主要為管理關鍵20%，並非全面管制。
抄襲其他企業	各企業有不同文化背景，即使採用相同的策略，在KPI的評量上也會有所不同，若硬要全面套用難免會削足適履，且影響績效評量正確性。

項目	說明
量化陷阱	量化易於評估，需要評估的指標不一定能量化，若為了量化採用不適當的指標或是與公司策略背道而馳，將會失去訂定KPI的意義。
沒有隨時間調整	KPI是動態管理工具，必須要能靈活運用且能面對變革。
沒有與人資管理制度結合	KPI需與獎酬制度結合，才能讓員工集中注意力。
忽略領先指標，偏重落後指標	落後指標代表過去的績效，領先指標則包含流程和行動的衡量，就像球場上的計分板，一方面標示目前成績，另一方面也是球員下一步行動的具體指標。

● 人資補給站

　　建立 KPI 指標的要點在於流程性、計劃性和系統性。各部門的主管需要依據企業策略以建立部門級 KPI，並對於相應部門的 KPI 進行分解，以確定其要素目標，以便確定評價指標體系。然後，各部門的主管和部門的 KPI 人員一起再將 KPI 進一步細分，分解為更細的 KPI 及各職位的業績衡量指標。這些業績衡量指標就是員工考核的要素和依據。

(二) 平衡計分卡之四大構面

　　依照 Kaplans & Norton（1996）所述，BSC 共分為財務、顧客、內部流程和學習與成長等四個構面，並根據多年累積的實際經驗中，依此四構面發展出一套用來說明策略的標準架構。

　　據此，BSC 不但明確地揭示了企業的策略假設，描繪出清楚的行動過程，解釋企業用何種方式將其無形資產轉化為創造顧客及財務面的有形資產，並進一步與平衡計分卡的量度結合，作為策略目標達成與否的監測。以下將就這四個構面做詳細的描述。

1. 財務構面

財務構面的績效量度可以顯示企業策略的實施與執行，對於改善企業的營利是否有所貢獻。

一般而言，生產力提升策略較成長策略能更快獲得財務上的成果。然而，BSC 的主要貢獻之一，就是強調透過營收成長以強化企業長期的財務

績效表現，而非只偏重成本降低和資產利用，以確保生產力提升策略不會妨礙到未來成長的機會。

2. 顧客構面

在平衡計分卡的顧客構面中，所想要探討的是確立不同的顧客市場區隔，吸引顧客、增加顧客對企業的滿意度等，這些區隔代表了企業財務目標的營收來源。企業一旦認清和選定市場區隔之後，便能針對這些目標區隔設定量度，而顧客構面的績效量度，將可實現企業企圖帶給目標顧客的價值主張。圖 6-3 為顧客構面中的五大核心量度。

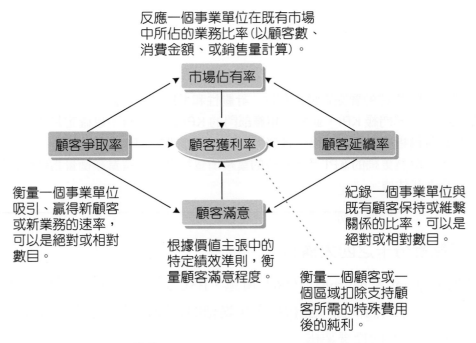

反應一個事業單位在既有市場中所佔的業務比率（以顧客數、消費金額、或銷售量計算）。

市場佔有率

顧客爭取率　　顧客獲利率　　顧客延續率

顧客滿意

衡量一個事業單位吸引、贏得新顧客或新業務的速率，可以是絕對或相對數目。

根據價值主張中的特定績效準則，衡量顧客滿意程度。

紀錄一個事業單位與既有顧客保持或維繫關係的比率，可以是絕對或相對數目。

衡量一個顧客或一個區域扣除支持顧客所需的特殊費用後的純利。

圖 6-3　顧客構面五大核心量度表 [12]

3. 內部流程構面

傳統績效衡量系統只關心監督和改進流程成本、品質和時間。平衡計分卡則是從顧客和股東的期許，衍生出對內部流程的績效要求。Kaplan 與 Norton（1996）認為在為企業內部流程設計績效衡量指標之前，應先分析企業的價值鏈，即從創新流程、營運流程及售後服務程序三個方向，思考如何滿足顧客的需求，建立各種可以達成此目標的衡量指標，如圖 6-4 所示。

---

12. Kaplan, R. S., & Norton D. P., (1996). Using the balanced scorecard as a strategic management system, Harvard business review, p.75-84.

圖 6-4　企業內部的價值鏈 [13]

4. 學習與成長構面

根據 Kaplan & Norton（1996）的說法，組織若想持續成長，超越目前的財務和顧客績效，那麼光靠遵守組織制定的標準作業程序，是無法達到目的。組織必須針對顧客需求改進流程和績效，但是改進的想法必須來自第一線的員工，因為只有他們才熟悉內部流程與顧客。因此大部分的企業會從以下三組核心的成果量度來衍生出它們的員工目標，然後再以特定情況的成果驅動因素來補充這些核心的成果量度。

(1) 員工滿意度：是指員工對企業與工作的滿意程度。

(2) 員工延續率：強調員工是屬於企業的資產之一，亦即此目標為挽留與企業有長期利益相關的員工。

(3) 員工生產力：強調員工產量與製造這些產量所耗費資源之間的關係。

📍 人資補給站

　　不能完全依賴 BSC 的「屬量」指標，仍然必須搭配面談。績效面談時需要的同理氛圍，往往勝過伶牙俐齒的指責，而懲罰不但沒有辦法達到「教訓」的目的，可能往往容易衍生反效果。最理想的方式，是讓員工處在「正增強」的環境，讓員工不斷產生正面行為。

　　績效評估也必須是獎酬激勵的前提標準，否則努力的人和不努力的人，領的是一樣的報酬，那組織將變成沒有希望的團體。但是當員工從獎酬體認到，挑戰困難將讓自己的能力成長，讓自己的市場價值提高。

二、目標與關鍵成果（Objectives and Key Results, OKR）

　　OKR（Objectives and Key Results）全稱為「目標與關鍵成果」，是企業進行目標管理的一個簡單有效的系統，能夠將目標管理自上而下貫穿到基層。這

---

13. Kaplan & Norton (1996).

套系統由 Intel 公司制定，在 Google 成立不到一年的時間，被投資者 John Doerr 引入，並一直沿用至今。

（一）目標（Objective）與關鍵成果（Key Results）

從定義上來看，目標（Objective）指的是「想做什麼？」，它必須具備精確、品質化、有實現、鼓舞士氣特性。而關鍵成果（Key Results）指的是「如何達成目標？」，也就是目標必須量化，同時包含 2 至 5 項關鍵成果。

傳統的 KPI（關鍵績效指標），比較偏向本位主義，通常以個人績效優先。但 OKR 強調透明運作的機制，也就是從執行長到基層員工，所有人的目標公開共享，公司必須要先訂出一個企業發展的共同目標，接下來各部門才會有個別的目標，但最後都要集結在共同目標之下。一般來說，這個價值主張當企業規模愈大，更難做到。

表 6-8　如何創立 OKR 的五大層級

層級	分析
公司（高層）	● 明確傳達最高層的目標 ● 展現高階主管投入其中
公司及BU或團隊	● 較有抱負的做法 ● 必須具備明確的OKR部署參數
全公司（從上到下）	● 大幅提升契合度 ● 挑戰始於此：有許多風險
某BU或團隊前導做法	● 證明OKR概念 ● 展現快速致勝並吸引其他團體的注意力
專案	● 漸進採用OKR時可以用的選項 ● 改進專案管理準則

資料來源：夏松明（2019）。【PM 讀書會】執行 OKR 帶出強團隊。

由上表可知，OKR 在制定目標時，非常強調由下而上的決策討論過程，所以很容易檢討出過去訂的 KPI 當中有什麼缺失？是不是之前對公司的整體目標不夠了解？或是目標不切實際，甚至無法達成？

（二）目標建構要素

　　由上述可知，因為 OKR 強調契合與連結，全體員工可以共同參與目標設定的過程，當大家都寫下自己的工作計畫時，很容易發現最好的點子。這樣的過程也能夠培育協作的精神，當某位同仁看起來難以達成某項季度目標時，大家都可以看到他需要幫忙，便會有人伸出援手、提出建議，共同改善落後的進度。若企業成員的目標互相契合與連結，就能夠在主觀中產生正確的客觀、形成眾志，「我覺得這個工具是我們一直在尋找的東西！」因此我們必須了解，在建構共同目標時，必須有六大目標建構要素：

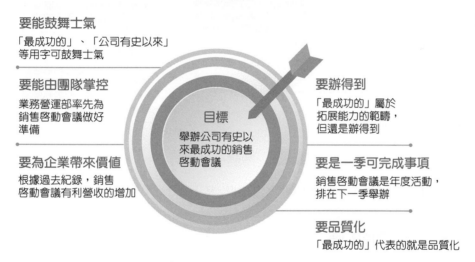

圖 6-5　六大目標建構要素

資料來源：John Doerr（2019）。OKR：做最重要的事。天下文化

(三) 關鍵成果要素

有了上述的具體目標之後，我們才能夠依據組織的共同目標，設定關鍵成果要素：

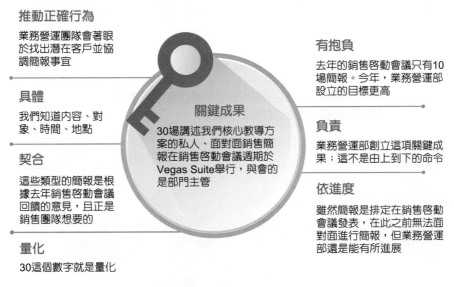

以下是業務營運部門設立的關鍵成果之一：

推動正確行為
業務營運團隊會著眼於找出潛在客戶並協調簡報事宜

具體
我們知道內容、對象、時間、地點

契合
這些類型的簡報是根據去年銷售啟動會議回饋的意見，且正是銷售團隊想要的

量化
30這個數字就是量化

關鍵成果
30場講述我們核心教導方案的私人、面對面銷售簡報在銷售啟動會議週期於Vegas Suite舉行，與會的是部門主管

有抱負
去年的銷售啟動會議只有10場簡報。今年，業務營運部設立的目標更高

負責
業務營運部創立這項關鍵成果；這不是由上到下的命令

依進度
雖然簡報是排定在銷售啟動會議發表，在此之前無法面對面進行簡報，但業務營運部還是能有所進展

圖 6-6　關鍵成果要素

資料來源：John Doerr（2019）。OKR：做最重要的事。天下文化

(四) 我們需要 OKR 嗎？

在 OKR 出現之前，一般企業對於目標管理（MBO）及關鍵績效指標（KPI）的相關理論均有非常多的了解，然而這三者到底有什麼不同？我們可藉由以下的比較進行討論：

	目標管理（MBO）	目標與關鍵成果（OKR）	關鍵績效指標（KPI）
理論特色	用團隊參與的方式建立目標，並在時限內完成，且每個人需為自己的績效負責任。	每一組目標（Objectives）搭配2~4個關鍵成果（Key Results），讓團隊了解「要做什麼」及「如何做」。	由上而下分配績效指標，設定績效目標、績效考核與面試，專注在結果，而非過程。
理論發展年代	1954年，由管理學之父彼得・杜拉克（Peter Drucker）提出基本概念，強調「目標」的重要性。	1999年，英特爾（Intel）前執行長安迪・葛洛夫（Andy Grove）提出理論框架。	1990年代，各家學者結合目標管理、平衡計分卡、80/20法則理論演變而來。
優點	運作方式公開透明，要求員工自動自發，有利提高團隊歸屬感。	理論簡單易懂，以「由下至上」的方式，使團隊訂定每個人都願意執行的目標。	透過績效考核、評分機制，督促員工完成任務，強調「效率」與「效果」。
缺點	目標難以量化，導致員工不清楚如何達成，甚至許多人不了解企業宗旨。	要求目標要有挑戰性，但並不連結績效評估體系，因此需注意成員是否缺乏動力。	為了達成績效指標，員工有可能不擇手段，甚至背離企業願景。

圖 6-7　三大績效方式比較

資料來源：盧廷羲（2019）。什麼是 OKR？跟 KPI 差在哪？一次讀懂 Google、Linkedin 都在用的 OKR 目標管理法。經理人月刊

　　因此，組織中經常會有一個困惑是，「我已經有 KPI 了，我還需要 OKR 嗎？」本文認為，兩者最大的差別是：關鍵績效指標（Key Performance Indicators, KPI）是「別人要我們做的事」，OKR 則是「我們自己想做的事」。也就是說，KPI 與 OKR 其實並不衝突，我們可以想成「OKR 的本質並非要考核團隊或者員工，而是隨時提醒每一個人，當前與未來的任務分別是什麼」。

　　因此組織只要不把 OKR 視為績效評估的工具，那麼就可以在一個組織內同時實施這兩套體系。而且，OKR 還能適度彌補 KPI 的缺陷。KPI 比較強調在時限內完成待辦事項，同時依據某種評分標準給予賞罰，這的確能激發及提升工作效率。但是不要忘了，組織內部往往有多個 KPI，這時就有可能產生「有些事大家都不想做」的狀況，甚至很可能這些 KPI 早已背離企業願景與共同目標，而造成員工為求分數，就敷衍了事完成，此時 OKR 將可以彌補 KPI 所產生的問題。

人資
個案探討

獎金怎麼分配

　　社會科學研究顯示，員工怨恨數字分數，他們寧願被告知自己屬於「平均水準」，而不是五級分裡的三級分，尤其對強迫排名更是感冒。經理人也厭惡進行考核，一方面看不見自己使用的這套制度有什麼價值，另方面也覺得繁複作業根本是浪費時間。績效考核制度成為眾矢之的，名列企業裡最為人詬病的做法。

　　我們現在假設一個情境，你今天是一支男子 1,600 公尺接力（每人跑 400 公尺）的教練，你有四位選手如下：

1. A：設定目標為 55 秒，實際成績為 55 秒，當天氣候正常。另外，他在練習時的出席率為 100%。他是一個重視紀律但缺乏自信心，而且喜歡在團隊中抱怨的人。

2. B：設定目標為 53 秒，實際成績為 53.5 秒，當時已經開始下起小雨。另外，他在練習時的出席率為 95%。他是一個非常努力，常常自己花時間練習，而且還在持續進步中的選手。

3. C：設定目標為 55 秒，實際成績為 54.8 秒，當時跑道因為下雨的關係而有一點濕滑。另外，他在練習時的出席率為 90%。他是一個人緣很好的選手，常常帶飲料或零食請大家吃，而且當團隊的士氣低落的時候，他也會適時地想辦法激勵大家。

4. D：設定目標為 52 秒，實際成績為 53 秒，當時跑道相當濕滑以至於他跌了一跤。另外，他在練習時的出席率為 90%。他是一個有經驗而且成績優異的選手，常常針對技術的部分給予其他人指導，只不過他的個性比較嚴肅。

◯ **思考時間**

最後，你的隊伍贏得了銀牌，並且拿到五萬元的獎金。請你依據以下四個人的表現，對這四位選手的成績加以排序，並且分配獎金給這四個人。

課堂實作
工作績效練習

班級
組別
成員簽名

說明

這個活動需要以組別為單位，藉由下列的情境，及個人所犯的錯誤來進行。

情境

同學們多少都有打工或正職工作，請將你們的工作項目列出（如自助餐收銀員的服務技巧、麥當勞櫃檯人員的點餐步驟、銀行理專的金融商品推薦等）。

1. 依照服務業種或服務項目，將同學進行分組（類似工作項目為一組）。

2. 請每位同學依據各自所選擇的工作或績效層面，寫下五項具效果或不具效果行為的「特例」（如銀行櫃檯在跟客戶交談時全程嚼口香糖，屬於不具績效效果的特例），每項事件應清楚地陳述會使其有效或無效、受爭議的行為，並需要客觀的描述「行為」（而非態度）。

3. 將團隊中成員的各項陳述加總，並剔除重複項目後，團隊成員討論剩下的項目，將屬於「格外不認同」的項目剔除。

4. 將所剩的項目依據七點尺度量表進行每項項目的評分，如下所示。

績效不佳	1	2	3	4	5	6	7	績效卓越

5. 向全班同學說明你們這組的結果，並說明為什麼你們要剔除「格外不認同」的項目。

實作摘要

Note

CHAPTER 07
薪資設計

學習大綱

7.1 薪資政策及設計
7.2 工作評價
7.3 薪資結構之設計

人資個案探討

庫克花十年時間證明自己值天價薪資
「薪水太低」是幌子？7 個離職真心話
王品集團的薪資透明制

人資聚焦：經理人講堂

《魔獸世界》暴雪員工集體加薪

課堂實作

媽媽的薪水怎麼算？

人資聚焦
經理人講堂

《魔獸世界》暴雪員工集體加薪

開發《魔獸世界》、《暗黑破壞神》等知名遊戲的電玩巨頭暴雪娛樂（Blizzard Entertainment）疫情間業務受惠。2020 年 7 月，一名暴雪員工發起一張匿名試算表，讓大家填上自己的薪水數字。這馬上在員工之間流通，數十名員工貢獻了個人數字。接著，他們發現最新一次調薪幅度不到 10%，遠低於預期，於是他們轉往公司內部通訊平台 Slack 繼續討論，並研擬出幾個準備提交給高層的要求，包括合理薪資、增加休假時間，以及替客服和品管部門的員工加薪。總共有超過 870 名員工參與了這場討論。

不滿的根源在於，公司營收優異，卻吝於調高基層員工薪水。暴雪 2020 年第二季財報，淨營收達 19.3 億美元，比去年同期成長 38%，淨利來到 5 億 8,000 萬美元，比去年同期成長 77%。疫情間待在家打電動的人變多，花在暴雪遊戲的時間也比去年同期成長 70%，業績因此飆升。即便如此，公司卻沒有將獲利反映在員工的薪水上。這一次，暴雪因疫情受惠，再次被虧待的員工情緒終於集體炸開，化為具體的行動。

資料來源：修改自張方毓編譯，上百名員工用一張「Excel 表」要求加薪！《魔獸世界》遊戲商暴雪做錯什麼？商業週刊，2020/08/06

問題討論

暴雪員工這次集體發聲，是電動遊戲產業裡難得的勞工團結行動。上百名員工私底下因一張「試算表」團結起來，準備向公司高層發起抗議、要求加薪。你認為站在公司高層的立場，應該如何處理？

前言

　　勞資雙方的關係從古至今所引發的議題相當多且廣泛，大部分的勞方本質上是為自身的薪資或相關福利做爭取，因此本章我們要探討在薪資制度、工作評價及薪資結構設計相關的內容。

7.1 薪資政策及設計

　　薪資管理（Salary Management）係指制定符合公平、一致性的薪資制度及系統，包括薪資結構、薪資政策，以及工作評價制度等。根據 Lawrence S. Kleiman 的看法，薪資管理對企業的影響有以下三點。

1. 改善成本效益

　　勞工成本佔企業的總營運成本最大，因此影響企業的競爭力最鉅，若能有效降低勞工成本支出，而又不影響到勞工權益，就可以成功主導成本。

2. 達到法律規定的標準

　　規定企業薪資的法令非常多，如我國的「勞動基準法」規定有最低工資和加班費的規定等，公司必須了解並依照規定執行，以避免日後產生勞資糾紛或罰鍰。

3. 增進招募職員的成功率與減少士氣低落及離職問題

　　一家公司若有完善的薪資制度，則能吸引到優秀的人才，而在公司工作的員工也才會考慮繼續留任，進而促使士氣的提升及減少員工離職的現象發生。

一、薪資制度及系統

　　制定合理的薪資制度及系統，包括薪資水準、薪資結構、薪資政策等薪資管理制度，基本的薪資結構包括基本的本薪、加給及津貼、獎金及福利制度。因此我們來看看，影響薪酬和福利的因素，如圖 7-1 所示。

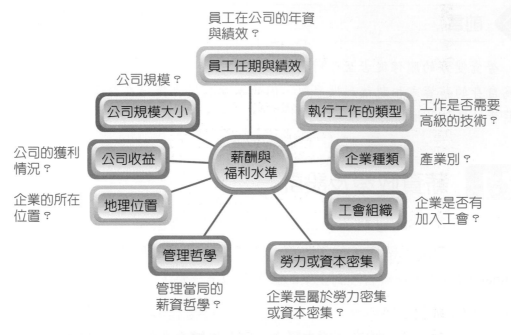

圖 7-1　薪資制度及系統[1]

在設計薪酬體系（詳見表 7-1）時，我們會依據不同的薪酬要素進行設計，並以此訂定不同的薪資基準，公司可以依照其在薪資政策上較屬意何種結構方式，進行薪酬體系的規劃。

表 7-1　薪酬體系[2]

薪酬要素	保健基準性薪資	職務基準性薪資	績效基準性薪資	技能基準性薪資
設計目的	維持外部公平。	維持內部公平。	激勵員工工作。	激勵員工學習。
薪酬基準	員工適當的保健需要。	各項職務的相對價值。	員工的績效表現。	員工的技能程度。
核薪依據	物價、生活水準、薪資調查資料。	職務評價分數。	績效評估分數。	技能評鑑分數。
本薪制度	薪資曲線的截距與斜率。	決定各項職務適用的薪等。	薪資全距內調整。	薪資全距內調整。

1. 編譯自 Robbins, Stephen P. and Mary Coulter (2013), Management 12th ed., Prentice Hall, Pearson Education, Inc.

2. Susan E. Jackson、RandallS. Schuler 著，吳淑華譯，（2001）。人力資源管理-合作的觀點（第七版），滄海書局。

薪酬要素	保健基準性薪資	職務基準性薪資	績效基準性薪資	技能基準性薪資
特定性質的薪酬制度	眷屬、房租、交通、伙食、偏遠地區及派外津貼、生活成本調整方案。	主管加給、專業加給。	加班費、生產、銷售、功績、年終獎金與紅利、員工認股。	技術加給、學位加給。
配合措施	薪資調查系統。	職務評價系統。	績效評估系統。	教育訓練系統。

◉ 人資補給站

　　無論該公司是採用何種薪酬體系，如果你想進到該公司，建議在面談時先把「期望薪資」丟到談判桌上，然後等待對方出牌。例如你期望待遇是 160 萬，對方第一次的開價只有年薪 120 萬，這時你可以禮貌性地徵詢對方有沒有談判的空間、你可以開口詢問說：「我對自己的能力有信心，不過我了解你們會有你們的難處，所以考量到公司未來的發展可期、這份工作也具有挑戰性，所以我會考慮把期望待遇降低為 145 萬，所以希望你們可以感受到我是真的很願意為貴公司效力的決心和誠意 ...」然後就結束討論，交給對方去決定。

二、薪資政策

　　設計薪酬時必須考量內外在環境的因素，用以建立屬於本公司的薪資政策，以配合企業長期的策略發展。而本節將針對組織的薪資政策做詳細說明。

（一）薪資管理的思維

　　吳秉恩（2007）認為，薪資策略與企業策略關係（如圖 7-2 所示）必須從企業的願景出發，並利用正式的人力資源制度，以達到員工的職場態度，進一步提升組織的競爭優勢。

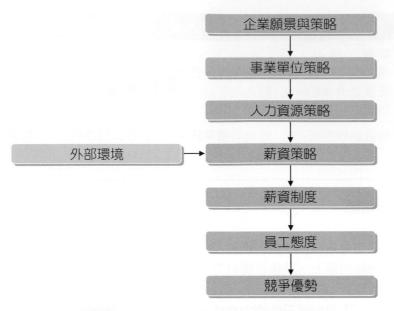

圖 7-2　薪資策略與企業策略關係圖[3]

　　因此我們可以看出，外部環境的改變，會對企業內部產生質變，進而影響 HR 的活動。

（二）薪資政策

　　制定薪資政策是組織最高管理階層的重要任務之一，根據 Milkovich 等人的觀點[4]，薪資政策可以概分為下列四種類型。

1. 以員工工作內容為基礎

此類薪資制度稱為職務薪給制度，其結構設計是針對每一項職務所負的責任、所需條件及工作環境等因素做評價，若對企業的相對貢獻度最高，其薪資水準也最高。職務薪給制的優點是符合同工同酬的原則，適用於責任較明確的工作；缺點是缺乏彈性，不利於職務調動。

圖 7-3　空姐薪資制度以工作內容為基礎
圖片來源：中華航空 FB

3. Milkovich, George and Jerry M. Newman (2005), Compensation, 8th ed, McGraw-Hill International Edition, p. 32.

4. Milkovich & Newman, 1999; Hills, Bergmann & Scarpello, 1994; Lawlaer, 1990.

2. **以個人或組織績效表現爲基礎**

此類薪資制度如按件計酬制、提案獎金、分紅制度等，其結構設計適用於能明確衡量績效且不需做太多監督的工作，例如保險推銷員、業務員。此制度的優點爲與績效做連結，具有高度的激勵作用；缺點則是缺乏保障。

圖 7-4　業務人員以個人或績效表現為基礎

3. **以個人資格條件爲基礎**

此類薪資系統如技能薪給制，可適用於必須具備專業技術或技能多樣性的工作，例如醫生、工程師。其薪資水準的訂定是以員工擁有多少技術、能力或知識而定，具有兼顧工作彈性與生產效率的優點。

圖 7-5　甜點師傅以個人資格為基礎

4. **以其他行爲爲基礎**

又稱能力薪酬制，指的是不只侷限在技術或知識，而考量到其他因素。例如團隊精神、工作過程、問題解決能力等因素。

在逐漸以知識爲競爭優勢來源的知識經濟時代中，以個人資格條件爲基礎（技能薪給制）最能符合企業未來薪資管理的需求。

圖 7-6　行政主廚為能力薪酬例

三、薪資管理原則

吳復新（2004）在管理薪資時，須要考量的乃是公司與員工之間的原則，這些原則包括以下四點。

（一）公平原則

薪資必須與績效和工作內容作連結，盡可能符合公平正義的原則（詳見表 7-2），例如分配公平、程序公平、互動公平，才能令員工心服口服，並成為激勵員工日後努力工作的誘因。

表 7-2 公平原則 [5]

公平種類	方法及政策
對外公平	勞動市場的界定、薪資調查、薪資水準和政策。
對內公平	工作分析、工作說明、工作評價、薪給結構。
員工公平	年資加薪、績效加薪、加薪政策、獎勵制度。

（二）合理原則

薪資制度與結構的制定要符合政府法令與公司政策的規定，在法理上才能站得住腳。

（三）激勵原則

薪資的管理要以激勵員工努力與士氣為前提，以滿足員工保健因子的需求，才不會有不滿足的情緒發生。

（四）互惠原則

把員工努力工作所得來的營業利潤，提撥一定比例的利潤回饋給員工，為公司與員工創造雙贏互利的局面。

> ### 人資補給站
>
> 當我們在推動薪資措施的時候，到底我們是從甚麼角度出發的？究竟我們是知道獎酬差異化很重要、能夠提昇績效，還是我們其實只是看到別家公司都這麼作？可是後者往往比較常見，有太多次經驗是，總經理發現某某標竿企業有一個很引為自豪的做法，就希望公司的 HR 把該公司的制度抄一抄，然後就變成自己公司的新制度。至於這些制度會不會有副作用？其實大部份的 HR 是不關心也沒有能力關心的。

---

5. 吳復新，（2004）。人力資源管理，華泰文化。

人資
個案探討

庫克花十年時間證明自己值天價薪資

　　蘋果創辦人賈伯斯（Steven Jobs）逝世時，不少人對當時新任執行長庫克（Tim Cook）抱持觀望態度，甚至質疑其是否能跟隨賈伯斯的路線。如今數年過去，蘋果股價上漲逾 6 倍。

　　賈伯斯在 2011 年，庫克接任執行長 2 個月後便去世，當時不少評論家及分析師均對庫克持觀望態度。這種巨大壓力並未擊倒庫克，iPhone 系列在賈伯斯去世多年後，仍為全球最受歡迎的手機品牌之一，隨著時代變遷，使用更大屏幕、更高技術，並推出 Apple Watch 及 Apple Airpods 等日後廣受歡迎的產品。另外，還重新設計端口，將 Face ID 應用在設備中，更大舉收購多間科技公司，將技術融入新設產品中。

　　根據彭博（The Bloomberg）統計，在 2019 年最高薪酬執行長排行榜中，庫克獲得超過 1.33 億美元的報酬，包括 300 萬美元薪金、770 萬美元獎金、1.22 億美元的股票獎勵以及 8.84 億美元津貼，僅次於特斯拉（Tesla）馬斯克的 5.953 億美元。

資料來源：修改自上報（2020）辣個男人最有資格拿天價薪資　庫克花十年時間證明自己，接下賈伯斯之位完全夠格，科技報橘

⌄ 思考時間

庫克的合約在 2021 年到期，他當時僅 59 歲，蘋果董事會高層在正常情況下應該會相信他有能力繼續勝任職位。不過在薪酬已如此高的狀況下，錢對庫克已經不重要了，你認為董事會應提出什麼樣的合約或條件，利誘庫克繼續留下帶領公司？

7.2 工作評價

在進行薪資結構設計前，必須先進行工作評價，方有基礎進行薪資設計，同時必須配合績效評估的方式，因此接下來我們來討論工作評價及薪資結構設計。

薪資的職等與職級設計是非常實務的問題，但是大多數的人資部門在決定薪資結構時，卻未依照正確的做法而讓專業經理人漫天開價，造成各職位之薪資不夠明確，最後反而讓公司的薪資政策陷入兩難。

(一) 工作評價

工作評價（Job Evaluation）：又稱為職位評價，是管理階層對各種不同的職位決定其相對價值的一種正式過程。可以利用工作評價的結果，設計薪資結構。

1. 計酬因素

計酬因素（Compensable Factor）就是工作評價中用以比較工作內容的基礎，同時它也是工作相對價值的評估依據，亦即為什麼一個職位會被認為比其他的職位重要而給予較高報酬的原因（詳見表 7-3）。

表 7-3　計酬因素 [6]

1. 技能（Skill），包括： (1)訓練 (2)教育 (3)經驗 (4)知識 (5)能力	2. 努力（Effort），包括： (1)體力方面： 　耗費體力 　眼力 (2)精神方面： 　工作量大 　在期限內完成工作 　必須集中精神從事工作
3. 職責（Responsibility），包括： (1)對公司的影響 (2)獨立作業 (3)成敗責任（Accountability）	4. 工作條件（Working Conditions），包括： (1)危險的工作環境 (2)不舒適的工作環境 (3)有害的工作環境

---

6. 吳復新，（2004）。人力資源管理，華泰文化。

2. 工作評價的方法

進行工作評價時，一般而言，有下列 3 種做法。

(1) 順序排列法

依工作性質的難易度做整體考量後，再依序排列加以核薪，較適用於小企業，如表 7-4 所示。

表 7-4 順序排列法

職位名稱	月　　薪
總 經 理	$50,000
業務專員	$35,000
會計出納	$30,000
內勤職員	$25,000

(2) 分級評估法

參考工作說明書後，依其工作內容及特性將工作分類分級，然後再依其等級核定薪資標準。

(3) 評分法

將核定的報酬因素，分成若干等級予以不同程度的評分，然後再作工作中所含之報酬因素（不同的工作職位，有不同的報酬因素）的評分等級，將其分數加總，即可得一薪資水準，如表 7-5 所示。

表 7-5 評分法 [7]

報酬因素	等級A	等級B	等級C	……
1	A1~5分	B1~5分	C1~5分	
2	A2~4分	B2~4分	C2~4分	
3	A3~3分	B3~3分	C3~3分	
4	A4~2分	B4~2分	C4~2分	
5	A5~1分	B5~1分	C5~1分	

---

7. 吳復新，（2004）。人力資源管理，華泰文化。

　　工作評價的前提是必須要完成工作分析。工作分析會產出工作說明書，因此主管要能夠設計部屬的工作，同時必須了解部門裡有沒有工作是重複的，或是哪些工作太輕、哪些工作太重。所以主管必須寫他直屬職位的所有工作說明書，寫完之後要送給他上一層主管簽核，核准之後再送到「職位評等委員會」評等出這個職位的職等，然後連結到薪資管理制度。

📍 人資補給站

　　在哥爾公司（W.L. Gore），績效獎金的多寡，由同儕決定。每個人都會被 20 或 30 個同事評量，相對地，也會評量 20-30 個同事。你只能評量你認識的人。你會發現在被評量者中，最多貢獻及最少貢獻的人皆具有一致性。接下來成立跨職能的委員會，由擁有領導者角色所組成，他們會檢視所有的評論並進行辯論，然後從頭到尾整合成一份排行榜，再設定正確的獎賞曲線，確保貢獻最多的員工，可以獲得最多錢。

人資
個案探討

「薪水太低」是幌子？7 個離職真心話

　　一家企業的成功，關鍵在於用人的品質，這是顛撲不破的道理。然而，對多數企業來說，留不住好人才，卻又是無時無刻都得面臨的艱難挑戰。

　　更令人苦惱的是，很多主管面對好部屬的流失，除了措手不及，或是盲目的加薪、加頭銜外，幾乎完全搞不清楚他們離開的真正原因，更別提有效的留人了。

因此，《留不住人才，你就賺不到錢！》一書中所揭櫫的留不住人才 7 大理由，頗具參考價值。它們分別是：

1. 工作或職場不如預期
2. 工作與人不搭配
3. 指導太少與回饋不足
4. 成長與晉升的機會太少
5. 覺得被貶低與不受重視
6. 超時工作造成的壓力，以及工作與生活失衡
7. 員工對高層主管失去信任與信心

比較令人意外的是，多數人想當然爾的「薪資太低」，並不在這 7 大原因內。「大約 8 ～ 9 成的受雇者離職不是為了薪資水準」，而是因為工作內容、管理人員、公司文化或工作環境。

資料來源：Cheers 雜誌 155 期

◯ 思考時間

「許多公司提供平步青雲的道路給 A 級員工，卻忽略 B 級員工的發展。」殊不知，這些 B 級員工往往是公司的骨幹，也是重要、穩定的貢獻者。若你是企業的人力資源部門，你該怎麼樣關心公司的 B 級員工？

7.3 薪資結構之設計

表 7-6 為一般公司常見的薪資等級表，要特別注意的是，這麼多的職等與職級是怎麼設計出來的？而各職等與職級之間的關係為何？薪資是如何訂定的？這些問題在接下來的章節中我們將一一說明。

表 7-6 職等與職級範例

職　稱	總經理	經理	副理	主任	助理
等　級	14-15	11-13	10-12	8-9	6-7

單位：千元

薪等 \ 薪級	1	2	3	4	5	6	7	8	9	10	11	12	13
15	88	93	98	103	108	113	118	123	128	133	138	143	148
14	68	73	78	83	88	93	98	103	108	113	118	123	128
13	53	56	59	62	65	68	71	74	77				
12	50	53	56	59	62	65	68	71	74				
11	42	44	46	48	50	52	54	56	58				
10	40	42	44	46	48	50	52	54	56				
9	32	34	36	38	40	42	44						
8	30	32	34	36	38	40	42						
7	23	24	25	26	27	28	29	30	31	32	33	34	35
6	22	22.5	23	23.5	24	24.5	25	25.5	26	26.5	27	27.5	28

　　有系統地將每一個職位，透過因素表的評價過程計算出分數，就可以知道每一個職務其職責的輕重。但是技術上的問題是，因為實在太花時間了，所以公司會挑選所謂的「標竿職位」，去選擇那些在公司裡比較具有代表性且最好有多人從事的職位，利用這些職位先作為定錨，再橫向縱向地將其他職位放進職等架構中。

一、工資設計

　　一般而言，設計工資時最主要參考薪酬體系，但就算知道其體系，又該如何決定其「設計」呢？下列幾點是必須思考的[8]。

1. 整個公司採用單一工資結構，還是依據不同類別人員採用不同工資結構，採取何種導向的薪酬結構？

---

8. 李英豪，精英電腦管理部經理，"各國人資實務講座"，臺北大學。

2. 採用直線薪酬結構還是採用曲線工資結構？

3. 薪酬總體定位水準，市場領先／追隨／低位？

4. 設計多少工資等級數目？帶寬選擇──寬頻？窄帶？

5. 薪酬幅度？薪幅疊幅（指相鄰工資等級之間重疊程度）選擇？

6. 級差：即確定不同等級薪酬相差的幅度。

　　一般在組織中，HR 部門必須制定薪資政策線，從薪資政策線上我們可以觀察出一家企業在不同職級上的薪資水準。如圖 7-7 所示。

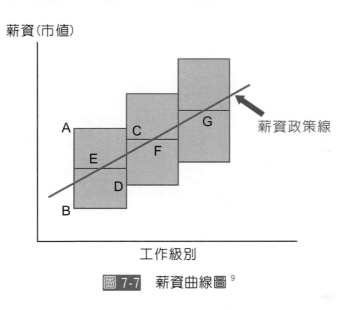

圖 7-7　薪資曲線圖[9]

其中

➡ A：最高值。表該等級員工可能獲得的最高工資。

➡ B：最小值。該等級員工可能獲得的最低工資。

➡ A-B：幅寬。一般說來，薪資等級的寬度隨著層級的提高而增加，即等級越高，在同一薪資等級範圍內的差額幅度就越大。

➡ C-D：重疊。一般說來，低等級之間重疊度較高，等級越高重疊度越低。

➡ E,F,G：中位值。

➡ （E-F）/ E：中位值級差。反映了等級遞進的增加率。一般說來，低等級之間級差較小，等級越高級差越大。

9. 李英豪，精英電腦管理部經理，"各國人資實務講座"，臺北大學。

→ **E-F**：中位值級差率。

→ （**C-D**）/（**C-B**）：重疊率。

二、薪資政策線

　　在了解基本的新資政策線之後，接下來我們要考慮的是薪資政策線的組成，究竟應該考慮到何種項目？我們可由以下四點說明：

1. 中位值級差

描述了從一個等級向高一等級移動時的增加率。也就是說，不同職等之間，組中值（薪資中位數）增加之比例[10]（如圖 7-8 所示）。

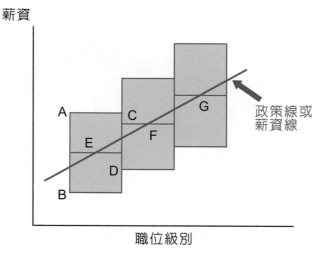

圖 7-8　中位數級差示意圖 [11]

一般業界評判基準：

■ 初級職位相差 10-15%

■ 中級職位相差 20-25%

■ 高級職位相差 30-40%

也就是職位愈高，基本薪中值增加的比例愈高，而基本薪中值可以結合市場調查結果和公司薪酬政策來制定。

---

10. 李英豪，精英電腦管理部經理，各國人資實務講座，臺北大學。

11. 李英豪，精英電腦管理部經理，各國人資實務講座，臺北大學。

2. 決定範圍的寬度

不同級別間範圍寬度的適當重疊會增加靈活度，利於員工橫向流動，例如工作輪調或平行升遷。一般來說，幅度決定的依據如圖 7-9 所示，大約是[12]：

(1) 範圍寬度

不同的工作內容在薪資及職級的設計上當然有所不同，因此我們可由重疊的範圍大小，查出在輪調或升遷上的難易程度。

■ 生產型 / 支持型職位：10~25%

■ 管理型 / 專業型職位：25~60%

■ 高級管理職位：60% 以上

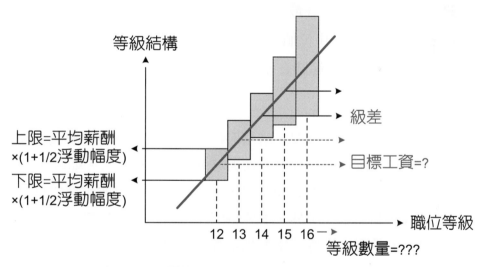

圖 7-9　薪資幅度決定[13]

(2) 在級差的部分，一般來說決定的依據大約是——例如服務、生產等～5–10%；行政人員、一般技術人員～ 8–12%；高級專業 / 中級經理～10–15%；高級管理～ 20–40%。如圖 7-10 所示。

---

12. 李英豪，精英電腦管理部經理，各國人資實務講座，臺北大學。
13. 李英豪，精英電腦管理部經理，各國人資實務講座，臺北大學。

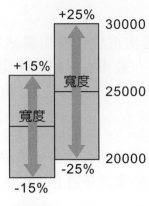

圖 7-10 幅寬決定 [14]

每一級別工資範圍寬度不同，級別內工資差異將體現員工工作經驗、職位工作要求、學歷及市場供求情況的差異，公式如下 [15]。

■ 級別範圍寬度 =（最大值 − 最小值）/ 最小值

■ 最小值 = 2 × 中位值 /（2 + 範圍寬度）

■ 最大值 =（1 + 範圍寬度）× 最小值

3. 決定重疊度

綜合考慮重疊度的變化情況，儘量保持由低等到高等的逐漸減少趨勢，從而為較低等級員工躍級晉升提供方便與增強工作積極性 [16]。如圖 7-11 所示。

實務上必須根據目前在職者的薪資水準調整帶寬，以使相鄰等級的重疊度能夠符合現實變動需要。另外，需要特別注意的是，在估算公司全部薪資成本時，如果不能承受，則應適當增加重疊度以扁平化薪資水準。

---

14. 李英豪，精英電腦管理部經理，各國人資實務講座，臺北大學。

15. 李英豪，精英電腦管理部經理，各國人資實務講座，臺北大學。

16. 李英豪，精英電腦管理部經理，各國人資實務講座，臺北大學。

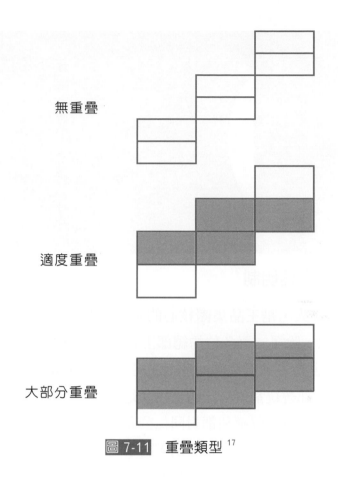

無重疊

適度重疊

大部分重疊

圖 7-11　重疊類型 [17]

4. 職等設計

最後，職等的設計一般來說也有參考依據。我們常見到很多的公司設計到 14 或 15 職等，其實以經驗公式來說，職等的數目必須配合公司的職位數，公式如下 [18]：

$$2^n \text{ 職位數目（其中 n 為等級數目）}$$

由此可知，職位數與員工數是不同的概念，因此人資部門在設計職等時，應考量的是職位數目，而非員工數目的多寡，這也是一般人資部門必須特別注意的。

---

17. 李英豪，精英電腦管理部經理，各國人資實務講座，臺北大學。
18. 李英豪，精英電腦管理部經理，各國人資實務講座，臺北大學。

人資 個案探討

王品集團的薪資透明制

　　把同仁當家人，是王品集團核心的企業文化之一。王品集團內共約1萬6千名同仁，除了一百多位的總部主管之外，其餘的所有人員包括：區經理、各店店長、主廚等各級主管的這1萬5千8百人，每個人實領薪資多少，在內部統統都是公開的。也就是說，在王品集團中，因為薪資透明，每家店的每月營收獲利都對同仁公布，所以，每個人很清楚自己為什麼領這樣的薪水或獎金；當知道別人薪水比自己多，就可以激發見賢思齊，同時自我鞭策追求更好表現的工作動力。

　　然而薪水和考績是連動的，因此，每位同仁的考績也必須公開，年底誰拿優等，或誰被評為甲、乙、丙等，同仁彼此之間都知道，這可以杜絕主管和當事人才知道的「黑箱作業」。

圖片來源：王品官方網站

◎ 思考時間

讓同事彼此都知道薪水和考績結果，是好還是不好？你會希望完全公開透明嗎？

課堂實作
媽媽的薪水怎麼算？

班級
_____

組別
_____

成員簽名
_____

說明

我們來看看以下的情境，從這樣的情境讓你練習該給多少薪水。這個活動以組別為單位，請你具體量化薪資。

指標

1. 基於天性、文化、社會等種種因素，普遍來說女性投入在家庭事務的時間比另一半多。家庭就像空氣，是日常生活中不可或缺的元素。然而對家庭的付出往往也像空氣，因為太理所當然，一不小心就被忽視。因此今天想要從各國的數據分析，將「家務事」量化成薪資。

2. 大部分的人上班是八小時，但也無法八小時都在精準的工作，你可以從下表酌量的扣除部分休息時間。

3. 扣除睡覺時間，以 16 小時計算。加班費假定為 8 小時 ×1.67 倍。

工作項目	8小時單價	加班費	加總
1. 每天掃地、拖地。			
2. 每周洗一次廁所			
3. 每周洗一次床單、被套、枕頭套、窗簾等。			
4. 每天煮兩餐以上			
5. 每天洗一次衣服、曬衣服、摺衣服。			
6. 接送小孩上下學，送才藝班。			
7. 偶爾小孩生病，需要照顧與送醫。			

工作項目	8小時單價	加班費	加總
8. 每天一通電話，與婆婆或娘家媽媽聊天。			
9. 陪孩子念書、了解孩子課業。			
上述加總			
上述金額×22工作天			

※ 若你認為應該乘以 **30** 天，請乘以 **30**。

4. 請各小組報告，你在各項目的量化薪資，並說明你考量的理由。最後，你認為一個家庭主婦應該領多少薪水呢？

實作摘要

CHAPTER 08
獎酬與福利設計

學習大綱

8.1 激勵理論與獎酬
8.2 獎酬制度
8.3 福利制度

人資個案探討

一個月的有薪假
老闆多發獎金給你，你會更賣力工作嗎？
避免劣幣逐良幣，長期留才的 2 關鍵

人資聚焦：經理人講堂

486 先生粉絲團

課堂實作

紅利決定

486 先生粉絲團

管理學中有一個「格威法則」，強調的是人才的重要性，延伸出來的意思是要僱用比自己優秀的人，公司才會日益壯大，擁有美好的前景發展。

以經營團購打響名號、逾 69 萬粉絲追蹤的「486 先生粉絲團」，在臉書發出招募員工的需求，福利讓一堆人羨慕不已。「486 先生」陳延昶對員工福利一向大手筆，例如帶員工去歐洲員工旅遊半個月，以及讓 21 名員工共分 555 萬，令人印象深刻！

「486 先生」列出的福利包括中秋端午發半個月薪資、同仁分紅和出國旅遊外，進公司滿 1 年者可享有結婚禮金最高 1 個月的福利，另外還包括喪葬儀最高 7,000 元、生育禮金最高 80,000 元、租屋津貼 1 年 24,000 元、育嬰津貼 1 年 24,000 元且補助到高中畢業。

圖片來源：486 先生粉絲團

問題討論

「如果你經常僱用比你弱小的人，將來我們就會變成矮人國，變成一家侏儒公司。相反的，如果你每次都僱用比你高大的人，日後我們必定成為一家巨人公司。」若您到了一家福利非常好的公司，員工一定不願意離職，久而久之組織必定會碰到年齡老化、缺乏新陳代謝的問題，你該如何解決呢？

前言

　　在上一章介紹薪資制度及結構之後，我們還需要了解相關的獎酬及福利制度，才能將組織整體的激勵措施作詳細的整理，因此本章我們要由激勵理論談起，進而延伸至獎酬與福利。

8.1 激勵理論與獎酬

　　獎酬與福利，源自於對員工的激勵措施。洪明洲教授認為：領導的重點在促使他人工作，而且樂於工作。其中，需要領導者直接「刺激」他人工作，這個刺激的過程就是激勵。激勵是周遭的人、事、物影響被「刺激」者，使其產生「行為動機」，並進而產生行為，而此行為和組織目標一致。

一、激勵的定義與理論

　　Robbins 指出激勵係指在個人所盡之努力也能滿足個人某種需求的情況下，此個人會盡最大努力以達成組織目標的意願。本書並不特別介紹激勵理論的細部內容，但傳統的激勵理論共分類為三種：內容論、程序論及增強論。

(一) 內容論 (Content Theories)

　　此觀點強調動機與個人內在需求有關，因此，需要找尋激發個人行為原動力的特殊需求作為連結。此外，根據內容論的說法，動機是源於滿足需求的行動；內容論者尋求這些需求，並了解他們之間關係。在內容論中，相關理論有：Maslow 的需求層級理論、McGregor 的 X 與 Y 理論、Herzberg 的雙因子理論、Alderfer 的 ERG 理論、McClelland 的三需求理論。

(二) 程序論 (Process Theories)

　　係指行為是經由激發、導引、保持和停止的一系列程序。而程序論者首先定義解釋激發動機行為的主要變數，然後再詳細敘述這些變數如何互相影響及互動，最後形成一完整之過程。相對於內容論僅分析了人內在的需求動機，程序論更進一步探討了個人整體的思考歷程。在程序論中，相關理論有：Locke 的目標設定理論、Adams 的公平理論、Vroom 的期望理論。

（三）增強論（Reinforcement Theories）

此一觀點認為引起快樂結果的行為會一再被重複，此時引起超不愉快結果的行為就會中斷。相關理論有：Skinner 的增強理論。

本書並不介紹詳細的激勵理論內容，有興趣的讀者可參閱組織行為或管理學教科書。

二、整合激勵理論

在說明了基本的激勵理論之後，Poter 和 Lawler，以及 Robbins 等學者嘗試將這些理論做一個統整，茲分述如下。

（一）Poter & Lawler

整合期望理論、雙因子理論與公平理論而成，此一模式說明了績效、報酬、滿足感等彼此之間之因果關係，也推翻了行為學派。努力的基礎建立於行為價值與完成任務之機率，配合個人才能和對任務的認知，產生任務績效，獲得公平之內、外在報酬，產生滿足感，亦因此一滿足感可衡量該任務行為之價值，進而產生績效（如圖 8-1 所示）。

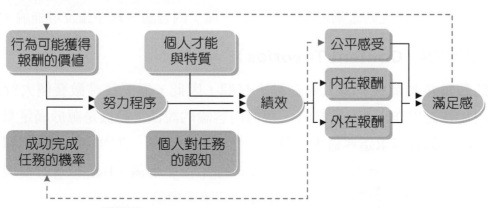

圖 8-1　L.W. Poter & E.E. Lawler 激勵模式 [1]

（二）Robbins

Robbins[2] 將上述各激勵理論進行結合，並且考慮了 JCM 的模式，以期望理論為主軸，進而發展模型，其強調的部分可分為下列幾項來說明。

---

1. Porter, L. V. & E. E. Lawler(1968), "What Job Attitudes Tell About Motivation," Harvard Business Review, Vol. 46, No. 1.
2. 林孟彥譯，（2003），管理學，華泰文化事業公司。譯自Robbins, Stephen P. and Mary Coulter (2002), Management 7th ed., Prentice Hall, Pearson Education, Inc.

1. **個人的努力**

   與個人的期望、組織的績效評估系統有關；換句話說，就是目標與努力的關聯性。

2. **個人的目標**

   係指結合需求理論、成就理論、增強理論的運用，當個人因為組織所提供的報酬而產生激勵效果時，層次就會從個人的努力提升到個人的目標。

3. **獎賞**

   由於公平的績效評估系統下，使得成員努力之動機得以被增強，並且維持持續性的高績效水準。

4. **工作上的分析**

   結合工作特性模式（Job Characteristics Model, JCM）的運用，當有效利用JCM 五核心構面設計工作時，將可提升和激勵員工的動機。並且藉由其所設計的工作，成員可擁有對工作的控制權，因此提升個人的目標（如圖 8-2 所示。

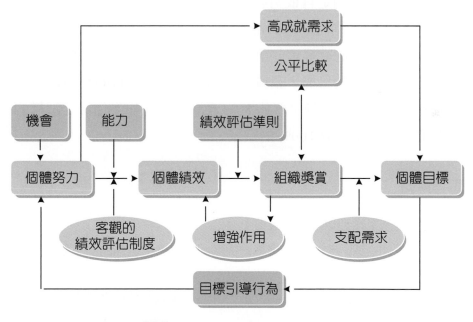

圖 8-2　Robbins 整合激勵模式[3]

---

3. Kelley，(1967)、林孟彥譯，(2006)，管理學，華泰文化事業公司。譯自Robbins, Stephen P. and Mary Coulter(2005). "Management" 8th ed., Prentice Hall, Pearson Education, Inc.

　　透過個人努力，加上能力與客觀之績效評估達成績效，使績效對獎酬產生期望，該獎酬需具公平性且滿足個人需求，即會具增強績效及達成目標之效，最後藉由個人努力達成預設目標，產生高成就滿足。

人資
個案探討

一個月的有薪假

　　如果你所在的部門是有很明顯的淡旺季之分（可能旺季的三個月佔全年度業績的 80%）。同時，你的部門屬性為 B2C，你帶領 20 名左右的業務人員。有一天，你的總經理告訴你這名部門主管：「如果你們在該季就可以達成全年度業績的目標，我就讓整個部門放一個月的有薪假，也就是說，以往你可以在該季達到全年的 80% 業績，現在如果你接受這樣的提案的話，就必須在該季完成 100% 的業績。

⌄ 思考時間

【請你自行假設產業類型以及產品類型】

1. 如果你是該部門主管，你會接受這樣的提案嗎？你會相信你的部下能夠做到嗎？你會採取什麼作法？

2. 如果在該季真的完成這個任務，那其餘的 9 個月要做些什麼？你有好的想法嗎？

8.2　獎酬制度

　　一般而言，獎酬制度的設計都是針對績效考核的結果，依據不同的績效考核標準給予獎酬。

　　獎酬又可區分為外在獎酬（Extrinsic Reward）和內在獎酬（Intrinsic Reward）。內在獎酬著重在內部激勵因子（Motivation），包括了挑戰性的任務、有興趣的工作內容、認同感等；而外在獎酬制度又可區分為財務性的獎酬與非財務性的獎酬（例如，頭銜、彈性工時等）。本節我們將說明獎酬制度應用於個人與組織的內涵與方式。

一、個人獎勵 [4]

　　個人的獎勵的基礎通常較著重於個人的績效，它與組織或團隊的績效有間接的關係，但若是以「股東」為獎勵方式的話，則較無直接的關係。

（一）以佣金作基礎的計畫

　　一部分的員工報酬是根據他們的銷售量而定的獎勵計畫。

（二）個人紅利

1. **紅利**：對高績效者所提供的報酬。
2. **功績加薪**：根據績效，同時每年一直存在的報酬。例如針對不同營業額，所提供員工在薪水上的加給。

（三）建議制度（提案制度）

　　對於會使企業利潤提高或成本降低的員工建議（包括業務、生產、事物、工程等方面之建議）提供現金獎勵的系統。

（四）管理人員的獎勵

1. **長期績效計畫**
　　在績效期間開始之時即給予最高主管一個規定數量的績效單位之獎勵計畫；而單位的實際價值，必須由該績效期間內的公司績效而定。

---

4. 資料來源：李正綱、黃金印、陳基國著，（2004），人力資源管理－跨時代的角色與挑戰，前程企管公司，二版。

2. 管理人員的購股選擇權

如果股票的價格上漲，此人即可運用這個選擇權以固定價格去購買公司股票，從而賺得利潤。

3. 股票互換

以先前購買的公司股票的一部分代替現金來運用選擇權。

4. 股票升值權

一種無附帶聲明的購股選擇權的類型，它使一個主管有權讓予股票選擇權，並從公司收取一個金額，這個金額等於選擇權授予日以來股票價格的增值。

◉ 人資補給站

長期績效獎勵計劃的主要形式包括「現股計劃、期股計劃以及期權計劃」。

1. 現股計劃是指通過企業獎勵的方式直接贈與或是參照股票的當前市場價值向員工出售股票，但這種計劃規定員工在一定的時期內必須持有股票，不得出售。

2. 期股計劃規定，企業和員工約定在將來某一時期內以一定的價格購買一定數量的公司股票，購股價格一般參照股票的當前價格。

3. 期權計劃與期股計劃類似，但是也存在一定的區別，在這種計劃中，企業給予員工在將來某一時期內以一定價格購買一定數量公司股票的權利，但是員工到期時可以行使這種權利，也可以放棄這種權利。

二、組織獎勵 [5]

組織獎勵是企業組織內一種變動的酬償制度，設法將績效和報酬連結在一起的誘因計畫（Incentive Plan），共有四種方式，是以財務為基礎獎勵制度的種類。

（一）利潤分享計畫

亦稱為績效分享或生產力獎勵，它是根據所產生的經濟利潤的增長，由組織與員工共同分享的概念而形成。研究顯示，盈餘分

---

5. 資料來源：李正綱、黃金印、陳基國著，（2004），人力資源管理－跨時代的角色與挑戰，前程企管公司，二版。

享平均會提高 25% 的生產力，而且品質亦會提升。例如：Uber Eats 屬於利益分享機制。

（二）員工認股計畫（ESOPs）

組織根據員工的服務年資及薪資與公司的利潤，並在一個設定的期間與價格下，將其股票提供給員工購買。例如：老四川提供員工認股的可行性。

圖片來源：老四川官網

（三）史坎隆計畫

約瑟夫・史坎隆於 1927 年提出，主要是一種提案獎金制度，鼓勵員工提出增加生產量、降低成本的建議。由管理人員與員工組成一個部門委員會審核提案，若有成本開銷的節省，則省下來之成本累積爲「紅利基金」。

（四）成果分享計畫

擬定企業生產力目標，鼓勵員工努力達成該目標，而所節省之成本由企業與員工共同分享。例如：王品集團採用成果分享計畫。

三、獎勵辦法於激勵理論之應用

獎勵辦法最終的目的其實是激勵員工，因此 Robbins 認爲獎勵辦法在激勵理論上之應用：

（一）認同員工方案（Employee Recognition Programs）

善用各種不同管道，肯定員工（個人或團隊）之努力成果。例如，送員工特殊小禮物來表揚他們對公司所做的努力。

認同方案與增強理論相符，因爲主管若能即時獎勵好的行爲，即可誘發該行爲再次出現。

（二）員工投入方案（Employee Involvement Programs）

讓員工貢獻自己，激勵其努力完成組織目標的一種參與過程。例如參與管理、代表參與（員工代表董事）、品管圈、員工認股計畫（Employee Stock Owner-Ship Plans, ESOPs）。投入方案與激勵因子、ERG 理論相符。

（三）變動薪酬制（Variable-Pay Programs）

按件計酬、利潤分享、目標獎金、額外紅利等。變動薪酬制與期望理論相關，要使激勵效果達到最大，得先讓員工體認自我績效與所得報償間的緊密關係。

（四）技能薪酬制（Skill-Base Pay）

以個人能力多寡來衡量薪資。技能薪酬與 ERG 理論、成就需求理論、增強理論、公平理論相符。

（五）彈性福利制（Flexible Benefits）

讓員工在眾多福利方案中，挑選自己最喜歡的。彈性福利制與期望理論相符。本書將於下一小節再進行說明。

四、分紅入股與股票選擇權

近年來，由於人才的培育受到重視，因此對於激勵做法也呈現多元性，像是股票選擇權。讀者應注意激勵理論的活用與領導和人資上的配合，才能不失偏頗。[6]

（一）分紅入股制度

「分紅入股制度」指的是公司為了留住好的員工，吸引更多優秀人才，並和員工利潤共享，所實施的一種變動薪酬制度。根據陳安斌、王信文的整理[7]，說明如下。

---

6. 譯自Robbins,Stephen P.and Mary Coulter(2002), Management. 7th ed.,Prentice Hall, Pearson Education,Inc。

7. 李誠主編：「高科技產業人力資源管理」；第十章，台式員工分紅入股制度之探討；p.223-225。

1. 分紅

即指利潤分享，也是分配紅利的簡稱，其分配內容多以現金為主。而「公司法」明文規定：「企業若無任何盈餘，則不得分配股息與紅利。惟若法定盈餘公積已超過資本總額的 50%；或是在有盈餘之年度所提存的盈餘公積，超過盈餘 20% 者，企業為維持股票價格，得以所超過部分作為股息與紅利」。

2. 入股與配股

入股又稱員工持股，也就是讓員工成為公司的股東，通常是企業依各種獎勵方案，讓員工在公司內服務一定期間後，便讓其持有公司股票。如此一來，員工就有機會可以享受公司獲利時的超額報酬（Excess Return），但相對的，員工也須承受公司經營之損益，並同時承擔公司經營成敗的風險。

◉ 人資補給站

在臺灣，員工入股適用於股份有限公司，且僅限於員工取得所服務企業之股票。而在歐美則規定「員工入股（持股）乃可以取得其他相關企業之股票、債券或普通股等」，相較於臺灣則較為彈性。但是不管如何，此制度對於穩定員工的向心力與勞資和諧都具有相當之助益。

---

3. 臺式分紅入（配）股（Taiwan-Style Profit Sharing and Stock Ownership）

分紅入（配）股（Profit Sharing and Stock Ownership）是一種既分紅且入股的激勵方式；也就是說，「企業有權決定把部分比例的紅利，除了採開立支票，或現金發放的形式配給員工之外，另一部分紅利則改以配予企業所發行的股票。」其中，若為無償配給則稱為「配股」，以股票面值或部分比率之股票市價認購，則為「入股」。因此，員工除了可以獲得企業股權之外，又可兼得企業之盈餘紅利。

最後，公司為配股而發行新股，因此出現了「股權稀釋」的情形，造成員工與股東權益相衝突（隨著股本增加，每股盈餘相對越來越小）。

（二）股票選擇權（Stock Option）

　　「股票選擇權」係指公司授予員工，在特定期間買賣特定數量公司股票的權利，而購買價格是以授予日當天的市場股價為準，或是不低於市場價85%的價格，讓員工分期購入。例如，公司今年指定你可購買一萬股，那麼你今年也可以只購入二千股，明年再購入二千股，依此類推；如果今年股價欠佳，你也可以保留今年購入的權利，等到未來股價上揚時再以原指定價購入。例如：長榮海運提供員工股票選擇權。

　　張忠謀先生說：「臺灣員工的分紅制度屬於短期的，而歐美的股票選擇權制度則是屬於長期的激勵。」各有其優缺點，但不可否認的是，以臺灣目前的科技與經濟發展情形，必須深耕各項研發工作，並積極培養國際行銷能力，這些都極需高素質人力對自己的工作與所屬企業的長期承諾。從這個角度看，臺灣企業引進股票選擇權制度似乎是必須的，但這仍需要獲得臺灣員工與企業一致的認同，否則在臺灣員工已經普遍被「分紅入股制度」養成「馬上拿」股票的習慣之後，要再實施股票選擇權制度，的確有其困難度。

人資
個案探討

老闆多發獎金給你，你會更賣力工作嗎？

餐飲業王品集團很早以前就實施獎金分紅的制度，報載王品的獎金激勵是每個月每家店盈餘的一定比例，提撥出來當做績效獎金，按照員工薪資比例來分配，每個月發放獎金。

經濟學教授 Uri Gneezy 和 John List 進行了兩個小組的實驗。聘請學生到圖書館工讀，負責書籍資料建檔的工作，工讀生分成兩組：

(1) 第一組：每小時 12 美元，工作 6 小時。

(2) 第二組：每小時 12 美元，工作 6 小時，面談錄取後告訴學生，他們的薪資增加爲每小時 20 美元。

兩組差別是，老闆在第二組面談錄取後告訴工讀生，薪資由 12 元增加爲 20 元，請問第二組學生會因爲老闆給予比較高的薪資，而更努力建檔書籍嗎？

◯ 思考時間

老闆對我好，提高我的薪資獎金，我自然要回饋，這就是互惠。因此就邏輯上，第二小組應該會更努力工作，但實驗的結果顯示：第二組的績效都比第一組好，但那是剛開始工作的 3 小時，在之後的 3 小時，第一組和第二組的績效就幾乎沒有差異了。你可以說明爲什麼會這樣嗎？如果是這樣，老闆爲什麼要提高薪水？

8.3　福利制度

　　員工福利是除了員工薪資以外，尚可享有的利益及服務，可能是金錢給付、保險、休假、企業提供服務等，有些是和工作有關，有些是和生活有關，但不同於薪資與績效、職務直接相關，以下依照吳美連等（2002），為員工福利之類型以及管理制度說明。

一、福利的類型

　　員工福利在廣義上包括的項目非常多，但若我們將其分類，應包括以下四種類型（如圖 8-3 所示）：

經濟性福利　　設施性福利

娛樂性福利　　教育性福利

圖 8-3　員工福利類型

(一) 經濟性福利

　　企業提供員工財務方面的補助或支援，如結婚補助、生育補助、喪葬補助及團體保險。

(二) 設施性福利

　　企業針對員工日常生活所需而提供的各項設備或服務，以增加員工生活上的便利，如交通車、福利社、膳宿服務及醫療服務。

（三）娛樂性福利

　　企業提供員工各類型的休閒康樂活動，以促進員工的身心健康，如旅遊、慶生會、運動會、社交藝文活動。

（四）教育性福利

　　企業提供員工或眷屬教育性的服務或設施，以增進知識及技能，如圖書室、專業知識的訓練課程、國內外進修考察、幼稚園、才藝補習班等。

📍 人資補給站

　　人才是華燈光電成長中不可或缺的團隊夥伴，因此我們來看看 Arclite 華燈光電在官網上顯示之福利措施。

服務性福利	康樂性福利	經濟性福利	其他
團膳	體育活動	保險	不扣薪病假3天
員工體檢	社團活動	股票/現金分紅	男性陪產假3天
法律顧問	社交活動（慶生會）	員工認股	育嬰假
特約廠商	尾牙/三節活動	勞退提撥	天災給薪假
免費停車場	年度旅遊	撫卹金	師徒制聚餐補助
		績效獎金	
		教育訓練補助	

資料來源：Arclite 華燈光電官網 http://www.arclite.com.tw/Page/StaticPage.aspx?type=08

二、員工福利的內容

　　上述我們依據福利的類型進行分類，若我們採用較正規的角度，福利的內容大致可如表 8-1 所示。

表 8-1　員工福利內容 [8]

法律規定的福利	非工作時間薪資福利	保險福利	退休福利	員工服務性福利	其　他
■ 社會安全 ■ 失業補助 ■ 職業傷害補償 ■ 傷殘保險	■ 假期 ■ 假日 ■ 病假 ■ 兵役假 ■ 選舉日 ■ 生日 ■ 喪禮 ■ 有薪休息時間 ■ 午餐時間 ■ 梳洗時間 ■ 旅行時間	■ 醫療保險 ■ 事故保險 ■ 人壽保險 ■ 殘疾保險 ■ 牙科保險	■ 退休基金 ■ 年金計畫 ■ 提早退休 ■ 殘疾退休 ■ 退休慰勞金 ■ 受益人福利	■ 家庭親善 ■ 員工協助方案（EAPs）	■ 主管津貼 ■ 公司折扣 ■ 公司供餐 ■ 搬家費用 ■ 遣散費 ■ 學費退款 ■ 信用合作社 ■ 公司車 ■ 法律服務 ■ 財務諮詢 ■ 娛樂設施

　　員工福利的項目有很多種，但企業主並不是每一項都囊括在內，有時是公司體制的關係，又或者需要員工去爭取才有可能擁有。根據張秋蘭、林淑眞（2007）分析 1,600 大企業福利實施與員工需求是否存有落差？大體上有幾點發現：

1. 社團活動、分紅入股及交通設施的需求是前三名。

2. 個人型福利中員工首需每年 5,000 至 10,000 元旅遊補助金；部門型福利為國內外旅遊；家庭型福利以子女托育補助費為首；工時型福利需求為每年 1 至 2 天的春假；設施型福利希望自助餐式員工餐廳的提供。

3. 女性對語言訓練及家庭勞務安排需求較高，男性則對低利貸款額度較感興趣。教育程度高者對員工福利期望越高；年齡輕者福利需求高於年長者。

4. 本國以製造業的福利實施程度最高。

　　因此依據張秋蘭、林淑眞（2007）的研究，可如下表 8-2 所示：

---

8. 王精文教授，員工福利，國立中興大學。

表 8-2　員工福利六大類型及項目

排名	福利類型	員工福利項目
1	個人型	法律顧問、午茶、旅遊補助、電信費補助、生日禮物、定期健檢、進修補助、交通津貼、低利貸款、急難補助、醫療輔助。
2	團體型	員工旅遊、電影欣賞、康樂性活動、尾牙、慶生活動、社團補助、部門聚餐、部門旅遊、運動休閒課程、俱樂部。
3	家庭型	家庭日親子活動、子女托育、運動園遊會、員工眷屬健身房、購屋貸款補助、家屬醫療補助。
4	獎金型	入股分紅、績效獎金、三節獎金。
5	工時型	暑假、彈性休假、春假、育嬰假、彈性工時、優於勞基法的的休假制度、運動時間。
6	設施型	停車場、圖書館、宿舍、托兒設施、員工餐廳、抽煙室、營養師、健身房、交通車。

■資料分析：透過機器人爬文機制建立網路文章庫，以關鍵字進行語意情緒判斷，分析時事網路大數據。
■本資料統計日期：2007
■資料來源：《1,600大企業之福利實施與員工福利需求差異探討》：張秋蘭、林淑貞著

📍 **人資補給站**

　　2020 至 2022 年受 COVID-19 影響，根據目前的疫情形勢，許多企業預計，「遠程辦公」仍將成為此後一年內的關鍵詞，而薪酬和福利等一系列新問題也令企業管理者倍感頭疼。

　　一些企業已經為員工提供了疫情補助，員工可隨意支配，用於育兒支出或是購買健身器材等各種目的。科技公司 Palo Alto Networks Inc. 向員工發放了 1,000 美元的津貼，可根據自身需求支配，有子女的員工可以用這筆錢請家教，其他人則可以買一輛 Peloton 健身單車。

　　另有一些公司針對職場父母和有其他照顧對象的員工推出了特殊福利。根據美國銀行（Bank of America Corp.）的政策，符合條件的員工（包括分支機構員工）每天最多可獲得 100 美元的育兒補貼。不僅如此，按照公司的新政策，員工可使用兒童或成人臨時看護服務的天數從每年的 40 天增加到 50 天。

資料來源：Pay Cuts, Taxes, Child Care: What Another Year of Remote Work Will Look Like, The Wall Street Journal. www.wsj.com

三、彈性福利計畫

彈性福利制（Flexible Benefit Plans）[9]是考量員工個人差異所設計的福利制度，員工可依本身的需求與生活方式，在公司所提供的福利項目中按最高限額選擇適合的項目。因為此制度有如在自助餐廳中自行挑選最需要的福利組合，故又稱自助式福利制度（Cafeteria Plans）。

四、員工協助方案（Employee Assistance Programs, EAPs）

員工協助方案（Employee Assistance Programs, EAP）指一種長期有系統的服務計畫，除提供個別員工諮詢服務之外，更針對組織不同的管理議題，提供不同的服務計畫。此一方案早期源自於美國戒酒方案，慢慢進展至提供更多元的服務。

在臺灣，1995 年後勞委會的大力宣導與推動 EAP 服務，包括舉辦各項研討會、工作坊、及各地區的專業人員訓練班的推廣，以致於後來才有第一家由非營利機構所成立的員工協助服務中心，以及外商 EAP 服務公司進入臺灣提供服務至今；此外，從 2003 年開始行政院人事行政局亦開始要求所屬機關單位，開始建立相關之員工協助服務制度，顯示此一服務已經成為公部門或企業單位內之重要服務項目。

EAPs 涵蓋之面向主要為「工作」、「生活」與「健康」三大層面，其中工作面係指管理策略、工作適應與生涯協助相關服務；生活面為協助員工解決可能影響其工作之個人問題，如人際關係、婚姻親子、家庭照顧、理財法律問題諮詢等；而健康面則是透過工作場所中提供的各項健康、醫療等設施或服務，協助員工維護個人健康，提升工作及生活品質。以上三種層面可透過服務系統之建置及組織內外部資源之整合，達成協助員工解決問題，提升工作效率與生產力之目標。

---

9. 吳美連 & 林俊毅（2002），人力資源管理：理論與實務，3ed，智勝出版。

員工協助方案服務內容：

圖 8-4　員工協助方案之服務內容

(1) 員工福祉：員工協助方案提供諮商、醫療、休閒、文康、訓練等服務，均是員工的福利措施之一。

(2) 安全衛生方面：員工協助方案可以健全員工身心減少不安全行為，防止人為失誤的發生。

(3) 勞資關係方面：員工協助方案提供員工解決問題，促進員工自我成長，提高生產力與企業競爭力，提供勞資雙贏關係，有助勞資關係和諧。

(4) 員工發展方面：員工協助方案是協助員工生涯發展，在企業發展之同時，員工個人也能隨著成長。

(5) 績效評核方面：績效評核可改善工作態度及工作價值，提高工作士氣及工作表現。所以透過績效評核之面談，各級主管更明白員工問題所在，以尋求員工協助方案（EAPs）的協助。

避免劣幣逐良幣，長期留才的 2 關鍵

　　有兩家公司，A 公司把辦公室打造得漂漂亮亮，角落有桌球和手足球桌，備滿了各種零食，每週五下午還有 Happy Hour，想創造出重視員工的氛圍。不過，人才卻流失得相當嚴重，辦公室充滿明爭暗鬥。顯然大家並不會為了這些零食留下來賣命。

　　B 公司給了員工比業界高 2 成的薪資，想用金錢誘因綁住人，他們招募新人非常順利，每個加入的人都很開心，不過離職率卻居高不下，很多人甚至願意降薪去尋找其他的工作機會。

　　我們發現，很多公司過度重視福利，到最後會發現只能留住績效不好的人。因為績效好的人在意的不會只是這些，因此給出福利反而會造成更大的問題，造成劣幣驅逐良幣。這個世代的工作者渴望成長，工作對大家的意義不只是經濟上的利益，更追求個人的學習和舞臺。上一代的觀念是，職場上就是要每個人付出；但現在的工作者更重視公司成長和個人成長之間的平衡。

　　另外，塑造好的團隊氣氛是經營者和主管很大的責任，不管薪資的誘因有多強，很少人能在一個團隊氣氛不好的環境長期工作下去。對於優秀人才，薪資和選擇權永遠只是基本盤，塑造好的團隊氣氛和個人成長環境，才是長期留住人才的關鍵。

資料來源：修改自郭家齊（2022）。福利，只能留住績效不好的人？避免劣幣逐良幣，長期留才的 2 關鍵。商業週刊

⊘ **思考時間**

當公司或個人工作遇到瓶頸時，好的團隊氣氛往往是留住人才的最後一道防線。你認為什麼是好的團隊氣氛？請說明之。

課堂實作
紅利決定

班級 _____

組別 _____

說明

這個活動需要以組別為單位，請由下列的情境進行。

情境

1. 你在一家顧問公司上班，有一家大型國際保險公司請你協助決定本年度的紅利分配。此公司本年度共有三億，要分配給四位品牌經理，所有的分配紅利由你決定，但限制條件有二：

   (1) 所有獎金必須分配，不能保留。

   (2) 任何兩個品牌經理不能拿到一樣的獎金。

四位經理簡要說明如下：

經理	資料簡述
陳經理	現年56歲，高中畢業、結婚有五個小孩。從事保險工作超過27年，且在這家公司已經21年了。幾年前，他的部門對公司利潤有最大的貢獻，不過最近，新顧客增加緩慢且該部門對公司的貢獻偏低，但他的部門所屬的員工的流動率低。
林經理	單身男性，有大學學歷，在進入這家公司前有五年的銷售經驗，同時在近兩年才在本公司升任經理。他的事業部帶來幾個大客戶，而且現在是當地前幾大的事業部，他非常受到員工的尊敬，同時也是這個地區最年輕的經理之一。
王經理	女性，今年40歲，離婚且沒有小孩。加入這家公司前在另一家保險公司當過四年的銷售代表，加入本公司已經七年了，再加入本公司最初的兩年表現非常優秀，很有野心，但有時在和她的員工及其他部門經理相處上有困難。
蔡經理	現年47歲，有三個小孩。在加入本公司前並不是在保險業，沒有任何銷售經驗。在公司當部門經理已經17年了，七年前他是公司裡利潤貢獻最低的，但這種情況有穩定的改善，且明顯高於平均。他的工作態度看起來很平常，可是員工都很喜歡他。

2. 請以個人為單位，列出在分配紅利時你所考慮的因素（如性別、年資、績效等）。最重要的程度列在前面，越不重要的列在後面，再請你給定每個因素「權重」，權重的加總必須是 100%。

3. 小組針對每位成員的評分表，討論每位成員所有考慮的因素及加權因素是否合理，最後統整一份屬於該小組的加權因素表，同時依據此表決定四位經理應該如何分配紅利。

實作摘要

Note

CHAPTER 09
群體行為與領導

學習大綱

9.1 群體行為
9.2 基本領導理論介紹
9.3 新興領導理論

人資個案探討

MOZ　別搞錯了！管理是技能不是獎勵
Netflix 的高績效團隊
唯品風尚集團　帶人不能只靠「搏感情」

人資聚焦：經理人講堂

GE 衰敗的主因？將公司推上神壇的
傳奇 CEO

課堂實作

個人－集體主義程度

人資聚焦
經理人講堂

GE 衰敗的主因？將公司推上神壇的傳奇 CEO

　　關於奇異（General Electric Company）的殞落，外界有多種解釋。兩位長期追蹤奇異的《華爾街日報》記者則將矛頭指向最不可能的人：80 年代奇異的傳奇執行長傑克‧威爾許（Jack Welch）

　　威爾許以嚴苛出名，在上任前 5 年，一共裁撤超過 10 萬名、將近全公司 1/4 的員工。他不僅根據活力曲線（Vitality Curve）定期淘汰掉組織中績效最差的 10% 員工，也推動六標準差的品質管理方法，要求組織不斷優化流程，力求生產效率。他將原本捉摸不定的企業管理實務，轉換成一門精準的科學，在 1990 年代，外界一致認同威爾許的管理方式。

　　威爾許凡事以成績掛帥的管理方式，雖使奇異成為外人眼中的績優企業，但卻讓奇異內部瀰漫著虛報數字的風氣，像是挪用投資項目模糊帳面數字、計入還未談成的交易等具爭議性的會計手法，其中也包括編製不實財務報告。最終，奇異在 2008 年的金融海嘯中遭到反噬。

資料來源：修改自劉燿瑜整理（2020）給領導者的警示故事！將公司推上高峰的傳奇 CEO，反而是 GE 衰敗的主因？經理人月刊

問題討論

當公司變大、產品線變多、分公司變大，原有的管理制度及經理人不可能瞭解所有集團的運作，此時很容易產生本位主義與管理盲點。你認為一個領導者應該如何避免這樣的情況？

前言

　　經由個體的集合，無論是辦公室的場景，或是有階級上的管理模式，我們很難不進到群體行為的模式。因此一群人在群體中的行為，必定不會和獨自一人時的行為完全相同，因此行為不完全相同的情況下，領導力就相當重要，因此本章節要由群體行為與領導進行討論。

9.1 群體行為

　　群體是由許多個體組成的，「群體」除了有他本身的行為特性外，還要兼顧其成員的行為特性並作適當的調適，群體領導者也必須扮演好協調成員行為的角色，如此才能同時滿足個人需求與達成群體目標。

一、群（團）體之定義及分類

　　Elton T. Reeves 說：「群體（Groups）乃是由兩個以上的人，基於共同目標而組成，這些目標可能是宗教的、哲學的、經濟的、娛樂的或知識的，甚至總括以上諸範圍。」所謂「群體行為」也不只是單純的「集體行為（如恰巧搭同一班火車的旅客）」，必須強調彼此之間有相互認知與交互行為，並進而產生共同的意見。

　　在群體的初步分類上，我們可以把群（團）體分為「正式」以及「非正式」群體兩類，詳見表 9-1。

1. **正式群體（Formal Group）**

   即群體的組合是以正式規章或為了執行某種特定命令或任務。此種群體包括各組織的工作部門、委員會、品質管理小組、球隊等；又可以分成「命令群體」與「任務群體」兩種類型。

2. **非正式群體（Informal Group）**

   是一種自然的結合，而不必依據任何程序來組合；他是基於交互行為、人際吸引與個人需求而形成的。份子間的關係既無成文的規定，組織也無一定形式，這種群體有時是暫時性有時是永久性的；份子間的關係可能是緊密的，也可能是偶然的。又可以分為「利益群體」與「友誼群體」兩種類型。

表 9-1　群體的分類

	類　　型	說　　明
正式群體 （Formal Group）	命令群體 （Command Group）	係指聽命於正式組織，是由正式組織命令鏈中的主管和下屬所組成，並明定從屬的指揮關係。例如，公司指揮鏈。
	任務群體 （Task Group）	在正式組織中，擔負同一件任務中各項工作的一群人所形成的群體。例如，颱風期間消防署設立的防災中心。
非正式群體 （Informal Group）	利益群體 （Interest Group）	因為彼此共同的目標或利益關係而形成的群體。例如，「綠色和平組織」等環保群體。
	友誼群體 （Friendship Group）	具有相同特質或背景而形成的群體。例如，「旅美同鄉會」、「林氏宗親會」等。

📍　人資補給站

　　在行銷學上，有另一個名詞為參考群體。例如如果現在要你拿傳統 Nokia 手機，你會願意嗎？它不能上網，沒有 Facebook、沒有 Line、不能打線上手遊等。當你的同儕們都擁有智慧型手機，你在手機的選擇上是否會受到這些參考群體的影響？從行銷的角度來看「參考群體」，你會發現當廠商推出一件新產品時，它以廣告強調參考群體的其他分子都採用此種產品，以激起潛在使用者的購買，以求能共同討論購買新產品的利益等。

二、群體的發展過程

　　那麼，群體又是如何形成的呢？我們可以將群體與團隊的發展分為形成期（Forming）、動盪期（Storming）、規範期（Norming）、行動期（Performing）、休止期（Adjouring）等五個階段，詳見表 9-2。

表 9-2　群體與團隊發展的五個階段

階　　段	說　　明
形成期	這是成員開始認同自己屬於某個群體的階段，此時組織仍相當不穩定。
動盪期	此時群體內從屬關係形成並漸漸明確，但因為成員對於群體的規範與約束的認同仍有待加強，因此，仍存在某些衝突。
規範期	此時群體結構已經穩固，成員之間關係密切，向心力逐漸增強。
行動期	此時群體的成員完全發揮其功能，並強調工作執行的績效。
休止期	群體成員不再追求高績效，此時幾乎所有群體成員都把注意力集中在如何結束工作。

　　此五個階段，若以時間和程度為 X 與 Y 軸，我們可畫成一曲線關係（如圖 9-1 所示）。

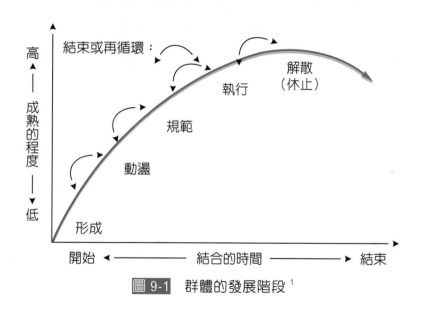

圖 9-1　群體的發展階段[1]

📍 **人資補給站**

　　商管類科有非常多的課程都需要分組，在分組與執行報告的過程中，各小組都在經歷群體的發展五階段。因為在討論報告的過程之中，組員們會起爭執，有些人甚至有搭便車的現象，因此有可能這些小組們並沒有辦法撐到最後就解散。

1. Tuckman, B. W., and Jensen, M. A. c. (1977). Stages of small-group development revisited. Group and Organization Studies, 2, p.419-442.

三、角色

角色（Role）係指個人在社會或工作中擔任某項職位時，其所扮演的行為型態。

（一）角色知覺

角色知覺（Role Perception）即個人對於自己在某種特定場合中應扮演何種角色的看法。例如，「我認為我在學校擔任教授就應該認真教學，但回到家就應該做一個孝順的兒子、體貼的丈夫。」這就是我對於自己在學校及家庭中所應扮演何種角色的看法。

（二）角色認同

角色認同（Role Identity）即個人的態度及行為與個人當時應扮演的角色一致。例如，「我是學生，每天準時上課，用心於課業。」就是我對於自己的角色認同。反之，若我天天翹課，在網咖流連忘返，甚至嗑藥、吸毒，就是對自己的角色不認同。

（三）角色期望

角色期望（Role Expectation）即他人對某人在特定場合中所期望認為其應有的行為或表現。例如，「主管都期望他的部屬個個勤奮主動，吃苦耐勞。」這就是主管對其部屬的角色期望。

（四）角色衝突

角色衝突（Role Conflict）即個人面對多種角色扮演時，可能扮演好某一種角色，但卻無法同時扮演好另一角色，因而造成角色衝突。例如，當你事業繁忙，無法抽出足夠時間陪家人時，你可能就會在「當一個部屬的好主管、公司的好員工」與「妻子的好丈夫、孩子的好父親」兩種角色之間產生衝突。

四、團隊的類型

Robbins 曾說：「工作團隊（Work Team）是以個人間之合作來完成任務的方式」；Katzenbach 與 Smith 則認為「團隊是具有互補才能，彼此認同共同目標、績效衡量標準和工作方法，並且相互信任的一群人之組合」。除此之外，團

隊的運作通常必定是任務目標導向，強調集體績效，並且必定是正式群體。在
團隊中，經由協調的群體工作，會比個人努力的總合更能產生正面的綜效。

「自我管理工作團隊」（Self-Managed Work Team）及「整合性工作團隊」
（Integrated Work Team），是目前大多數組織（無論大小、營利或非營利）所
最常採用的兩種團隊型態。而除此之外，「跨功能團隊」更是組織進行變革與
再造時，讓組織成員拋開本位主義，降低反對聲浪所採行之團隊類型之一。

Robbins（2003）[2] 以目的、結構、成員、期限等四種特徵加以區分團隊類
型，詳見表 9-3。

表 9-3 團隊分類 [3]

目　的	結　構
產品發展 問題解決 流程再造 任何其他組織目標	被監督 自我管理
成　員	期　限
功能性 跨功能性	永久性 暫時性

筆者以上述分類類型為基礎，說明以團隊為基礎的情況下，在組織結構中
呈現的方式，如表 9-4。

表 9-4 團隊於組織結構類型

類　型	說　明
問題解決型	問題解決型（Problem-Solving）係指團隊成員針對共同問題分享想法與進行溝通，以有效達成組織目標。例如，運用品管圈解決產品品質及降低產品成本等。
自我管理型	自我管理型（Self-Managed）係由成員自我規劃及負責團隊之完整工作流程、進度、工作分派、目標與績效評估方式等工作。例如，全球最大玻璃製造商—康寧公司的團隊並沒有監督者，員工自行規劃排程進度，並有權解決生產線上的問題。

---

2. 譯自Robbins, Stephen P. and Mary Coulter (2005), Management. 8th ed., Prentice Hall, Pearson Education, Inc.。
3. 譯自Robbins, Stephen P. and Mary Coulter (2005), Management. 8th ed., Prentice Hall, Pearson Education, Inc.。

類　　型	說　　明
功能型	功能型（Function）係由單位中的管理者和員工共同組成，其任務是改善工作活動或協助某一功能單位特定問題之解決。這功能領域中，例如，權威、制定決策、領導與互動等議題都已非常簡單而清楚。例如，BenQ的設計團隊目的在於設計出獨特有創意的產品。
跨功能型	跨功能型（Cross-Functional）團隊成員一般來自同一階層，集合在一起以完成特定的任務。此外，團隊成員亦可能由組織中不同領域的員工以交換資訊、發展新概念或解決特殊問題所組成。
虛擬團隊型	虛擬團隊型（Virtual Team）的運作，高度運用資訊科技與網際網路的連結，因為成員大多分布於各地，平時利用資訊科技進行溝通協調，以達成團隊目標。而相對於一般團隊，虛擬團隊成員間面對面的互動機會較少，缺乏直接性的社會交流，成員一般較無法從群體互動中，得到較大的滿足感或歸屬感。

♥ 人資補給站

　　由於傳統部門之間通常存在嚴重的本位主義，不同部門的工作習慣態度以及背景差異，使得整合工作經常延誤而無法取得先佔優勢，但「跨功能團隊」卻為此提供了最佳的互動與整合環境。在科技發達與專業分工的今日，「跨功能團隊」不僅成為組織激發創新之工具之一，並且也促進生產製造、物流管理、財務規劃，與行銷策略等企業功能之整合。

五、群體凝聚力

　　「群體凝聚力」（Group Cohesion）係指群體成員相互吸引，並共享群體目標的程度。當群體與成員個人間目標愈一致，成員之間吸引力就愈大，凝聚力與工作績效也愈高；反之，則各項績效則愈低。

　　經過研究顯示，凝聚力愈高的群體，其生產力要比凝聚力低的群體為高。當然，這種凝聚力與生產力之間的關係，常常是互為因果的，在群體中，成員間的凝聚力高，相處較為融洽，情誼也較為深厚，在這種情況下，通常極容易營造出一種支持的環境，更有助於群體目標的達成，生產力自然也高。

　　事實上，在群體凝聚力和組織生產力之間還有一個重要的中介影響因素，即「群體的態度與組織目標的一致性」，若群體態度與組織目標一致時，則群體凝聚力強便足以提高組織生產力。反之，若群體態度與組織目標不一致，則高度的群體凝聚力反而會降低生產力。

六、群體（團隊）績效

Robbins[4]將團隊的績效和滿意度相連結，進而發展了幾項變數以呈現變數間及與績效和滿意度的關係，如圖 9-2 所示。其變數之說明如表 9-5。

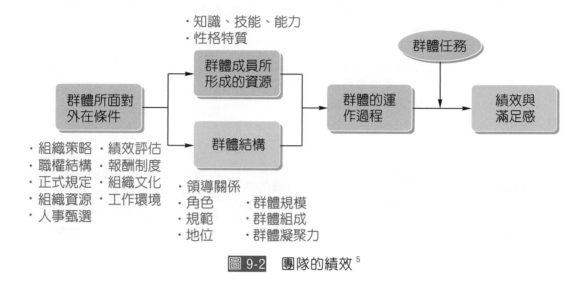

圖 9-2 團隊的績效[5]

表 9-5 團隊績效和滿意度與其變數之關係

變 數	說 明	以奇異為例
群體外部限制條件（External Conditions Imposed on the Group）	若將群體視為一個子系統，當其運作時就會受到較大系統的影響，而影響的因素通常為組織文化，組織績效上的管理，規章制度等，也就是一個組織所定的相關制度與無形的價值觀等。	例如，奇異內部力推「無疆界的合作文化」，努力消除企業內部不同單位的人為界限。同時因為奇異規模龐大，涉及許多生產領域，因此研發人員常在公司四處閒逛，意外的靈感通常會油然而生。
群體成員的資源（Group Member Resources）	表示成員所擁有的能力及其能為群體帶來什麼樣的資源等。因為群體的績效並非只是個別能力的總合，而是由個人技能、智力及人格特質來看。再者，互動上的角度也會影響到群體的生產力及滿意度。	例如，奇異全球員工超過20萬人，而研發中心的技術人員也超過五百個博士，因此奇異在籌組任何計劃案時，人力資源常是奇異獲勝的地方。

4. 林孟彥譯，（2003），管理學，華泰文化事業公司。譯自Robbins,Stephen P.and Mary Coulter (2002),"Management" 7th ed.,Prentice Hall, Pearson Education,Inc。
5. 林孟彥譯，（2003），管理學，華泰文化事業公司。譯自Robbins,Stephen P.and Mary Coulter (2002),"Management" 7th ed.,Prentice Hall, Pearson Education,Inc。

變　　數	說　　明	以奇異為例
群體結構 （Group Structure）	一個群體中，會有自己的結構，以規範每個人的行為及衡量績效的方式，因此我們常可藉由此內部結構中，清楚地見到成員的角色、規範、領導地位等。	例如，奇異的計畫團隊除了負責人外，每個成員地位都平等，甚至可以反對負責人的意見，甚至反對客戶所提出的無理要求，並不斷進行討論。
群體程序 （Group Processes）	可視為群體當中各種互動的方式，像是資訊的交換溝通、決策程序、衝突上的互動等。	例如，奇異的計畫團隊成員會以「集思會」（Work-out）的方式激發創新，而這種集思會的舉辦讓奇異保有小公司的創新精神。
群體任務 （Group Tasks）	任務的複雜性及相依程度會影響群體的效能。因此，群體的績效及滿意度會深受群體目前所進行的任務所影響。	例如，奇異的研發中心獨立在公司架構之外，讓研發人員能專心從事研發工作，同時利用「多代產品模式」的研發方式，確保不斷推出的技術間，有彼此關聯性與轉換性，以順利達成團隊任務。

七、高績效團隊的特徵

　　群體（團隊）的生產力，並不是一下就可提升的，必須要考慮到不同的變項對團隊的影響，因此 Robbins（2002）提出了一個有效團隊應具備下列幾項特徵，詳見表 9-6。

表 9-6　有效團隊所應具備的特徵

特　　徵	說　　明
清楚的目標	團隊的組成要素中，目標是不可缺少的。藉由目標的訂定，使成員了解群體的明確目標，並進而激勵其投入心力，以團隊的目標為己任。
相關的技能	此處的技能並不只是指技術而已，還包含了人際關係的角度。一個有效的團隊，個人的技能上互補確實很重要，但若是各司其職，溝通不良，團隊的目標將難以達成，因此人際關係的技能也被視為是重要的因素之一。
相互信任	互信，是一個團隊應有的特徵，成員對彼此的信賴，將有助於目標行為的一致及溝通上的完整。但是互信的機制卻是需要長時間的養成。
一體的承諾	當成員對於團隊的認同感很深，其會表現出強烈的忠誠，以及願意為團隊奉獻心力的態度。

特　　徵	說　　明
良好的溝通	團隊之間有良好的溝通機制，也就是能互通有無，分享資訊。當然，回饋的機制也是很重要的。而這能使團隊的向心力提升。
談判的技巧	指的是成員必須時常調和彼此之間的差異，尤其當工作上的調整時，由於可能會有衝突或是認知上的不一致，因此談判的角色就愈顯重要。
適宜的領導	成功的領導不是控制，而是能引導且支持。因此領導者的適時激勵，或是適時的矯正其行為，將會使得成員願意追隨。
內部與外部的支持	不論是團隊或是所處的組織中，良好的支持將可成為團隊奮鬥下去的動力，像是合理的評估系統、良好的人力資源發展等。

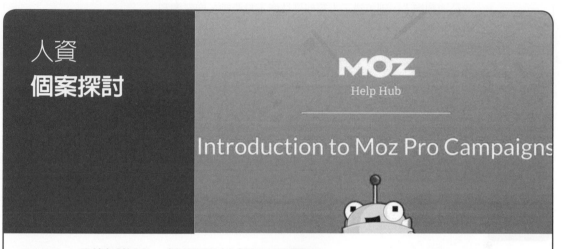

人資
個案探討

Introduction to Moz Pro Campaigns

MOZ　別搞錯了！管理是技能不是獎勵

　　蘭德・費希金（Rand Fishkin）是全球最大「搜尋引擎優化公司」MOZ（摩茲）的創辦人。2012 年 5 月，MOZ 的 B 系列募資輪募得 1,800 萬美元，結果怪事發生了，突然之間大家都想當主管。現金挹注進來後，我們誤以為人手愈多，就能愈快做出更多更好的東西，於是試圖擴大團隊直到有點過頭。

　　有一個情境是這樣的：過去兩年半，你用了一位很能幹的產品設計師，他的績效卓著，並贏得周遭同仁的信賴和尊敬。這位設計師瞭解顧客，創造符合顧客需求的使用者經驗，並負責與製作產品的工程師、推廣產品的行銷人員及使用產品的終端客戶溝通。他顯然在專業上做得有聲有

色，可是並沒有管理經驗，對管理工作需要的條件，也不曾表現相關的專長或熱情。

　　有一天，這位設計師來到你面前，要求管理你打算成立的設計團隊。但你只打算多雇用一位新設計師，而只有一個部屬的主管不免尷尬，另一方面，你也不願失去這位設計師以「個人貢獻者」（Individual Contributor, IC）身分做出的優質成品。過去幾年，他與周遭同事已是水乳交融，培養出強烈的產品直覺，工作效能和品質也不斷提升。

資料來源：修改自蘭德・費希金（2018）能力好績效佳的人，最適合當主管？年營收 4,500 萬美元公司創辦人：別搞錯了！管理是技能不是獎勵，商業週刊

◯ 思考時間

你認為該告訴這位設計師，請他專心做擅長的工作就好了—這樣得冒著失去他的風險，促使他跳槽到會升他為管理職的公司，因為他認為那是他應得的—還是該升他為主管，然後雇用或約聘額外的人手去做他原本的工作？

9.2 基本領導理論介紹

　　所謂「領導」係指「樂於為團體目標而奮鬥，不憑藉特權、職權而能使追隨者以真誠且具信心的完成共同目標，並且能說服並指導他人者」。而領導的本質有三：

(一) 領導者

　　領導者的個人特質、行事風格、價值觀與經驗等均會影響領導的型態。

(二) 追隨者

　　追隨者的素質亦會影響到領導的型態。

(三)情境

不同的情境必須用不同的領導形態，才能發揮領導效能，其影響領導風格的情境因素[6]如圖 9-3 所示：

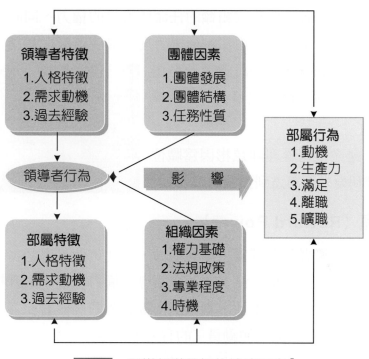

図 9-3　影響領導風格的情境因素[7]

許士軍教授曾說：領導並不等同於領導者。領導是一種影響作用，與人緊密連結的行為。進一步說明，「領導」是領導者的外顯行為。由上述領導的本質可知，領導的型態並不是固定的，也就是沒有放諸四海皆準的最佳領導型態，領導者應深思熟慮針對不同的情境與追隨者的素質，找出最適當的領導型態來領導組織成員，達成組織的目標及願景與領導雙方的共同理念與夢想。

一、領導權力基礎

根據領導者的定義，要成為領導者便是要有追隨者。究竟領導者有何能力或魅力能使他人心悅誠服的追隨？這個力量可能來自組織或個人，同時也代表

6. J.M. Ivancevich, A.D. Szilagyi & M.J. Wallace, (1977). Organizational Behavior and Performance Ca: Good-year Publishing Co. Inc.

7. 資料來源：J.M. Ivancevich, A.D. Szilagyi & M.J. Wallace, Organizational Behavior and Performance. Ca: .Good-year Publishing Co. Inc.

著領導者領導追隨者的權力來源基礎，而領導者再藉由此力量來影響及控制追隨者，以達成團體目標。一般而言，領導的權力基礎有五項，茲說明如下：

(一) 法制權 (Legitimate Power)

法制權是指領導者藉由正式組織的任命所獲得的權力，同時也代表領導者在組織中的地位。當領導者運用法制權來管理組織成員時，意指領導者在行使他的「職權」（Authority），而職權乃是由組織成員所共同認同並付予領導者的正式權力。

例如：友達光電總經理陳炫彬因為職位的關係，有權利要求部屬達到預期的績效。

(二) 獎賞權 (Reward Power)

獎賞權係指領導者具有獎賞下屬的權力，因此可使下屬聽從領導，同時也可收到激勵的效果。獎賞權可能是在所有領導的權力基礎中最常被使用且運用最為廣泛的，因為基於人的本性—喜歡獎賞厭惡懲罰，假若獎賞權運用得宜則可得到正面的激勵作用，成為激勵員工的有力工具。

例如：中華汽車總經理黃文成善用薪資酬勞制度激勵員工，承諾年終 14 個月、過年返鄉專車等福利。

(三) 強制權 (Coercive Power)

相對於獎賞權便是強制權。有時侯強制權係指懲罰的意思，因為領導者有權力可以運用減薪、免職等處罰方式，迫使下屬服從領導。

例如：郭台銘在鴻海內部要求嚴屬，有如軍事化管理一般，員工也因此逼出無限潛力。

(四) 專家權 (Expert Power)

假若領導者具有某些領域之專業知識或技能，甚至是個人豐富的獨特經歷，而足以成為他人的榜樣或為他人指導，則可稱為具有專家權的領導者，使得下屬信從他的領導。

例如：日本策略大師—大前研一對全球經濟發展有獨到的見解，不僅日本人尊敬他，甚至連許多國家的領導者都對他相當仰慕。

(五) 參照權 (Referent Power)

所謂參照權係指領導者具有領袖氣質，因此可以吸引追隨者服從其領導。通常參照權的來源是與個人的人格特質或外在的特徵有關，它可以吸引某些不具這些條件或嚮往具有這些條件的人，以作為他們的行為依據與努力的目標，形成一種潛移默化的影響力。兩項領導權力基礎—專家權與參照權，是可以跨越時空的限制，持續影響後世子孫，例如我國傳統的「儒家思想」、「老莊思想」及其代表人物對後世的影響。統一集團創辦人—高清愿氣度非凡，親切、信任的胸襟態度更是員工願意追隨他的原因。

📍 人資補給站

臺灣女性在職場已逐漸闖出一片天，越來越多女性在公民營企業擔任主管；然而，相較於男性，擔任企業主管的女性在比例上仍偏低。這種情況在全世界亦是如此，顯示職場上的「性別天花板」依然很難打破。美國《財星》雜誌調查，2017 年財星 500 大企業中，僅 32 家企業的執行長為女性、占 6.4%，為 63 年前開始調查以來最高。比較知名的女性執行長，包括通用汽車執行長巴拉 (Mary Barra)、百事可樂印度裔執行長努伊 (Indra Nooyi)、出身臺灣的超微半導體 (AMD) 執行長蘇姿豐。

二、領導者與管理者的差異

「管理者」主要任務係制定規則，並在既定的組織運作模式下，尋求組織的穩定發展；而「領導者」主要任務係在創造改變，創造一種遠見使大家可以遵循，並建立共同之價值觀及倫理，使組織的運作更有效率與效果。根據洪明洲教授的觀點，領導者與管理者的差異（表 9-7）[8] 如下所示：

表 9-7　領導者與管理者的差異 [9]

領導者	管理者
改革者	執行者
獨樹一格	人云亦云
開創	守成
關注群眾	關注系統與結構
喚起信任	靠控制
視野寬廣	視野狹窄
問是什麼及為什麼	問怎麼做及何時做
眼光在遠方	眼光總是在眼前
創造	模仿
挑戰現實	接受現實
自己的主人	典型的好士兵
做對的事	把事情做對

雖然表 9-7 對領導者與管理者作了比較，但究竟所有的管理者都應該是領導者呢？還是所有的領導者應該是管理者呢？因為尚無人能透過研究或邏輯的推理說明領導能力是管理者的一項障礙；因此我們可以說，在理想的狀態下，所有的管理者皆應為領導者 [10]。在一般的狀況下，在上位者通常是領導者，同時也是管理者，只不過會因層級的不同或個人能力的差異，導致在角色扮演的比例上有所差異罷了。

8. 修改自洪明洲，管理個案、理論、辨證，科技圖書，p.360。
9. Warren Bennis, On Becoming A Leader。
10. 王秉鈞譯，Stephen P. Robbins (1995)，管理學，臺北：華泰圖書，p.683。

三、領導理論之演進

　　一般而言，將領導理論區分成「特質論」、「行為論」與「權變論」三個基本觀點，前後理論之陳述與觀點固然不同，但卻是環環相扣、密不可分。

圖 9-4　領導理論的演進

　　領導理論的演進過程可從圖 9-4 來作概略性說明，在此圖中舉了一些較具代表性的理論及其發生年代，有助讀者能了解各理論的前後關係，並舉出該理論的代表性學者，詳細的領導理論內容，可參考管理學或組織行為學的教科書，有助於讀者能對領導理論的演進有完整的概念。

人資
個案探討

Netflix 的高績效團隊

　　Netflix 是目前科技業中，數一數二的高成長公司，畢竟 Netflix 的用戶從 2013 到現在成長了將近四倍。在這高速成長的過程中，Netflix 持續保持非常低的自願離職率（美國公司的平均是 18%，而 Netflix 是 3%）。

　　Netflix 的所有員工，都可以接觸到公司績效相關的數據，比如說各個區域的用戶及用量，或是節目的合約。公司的管理階層（大約有五百人）可以看到所有人的薪資。當然，好處是所有人都可以輕易地以這些數據來做他們各自領域的商業決定。

　　在另一個極端，像是 Real-Time 360，Netflix 在晚餐或午餐時間，讓一起吃飯的每個人給予對方工作上的批評或建議。這個層級的透明化，也許是 Netflix 建立高效率團隊的方式，但也讓員工們感到不安甚至恐懼，時時需要擔心自己會不會被開除。

資料來源：修改自 Chien Kuo（2018），「『高效率團隊』高效團隊的兩難」。科技新想

⌄ 思考時間

要建立一個有創造力的高效率團隊，你還必須要能夠讓你的團隊感到心理上的安全（Psychological Safety）。Netflix 的員工們對這個劇烈競爭的環境感到擔憂，也擔心自己何時會被開除。但是另一方面，他們對 Netflix 所提供的在工作上的自由和所需負的責任，感到非常滿足。請你說明該如何讓員工願意接受挑戰，犯錯並快速學習成長？

9.3 新興領導理論

　　除了三種主要領導理論學派，近代領導理論仍然朝向多元的方向發展。然而有非常多的領導型態，因此本書特別選出五種新興的領導型態，乃將重點放在領導的新特質論，或稱為新魅力論（Neocharismatic Theories），這些理論有三個共同的論點。第一，他們強調象徵性及情感上吸引人的領導行為。第二，他們嘗試解釋，為何有些領導者可以獲得跟隨者驚人的承諾。第三，他們不再強調理論的複雜性，而只專注於今日一般大眾對領導這個議題的看法。

一、交易型領導

　　Bass（1990）[11] 指出，交易型領導（Transactional Leadership）為領導者與部屬彼此為實現各自目標，交換彼此的需求，領導者透過協商、妥協的策略，對部屬的努力給予獎勵，來驅使部屬工作，並滿足其需求，並藉此取得部屬的尊重與支持。

　　最後，交易型領導的特徵可歸納如下。

1. **給予獎賞**：對於部屬表現良好以及高績效給予獎勵。
2. **積極的例外管理**：積極主動尋找不符合標準之處並加以修正。
3. **消極的例外管理**：領導者不主動尋找，只有等到不符合標準時再行介入。例如，鴻海對員工的要求相當高，但獎賞也比其他同業來的優渥。

📍 人資補給站

　　試想一下以下情境。如果有一天你當上主管，在接手主管的過程之中，你無私的把你學到的東西教給你的部下，甚至當公司出現虧損而沒有年終獎金及尾牙時，你自掏腰包私下分給部門中表現較好的同仁，但慢慢你發現，你熱心或積極栽培的幾位部下漸漸離職了，沒有企圖心了。你心寒了。從此漸漸變的公事公辦。因為你發現，企業不是學校，你可能最後會變成公事公辦的交易型領導者。

---

11. Bass(1990), From Transactional to Transformational Leadership: Learn to Share the Vision. Organizational Dynamics, Vol. 18, No. 3, p.19-31.

二、轉換型領導

Bass & Avolio[12] 於 1985 年所提出「轉換型領導」（Transformational Leadership），主張領導者將組織目標「轉換」成個人目標，使其績效超越自己與領導者的期望。也就是藉由與部屬之間的溝通，增加其對目標本身的認同感。轉換型領導者與傳統最大的不同，乃是其依靠塑造組織願景、共享價值觀與理念等無形的價值，來增加領導效能與促進組織變革。

Bass &Avolio 認為要成功建立轉換型領導必須滿足以下四個條件。

1. **魅力影響（Charisma or Idealized Influence）**：即必須先激發被領導者的使命感及自尊心，幫助其維持自信，同時自己也獲得被領導者的尊榮。

2. **激勵鼓舞（Inspiration）**：善用擘畫願景的能力並不斷散播理念使被領導者認同，以此一方式來激勵被領導者持續不斷的朝達成組織目標努力。

3. **智能激發（Intellectual Stimulation）**：鼓勵被領導者運用智慧與理性來謹慎面對並解決問題。

4. **個別關懷（Individualized Consideration）**：即領導者必須主動個別關懷被領導者。

例如，宏碁前董事長施振榮先生堅持事業傳賢不傳子、設立標竿學院、積極出書，為的就是將自己的職涯經驗傳授給每個人。

我們將轉換型領導（Transformational Leadership）以及交易型領導（Transactional Leadership）做一比較（詳見表 9-8）。

---

12. B.J. Avolio and B.M. Bass, (1985). Transformational Leadership, Charisma, and Beyond. Working Paper, School of Management, State University of New York, Binghamton.

<table>
</table>

表 9-8　轉換型領導、交易型領導的比較 [13]

比較構面	轉換型領導	交易型領導
領導模式	1. 屬於較高層次的領導理想。 2. 指導或協助成員解決問題。	1. 以「權變報償」與「例外管理」為必要手段。 2. 以監控方式控制員工行為。
組織目標	共同設定目標。	領導者透過交易方式讓成員達成。
對授能的態度	重視成員專業能力的培養與技術提升，成員獲得自我發展機會。	視授能、授權為領導者推卸責任的行為。
適合組織情境	成功帶領組織變革。	維持組織穩定與組織發展的正常運作。
滿足成員需求的層次	除滿足成員原本需求之外，更注重成員需求層次的提升。	維持組織的穩定與組織發展的正常運作。
權力來源類型	以使用專家權（Expert Power）、參照權（Referent Power）為主。	以使用獎賞權（Reward Power）、強制權（Coercive Power）為主。

📍 人資補給站

　　王品集團訂出在西元 2030 年需要開設 10,000 家連鎖店的長期目標，同時鼓勵優秀員工內部創業、同時增加企業的合作夥伴以及每一年開一家餐廳作為中期與短期目標。戴勝益也提醒大家也要設定個人生涯的短中長期計畫，並以自己為例，期許自己 30 年內要「讓自己的收入增加為目前的十倍」，10 年內要「出一本書」，5 年內要攀登「喜馬拉雅山」，1 年內要「讓團隊裡的每個人信賴我，都歡迎我」。

三、魅力型領導

　　Robert House & Boss Shamir 兩位學者整合了英雄式領導（Heroic）、轉換型領導（Transformational）與願景式領導（Visionary），進而提出了「魅力型領導」（Charismatic Leadership）。他們認為魅力型領導者就是一群非傳統的、果斷而且有自信的人，同時對於目標具有強烈的承諾與使命感，也同時是激進改革者而非現狀維持者。

---

13. 大部分企業都是交易型領導，尤其是中小企業。一般來說，流動率越高的公司，背後交易型領導的成分越大，因為被領導者很容易因其他公司所提供的事物，更能滿足其需求而離開。相反的，魅力型、轉換型會因為領導者本身的特質（如願景等），而讓被領導者願意犧牲自己「原本的某些需求」，來追求另外由領導者所「啟發出來的需求」。

此種領導者具備天賦及個人魅力，不是依靠其職權或是管理技能，而是善於利用溝通、形象與建立願景，以組織利益為先，使追隨者信服並有效處理組織所面對的危機。

讀者們也許會覺得困惑，轉換型領導與魅力型領導都是藉由願景的塑造來激勵、改變部屬超越自身利益，為共同的組織目標而努力奮鬥；那麼兩者究竟有何不同呢？

學者 Bass[14] 在 1985 年就曾為這個問題提出了很好的釐清。

1. 「魅力」只是轉換領導者的重要特質之一。
2. 轉換型領導者只是利用本身的「魅力特質」讓成員對其產生感情依附，領導者扮演教練、教師的角色，以激勵成員超越本身利益，追求更高的組織目標。
3. 魅力型領導者只會使成員事事依賴領導者，而不會如轉換型領導者一般去提升成員的需求與動機。當領導者離開時，成員即可能喪失自主性與自信心。

除了以上三點之外，筆者認為魅力型領導者與轉換型領導者還有一點最大不同是，魅力型領導者只讓成員純粹相信自己的理念，而轉換型領導者則會在領導的過程中企圖讓成員質問自己的想法，以激發另類的觀點。

四、被動／逃避領導

被動／逃避領導（Passive-Avoidant Leadership）是領導者通常放任部屬自行其事、坐視不管，因此決策通常會拖延；對部屬之回饋、獎酬與涉入均不會重視，也不會嘗試激勵他人，或認同及滿足他們的需求（Bass & Avolio, 1990, 1997; Bass, Hater & Bass, 1998）。Hater 與 Bass（1998）將其視為最不具功能的領導。

---

14. B.J. Avolio and B.M. Bass, (1985). Transformational Leadership, Charisma, and Beyond. Working Paper, School of Management, State University of New York, Binghamton.

　　大多數的人都不喜歡被管。所以遇到不管你的主管，我想你一定很高興，同時我相信你也一定會喜歡這樣的主管。通常這樣的主管，都會高舉「尊重個人」、「發揮個人潛能」、「層層負責」、「充分授權」等看似非常有學理的管理學名詞。但有沒有可能其實這是一個自私自利的主管，當部門績效出現有問題，甚至闖禍了，他總是會有一副無可奈何的表情，述說部屬的無能。言下之意千錯萬錯都是部屬的錯。

五、第五級領導者

　　學者 Jim Collins[15] 與其研究團隊花了五年的時間，從 1,435 家企業中找到 11 個能夠持續提升績效的公司，將他們成功的故事加以研究分析整理之後寫成「Good to Great」一書，並提出「第五級領導者」（Level 5 Executive）理論。

　　我們可由圖 9-5 來說明他們 Collins 及其研究團隊的發現，歸納出卓越公司表現傑出的成功要素。

　　要成為卓越公司，須有一位第五級領導者，他的領導風格與以往的印象－先設定使命、願景、目標不同。第五級領導者反而是先找到一群志趣相投的人，才一起擘畫願景，因此，這家公司首先就有了「有紀律的員工」。

　　領導者還須帶領員工誠實面對殘酷事實，並釐清「自己在哪一領域中能成為世界頂尖」；而且須塑造出「強調紀律的文化」，並善用科技。

　　Collins 將領導能力分成五個層級，如圖 9-5 所示，他認為不是每一位領導者都需要循序漸進地從第一級爬到第五級，可以先有較上層的能力與特質之後再補足下面幾級的能力與特質，但是，成熟的第五級領導人應具備五個等級的管理能力。

---

15. Jim Collins原著，「A到A+」，齊若蘭譯，天下文化，2002。

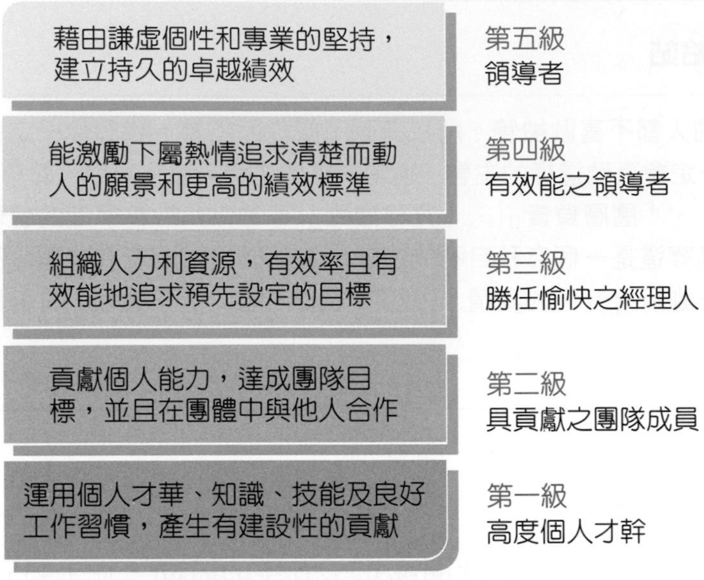

藉由謙虛個性和專業的堅持，建立持久的卓越績效	第五級 領導者
能激勵下屬熱情追求清楚而動人的願景和更高的績效標準	第四級 有效能之領導者
組織人力和資源，有效率且有效能地追求預先設定的目標	第三級 勝任愉快之經理人
貢獻個人能力，達成團隊目標，並且在團體中與他人合作	第二級 具貢獻之團隊成員
運用個人才華、知識、技能及良好工作習慣，產生有建設性的貢獻	第一級 高度個人才幹

圖 9-5 領導能力的五個層級 [16]

(一) 由「第五級領導者」掌舵

Collins 歸納出第五級領導者的兩個面向——謙虛的個性＋專業的堅持＝第五級領導。

1. 謙虛的個性：包含以下特點：

(1) 謙沖為懷，不愛出風頭，從不自吹自擂。

(2) 冷靜沉著而堅定，主要透過追求高標準來激勵員工，而非藉領袖魅力，來鼓舞員工。

(3) 一切雄心壯志都是為了公司，而非自己；選擇接班人時，著眼於公司在世代交替後會再創高峰。

(4) 在順境中，會往窗外看，而非照鏡子只看見自己，把公司的成就歸功於其他同事、外在因素和幸運。

2. 專業的堅持：包含以下特點：

(1) 有極強烈的企圖心，而且須看到具體成果，最終能創造非凡的績效，促成企業從優秀邁向卓越。

(2) 無論遇到多大的困難，都不屈不撓，堅持到底，盡一切努力，追求長期最佳績效。

16. Jim Collins著，「A到A+」，齊若蘭譯，（2002），天下文化。

(3) 以建立持久不墜的卓越公司為目標，絕不妥協。

(4) 遇到橫逆時，不望向窗外，指責別人或怪罪運氣不好，反而照鏡子自我反省，承擔起所有責任。

（二）先找對人，再決定要做什麼

「從優秀到卓越」的企業領導人在推動改變時，會先找對的人上車，再決定要把車子開到哪裡。也就是說，須找到對的人加入經營團隊，強調「人」的問題必須優先於「事」的決定——比願景、策略、組織結構、技巧等都還優先（如圖 9-6 所示）。

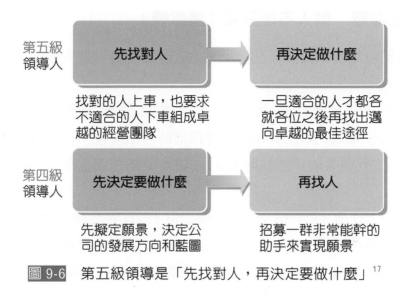

圖 9-6　第五級領導是「先找對人，再決定要做什麼」[17]

（三）面對殘酷現實，但絕不喪失信心

Collins 的研究發現，所有「從優秀到卓越」的公司邁向卓越之路，都必須先從誠實面對眼前的殘酷現實開始。假如不先面對殘酷的現實，絕不可能產生好的決策。也因此，領導人必須塑造能聽到真話，而且不掩蓋事實的企業文化是很重要的。

---

17. Jim Collins著，「A到A+」，齊若蘭譯，（2002），天下文化。

人資
個案探討

品牌精神
BRAND ATTITUDE

時尚是穿在身上的美麗哲學
堅持美感注重生活品味
是生為女人的執著

唯品風尚集團　帶人不能只靠「搏感情」

唯品風尚集團執行長周品均說，大家掛在嘴邊的帶人要帶「心」，害慘主管了。

2020 年 5 月，PChome 網路家庭董事長詹宏志整併了 86 小鋪、UNT、BeautyMaker 及 BeautyEasy 等四個時尚品牌後，找來周品均，她帶著 2016 年二度創業的女裝品牌 Wstyle 加入，整合為現在的「唯品風尚集團」。

周品均上任後，第一個決策是換辦公室，以往各品牌分屬不同空間，各做各的事，現在則讓上百位員工在一起；執行長也沒有專屬辦公室，而是和大家在同一個空間並肩作戰。同時重整部門，將人事開銷從 30% 降到 13% ～ 15%。

她同時也認為，選對的成員上車，才能讓主管省下後續的溝通成本。例如，公司招募公關，來面試的人過度害羞，連介紹自己都有問題，就算她有傳播相關經歷，主管也要辨識出她或許不是最適合的人才。

如果特質對了，可能要進一步了解像是薪資、同事、任務分配等原因；千萬不要因為缺人而急就章，最後苦的仍是團隊。

資料來源：修改自周頌宜（2021）帶人不能只靠「搏感情」！周品均：我曾把團隊想成大家庭，卻讓更多同事受累，今周刊

⌄ 思考時間

主管時常有「自己很努力，員工也要一樣努力」的盲點，但是如果想要他跟你一樣拚，就要給他同等的對待。你認為勞資雙方該怎麼互相為對方著想？

課堂實作
個人－集體主義程度

班級

組別

成員簽名

說明

這個活動以個人為單位，確認你的個人－集體主義程度。

題項

請勾選右方最適合的答案	非常不符合				非常符合
1. 我通常做「我自己的事」。	1	2	3	4	5
2. 我的同事的福利對我來說是重要的。	1	2	3	4	5
3. 一個人應該獨立生活。	1	2	3	4	5
4. 如果同事得獎，我會感到很榮幸。	1	2	3	4	5
5. 我喜歡有自己的隱私。	1	2	3	4	5
6. 如果親戚財務有困難，我會盡力幫助他。	1	2	3	4	5
7. 我在和他人討論議題時喜歡直接而且直率。	1	2	3	4	5
8. 在我的團體間保持幽默是很重要的。	1	2	3	4	5
9. 我是一個獨立的個體。	1	2	3	4	5
10.我喜歡和我的鄰居分享事情。	1	2	3	4	5
11.我遇到的事情是我自己的事。	1	2	3	4	5
12.當我和他人共識時感到愉快。	1	2	3	4	5
13.當我成功時，這是因為我的努力。	1	2	3	4	5
14.我的快樂取決於周遭的人的快樂。	1	2	3	4	5

請勾選右方最適合的答案	非常不符合				非常符合
15.我喜歡獨特、而且在許多方面和別人不同。	1	2	3	4	5
16.對我而言，快樂就是花時間和別人相處。	1	2	3	4	5

※ 資料修改自 Singelis, T. M., Triandis, H.C. Bhawuk, D., & Gelfand, M. (1995). Horizontal and vertical dimensions of individualism and collectivism: A theoretical and measurement refinement.Cross-Cultural Research, 29, 240–275.

計算方法

(1)

➡ 個人主義：加總「單數題」的分數。最高得分為40分，越高分則代表個人主義強。

➡ 集體主義：加總「雙數題」的分數。最高得分為40分，越高分則代表集體主義強。

(2)請和你的課堂分組成員討論，你的組別之中哪種類型的人較多？會不會影響小組的運作？怎麼改善？

實作摘要

CHAPTER 10
前程規劃與職涯管理

學習大綱

10.1 職涯規劃及職業
10.2 職涯管理
10.3 接班人計劃與離職管理

人資個案探討

人事評議委員會
不要想幫助不適任的人，請他離開就對了
不喜歡馬斯克？來為我們工作！

人資聚焦：經理人講堂

公司活命都有問題了，還管員工的
職涯發展

課堂實作

學生的工作豐富嗎？

公司活命都有問題了，還管員工的職涯發展

iKala Cloud 是 Google Cloud 的菁英合作夥伴，擁有 Machine Learning、Data Analytics 及 Infrastructure 三項專業認證，協助企業透過 Google Cloud 進行數位轉型及發展 AI 應用，客戶廣布電商、媒體、金融、遊戲等多種產業。

其創辦人程世嘉先生，當年是 Google 臺灣的第一位軟體工程師實習生，上工第一天腦袋中就充滿各種問號，最大的問號是「我到底要幹嘛？」花了一些時間熟悉 Google 內部的系統，逐漸上手後，他分心去參加網路上的程式設計比賽當作玩樂，解解 ACM-ICPC 的題目，看到難題一道一道解開，覺得很開心，不過對公司毫無生產力可言。後來他和公司內資深的工程師前輩討論，挑了一個機器翻譯相關的小專案，才總算有一丁點貢獻，過程中也得到充分的指導，第一次的實習生工作算是順利完成，結束實習後直接被 Google 錄取為正職。

多年之後，程世嘉自己創業，作為一家跟其他公司並無兩樣的中小企業，他曾經掙扎於是否真能兼顧員工和公司的發展？因為外界的變化實在太快，公司隨時可能面對朝不保夕的危機，且人才流動性也非常高，額外投資在訓練人才上是否值得？企業難道不應該要求員工本來就具備基本的工作和溝通技能嗎？

最後，程世嘉回歸到他所相信的「以人為本」。無論個人起點為何，錢，就是要投資在人才身上，這是一個良性的循環。即使訓練的人才離開 iKala，他會記得公司投資員工訓練的重要，也會把這個觀念帶到整個產業環境當中，形成一股好的力量。

資料來源：修改自劉季清（2021）程世嘉打造人人可用的 AI，工商時報

問題討論

跨國公司在宏觀上，多把臺灣定位成全世界的一顆螺絲釘。雖然是可靠且專業的夥伴，但它們希望我們扮演好供應鏈的螺絲釘即可，於是一個專業人士，也只要專注在長期提供一樣的專業成果，便可獲得不錯的報酬，然而個人的成長、學習彈性及多元化的機會就減少了。你有沒有想過，10 年過後，當你成為中高階主管，會花多少成本培養部下？

 前言

　　生涯視為一個人的「人生之路」，狹義的生涯是指與個人終身所從事的工作或職業有關的過程；廣義的生涯指的是整體人生的發展，亦即除了終身的事業以外，尚包含個人整體生活型態的開展。我們將於下面的章節說明「生涯」在人的一生中，所扮演的角色地位。

10.1 職涯規劃及職業

　　職業：是一種日常性的勞動，主要的功能在於換取勞動所得。然而有了職業還不夠，大多數的人在生涯中可能必須待在職場中渡過 30 ～ 40 年，因為這個過程若以時間點的概念而言，可被稱之為職涯。因此接下來，本書將介紹相關職涯的概念。

一、職涯管理與發展

　　吳秉恩（2007）針對職涯的定義做以下的說明。

1. **職涯管理（Career Management）**：指的是協助員工確認並發展自身的職涯技能與興趣，並能夠更有效地運用這些技能與興趣的程序。

2. **職涯發展（Career Development）**：指有助於員工職涯的探索、建立、達成以及實現等的一連串活動。

3. **職涯規劃（Career Planning）**：是一個完整的程序，透過此程序個人能夠了解自己的技能、志趣、知識、動機以及其他特質，獲得有關職涯發展機會與選擇的資訊，以及確認職涯目標，並建立達成目標的行動計畫。

二、職業的功能

　　首先從狹義的生涯角度來說明個人的職業。職業是個人一生中不斷追求的角色扮演，以合乎道德的方式，取得經濟的報酬，維持生活所需及促進社會、個人發展（陳敬能，1998）。而職業本身應具有下列四項功能（楊朝祥，1990）。

1. **經濟性功能**：人們依靠職業獲得報酬，以取得生活所需，並藉此延續生命。

2. **社會性功能**：職業除維持社會制度外，也形成社會的階級及團體等，除可有隸屬感外，更可藉此獲得個人尊嚴需求。

3. **心理性功能**：人們可因職業而獲得才智及興趣的發展、理想的實現、環境控制或社會回饋等心理需求。

4. **生理性功能**：可依據個人所需，做適當的工作，以調節生活，促進個人健康。

◉ 人資補給站

　　社會經濟地位（簡稱社經地位），一般認為包括教育、職業與收入，都是很重要的社會階層變項；其中，職業不但往往被視為代表個人社會階層的最佳單一指標，也與價值觀念、行為模式、子女管教、文化資本、社會資本、認知發展與教育機會有很大的關聯，因此在很多社會科學研究中，職業都是很重要的變項。

三、職涯規劃原則

　　一般而言，我們從事的職業，常希望能隨著年齡、資歷的增長而與職涯規劃做連結，茲於下說明個人在做職涯選擇（Career Choice）的一般原則，如下六點。

(一) 職涯的選擇是有限制的

　　從個體時代就強調職業的選擇是一個「自我瞭解」和「工作世界」的配合過程。所以進入一種行業，不僅僅是「你」要做什麼，你也要說服「僱主」去選擇你。

　　一個人的職涯選擇基本上受到二種限制——自己本身條件和外在工作要求。具體而言，你的性格、能力、財力資源、工作條件、經濟和工作市場的變動皆是可能的限制。

（二）每個人在多種行業中會有成功的潛能

Gilmer（1975）強調人們有多種潛能，如果你試圖找出一種工作最適合你、最滿足你，可能要花上一輩子的時間去。

（三）職業選擇是一生的過程

職業的發展是持續一生的過程（Ginzberg, 1972），人們在他們的三十、四十和五十歲時，常會面對有關職涯的重要決定。

（四）一些職業的決定不易取消

雖然職涯發展是一生的過程，但一旦你對某職業投入時間、金錢和努力，就不易改變其方向。

（五）職業選擇是性格的表現

大部分的職業選擇理論都同意在做職涯選擇時，常會考慮自己的性格是否合適（Roe, 1956; Super, 1972）。

（六）以鼓勵個案挑戰自我概念

因為大部分人的潛能是多方面的，因此在職涯的選擇和發展上還存在著很大的機會。

人資補給站

學生在校期間或是剛踏入職場時，如果想投入人力資源管理的領域，我通常會問學生為什麼要選擇 HR？然而我經常聽到一個理由：「因為我喜歡和人群相處，所以我覺得我很適合。」我並不知道該不該潑學生的冷水，我相信醫生或老師也是每天都在和人打交道的工作，但你應該不會因為自己喜歡和人相處，就自認為可以當醫生或老師。因為醫生或老師的工作是一門專業，不是喜歡和人相處就可以的，既然如此，你認為你有什麼樣的理由可以勝任 HR 的工作？

四、職涯規劃與選擇

職涯規劃（Career Planning）即是一個人職涯過程的妥善安排，在這個安排下，個人能依據各個計劃要點在短期內充分發揮自我潛能，並運用各種資源達到各個發展階段的職涯成熟，而最終達成其既定的職涯目標（楊朝祥，1990）。

由此可知，職涯規劃是使個人規劃其未來職涯發展的過程，亦即設定個人職涯目標，然後運用個體的潛能和生活環境中可及的資源，設計完成職涯目標發展活動的過程。在職涯發展中，必須以職業知能為基礎，進行個人職涯抉擇活動。職業職涯發展及抉擇的理論基礎，共有下列六種如下所述。

(一) 特質－因素論（Trait-and-Factor Theory）

特質－因素論起因於 Parsons（1909）提出，職業職涯輔導需先探究個人特質，再探索適合個人特質的工作。

(二) 社會論

國外學者 Blau、Gustad、Jessor、Parnes 與 Wilcox（1956）研究指出，個人職涯抉擇係經由家庭、社會的影響，而導致個人受到制約，並偏好某一特定職業。

(三) 職涯抉擇社會學習理論

本理論是由 Krumboltz、Mitchell 與 Gelatt（1975）所提出，認為職涯發展受到下列四項因素的影響。

1. 先天天賦與特殊才藝（Genetic Endowments and Special Abilities）。
2. 環境條件及事件（Environmental Conditions and Events）。
3. 學習經驗（Learning Experience）。
4. 工作取向技巧（Task Approach Skills）。

(四) 需要論

需要論主張職業的選擇，主要是由於個人需求的功能所導致，早期的經驗與背景也是往後個人選擇職業需求表現的重要關鍵（Roe, 1956）。而個人需求的程度，是個人未來在職業活動中，具體表現的主要因素（Zaccaria, 1970）。

（五）類型論

Holland（1985）認為，職業職涯的抉擇，是由於個人背景的特殊人格對於特定職業類型互相配合而成，而不論個人或職業都可分為實際型、研究型、藝術型、社會型、企業型、傳統型六類。董倫河（1997）將類型論之基本要點整理如下（詳見表 10-1）。

表 10-1 Holland 的典型個人風格與職業環境 [1]

主　題	個人風格	職業環境
實際型	積極、偏好具體非抽象性的工作，基本上較不具社交性，人際間的互動不佳。	具技能性的行業，例如水電工、機械操作員、飛機技師的技工、攝影師、抄寫員，及部分的服務業。
研究型	有智慧的、抽象的、分析能力佳、獨立，有時是激進的，且是任務導向的。	例如，化學家、物理學家及數學家等科學家；或是如實驗室技師、電腦程式設計師及電子工人等技術人員。
藝術型	想像力豐富、重視唯美主義、偏好經由藝術的自我表達、相當獨立且外向的。	例如，雕塑家、畫家、設計師的藝術性工作者；及如音樂老師、樂團指揮、音樂家等音樂工作者；或是如編輯、作家及評論家等文學工作者。
社交型	偏好社會互動、出現於社交場合、關心社會問題、宗教、社區服務導向，並對教育活動感興趣。	例如，教師、教育行政人員及大學教授等教育工作者；如社工人員、社會學家、諮商師及專業護士等社會福利工作者。
企業型	外向、積極、冒險性、偏好領導的角色、主控、說服，以及應用良好的言辭技巧。	例如，人事、生產及業務經理等管理工作者；各種銷售的職位，例如壽險銷售、房地產以及汽車銷售人員。
傳統型	務實的、自我控制良好、善社交的，略為保守，偏好結構性工作，以及社會認可的一致性。	辦公室及事務性工作人員，例如，作業時間管理員、檔案員、會計、出納、電腦操作員、秘書、書記員、接待，以及資金管理人員。

（六）發展論

Miller-Tiedeman 與 Tiedeman（1990）對於發展論提出研究發現，認為個人由內在而追尋職涯方向，並經由發展理論進行職涯抉擇。張添洲（1993）指出，發展論的中心要點如下。

---

1. Zunker, V. G.（1996）. 職涯發展的理論與實務（吳芝儀譯）。臺北：揚智。

1. 個人年齡的增長，將對自己的職涯發展產生較清楚的概念。

2. 個人職業的認知與個人自我成長的配合，可做為個人職業的抉擇。

> ⬥ **人資補給站**
>
> 　　領隊或導遊是很多年輕人在踏入職場時的首選，原因是此份工作看起來似乎可以在賺取薪資的同時兼顧環遊世界的夢想。然而領隊或導遊這個工作並非每個人都適合從事，一定要擁有獨特的個人特質及熱誠，才能夠在這個行業發展順利。你應該依照屬於自己一項特長及專業來建構自己的特色，以找出你帶團的方式。最不好的帶團方式就是客人對你無感，一旦無感則信任感就無法建立，客人對於行程的規劃就會開始產生抱怨或不信任。

五、事業生涯發展時期

　　在本小節，我們先摒除職業的角度，由人的一生時期來看待「生涯」。生涯（Career），根據「牛津辭典」的解釋原有「道路」之意，可以引申為「個人一生的道路或進展途徑」。美國生涯發展理論大師 Super 也曾指出「生涯是生活裡各種事件的演進方向與歷程，統合個人一生中各種職業和生活的角色，由此表現出個人獨特的自我發展組型。」（轉引自黃天中，1995）。由此可知，生涯涵蓋範圍綜合個人的一生，涉及工作、家庭、自我、愛情、休閒、健康等層面，可視為個人整體謀生活動和生活型態的綜合體，亦即人生發展的整體歷程（羅文基等，1991）。

　　我們先以 Super 發表的事業生涯發展的五個時期來作探討，如圖 10-1 所示。

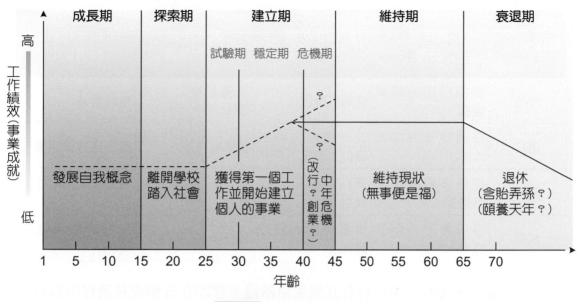

圖 10-1 事業生涯發展 [2]

生涯發展理論學者 Super（1990），將人的一生依年齡劃分為五個階段，分別為成長（0-14 歲）、探索（15-24 歲）、建立（25-44 歲）、維持（45-64 歲）、衰退等階段（60 歲以上）。每一個階段各有其重要特徵與生涯發展任務。其中最後一個階段又稱為退休時期。

此外，Super 指出從一個發展階段過渡到另一發展階段需經歷一轉型期，以準備發展另一階段的生涯任務與生活方式（徐曼瑩，1997）。同時每一個發展階段內各自形成一小週期，亦即同樣的再次經歷「成長 → 探索 → 建立 → 維持 → 衰退」。這樣的一個循環，係基於各發展階段的發展任務呈現的再循環。

Super 在 1990 年修正一生中的發展任務（吳芝儀譯，1996），詳見表 10-2。

表 10-2 一生中發展性任務的循環與再循環 [3]

生命階段 ＼ 年齡	青年期 25歲	成年初期 25歲-45歲	成年中期 45歲-65歲	成年晚期 65歲以上
衰退	從事嗜好的時間漸減。	減少運動活動的參與。	專心於必要的活動。	減少工作時數。

2. Super, DE. (1990). A life-span, life-space, approach to career development.
3. Zunker, V. G. (1996). 生涯發展的理論與實務（吳芝儀譯）。臺北：揚智。

生命階段　　年齡	青年期 25歲	成年初期 25歲-45歲	成年中期 45歲-65歲	成年晚期 65歲以上
維持	確認目前的職業選擇。	使職位穩固。	執著自我以對抗競爭。	維持興趣。
建立	在選定領域中起步。	在一個永久性的職位上安定下來。	發展新技能。	做一直想做的事。
探索	從許多機會中學到更多。	尋找心儀的工作機會。	確認該處理的新問題。	選個好的養老地點。
成長	發展實際的自我概念。	學習與他人建立關係。	接受自身的限制。	發展非職業性的角色。

　　該理論認為人的一生中會有五個生命階段，意即在每個成長過程中都有能累積經歷的階段性任務，以豐富人生。

📍 人資補給站

　　年輕人真的要在很早的時候，就開始思考自己未來的人生。人生真的很有限，在未來的人生中也會碰到很多機會與選擇。別人的人生，也未必適合你自己。有目標、有理想，可以讓生命更有深度。越早立定志向可以讓你自己的生命中擁有更完滿、更快樂的目標，同時朝著這個目標去努力，盡量不要分心，這樣一路下來，你會活得更快樂。

六、事業生涯發展系統與人力資源規劃的關係

　　圖 10-2 所顯示的是在人力資源管理的架構下，人力資源規劃與事業生涯發展間的關係脈動。我們可以發現其實人力資源是需要將組織的人力資源規劃與個人的事業生涯發展相結合。

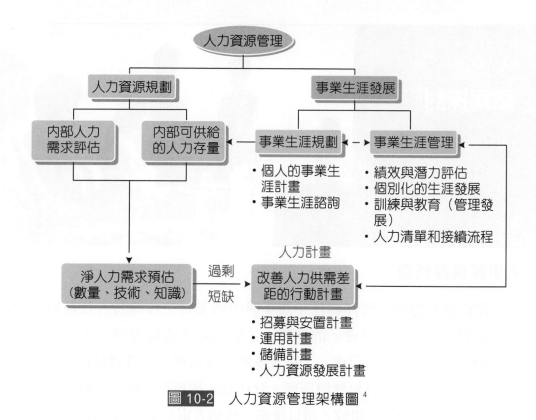

圖 10-2　人力資源管理架構圖 [4]

　　個人的事業發展與組織的人力資源管理規劃，有著密切的關係，若組織能在招募人才的階段時，便開始計畫一系列的發展活動，除了組織之外，也應配合員工的生涯規劃，如此或許能減少組織配置問題或者成本預算等問題，接下來我們繼續來談組織的生涯發展活動。

4.　吳復新，（2004），人力資源管理，華泰文化。

人資 個案探討

人事評議委員會

　　你有沒有想過，當你擔任了幾年的中階主管，在即將升任經理的同時，必須先通過「人評會」的審議，才能決定是否能升遷。所謂的人評會，是指「人事評議委員會」。在大多數的公司裡，人評會是由公司的高階主管（一般基本成員包括總經理、財務長、業務單位副總、營運管理副總和人力資源主管）所組成，用以決定一些和人事有關的重大議題。

　　看似很公平的委員會，如果用來進行升遷決策當然也會有缺點，譬如偶爾聽聞的派系、算票、換票、賄賂等問題，都是人評會決定升遷這個制度下的產物。

◯ 思考時間

因為如果從人性的角度，假設當你知道人評會有七位成員，你要得到其中四位主管的支持才可以升經理，你可能會試著去討好原本就對你比較友善的主管；或是萬一如果你家的人評會是共識決，很容易只要有一位委員反對你就升不了官。此時你會不會也燃起心中的黑暗面？

10.2 職涯管理

在進行職涯管理之前，我們必須先知道職涯發展的技術及方式，當你身處在不同的位階上時，也必須依據不同而且多元的生涯發展路徑，讓你的升遷之路得以順利。

一、組織生涯發展

組織的未來發展與個人、群體、組織間的脈動息息相關，個人生涯規劃若能與組織整體的生涯管理做最好的適配，將能提升組織生涯發展及企業機制運作的效能。

（一）傳統的 HR 與前程發展的導向

早期的人力資源主要在於完成上位者所指派的任務，而容易忽略個人身心發展甚至是職涯規劃。但目前的工作環境生態，個人的需求已漸漸被發覺甚至重視，企業慢慢了解到員工的想法，及將個人理念與組織發展結合在一起的重要性，我們可以透過表 10-3 中的幾個面向來探討，了解傳統與前程發展導向的差異。

表 10-3 傳統的 HR 與前程發展的導向 [5]

活　動	傳統導向	前程發展導向
人力資源規劃	■ 分析工作、技能、任務之現在與未來。 ■ 預測需求。 ■ 使用統計資料。	■ 加入有關個人興趣、偏好之類的資料。
訓練與發展	■ 提供有關技能、資訊及工作態度的學習機會。	■ 提供前程生涯的資訊，增加個人成長的指引。
績效評估	■ 評估或報酬。	■ 增加發展計劃，設定個人目標。
招募與安置	■ 將組織的需求與合格的人才加以結合。	■ 依據許多變數，例如，員工的職業興趣，將個人與工作加以結合。
薪酬與福利	■ 以時間、生產力、及才能等為基礎給予獎酬。	■ 增加一些與工作無關的活動為獎酬。

不同年代所適用的原則導向是不一樣的，並沒有所謂最好的方法，只有在

5. F. L. Otte and P. G. Hutcheson (1992), Helping Employees Manage Careers, Upper Saddle River, NJ: Prentice Hall, p. 10,: G. Dessler (2005), Human Resource Management, New Jersey:Pearson Prentice.

當下的環境背景下，選擇最適用的運作模式。

● 人資補給站

　　不同的職位和職級，有不同的生涯發展路徑，有的可以往上晉升，有的則適合橫向發展，也就是輪調或換部門。當企業比員工更優先考慮到他們的職涯發展，員工就能更安心付出，成為企業穩定成長的力量。

　　很多企業都將人資部門當作行政單位用，事實上，人資單位除了要有伯樂的眼光，也該有養成千里馬的節奏。「並非把辨識出來的千里馬，丟到各部門就了事」。

二、職涯發展的技術與方式

　　發展職涯技術的目的，在於達到員工與組織的契合，因此本小節將從吳秉恩（2007）的觀點，說明員工及組織其需求及發展技術的方式。

　　由於個人與組織在職涯上的需求不同，但組織必須確保兩者之間相互支援與滿足（如圖 10-3 所示）。

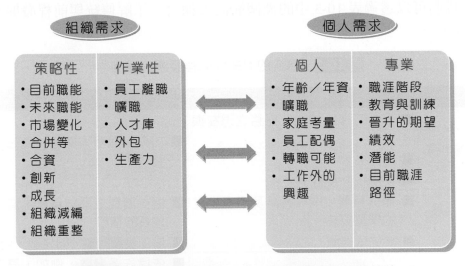

圖 10-3 職涯管理系統中個人與組織需求的契合 [6]

　　我們可以看出，員工和組織的職涯管理及需求必須契合，如同在第七章中我們曾經介紹之人力資源規劃，必須在個人／組織之間達到平衡，為組織的未來儲備人才，並讓員工個人適才適所。

---

6. 編譯自 G. Bohlander and S. Snell (2004), Managing Human Resources (13thed). Ohio: South-Western, p. 290。

> **⊙ 人資補給站**
>
> 　　人事費用是組織重大支出，領導者都希望「更少人力做更多的事」，所以嚴重挑戰中階幹部的管理及領導，及專業經理人的生存危機，甚至影響企業營運。中階幹部是企業成員中最具戰鬥力的，從小職員被拔擢為幹部，熟悉業務又開始管理領導，是企業經營的靈魂及重心。中階幹部需要教育及訓練來啟發經驗、藉以創造新的思維。若企業只是將經理人的精力消耗殆盡，而不補給他新的技術、方法及宏觀思維，則會造成企業的危機。

三、多元化的職涯發展路徑

　　吳秉恩（2007）認為，目前職涯發展有其越來越多元的路徑，透過不同且多元的路徑，能夠充份擴展員工的經驗，但也必須注意其傳統議題，以及在領導人邁向接班時的問題。

(一) 職涯發展路徑

1. 傳統職涯路徑（Traditional Career Path）

是一個員工在組織中從一特定工作轉換到下一個更高階工作的垂直向上發展。

2. 網絡職涯路徑（Network Career Path）

包含垂直的工作序列和一系列水平的發展機會。網絡工作路徑認定在特定階級中，經驗是具有可交換性的，而且在晉升至較高階級之前有必要擴展員工的經驗。

3. 橫向技能路徑（Lateral Skill Path）

強調的是公司內之橫向轉換，此種轉換方式給予員工重新恢復活力和發現新挑戰的機會。

4. 雙軌職涯路徑（Dual-Career Path）

原先是發展來處理技術專業員工無意或不合適向上升遷至管理職位的問題。採雙軌職涯路徑的組織認為，技術專家可以且應該被允許對公司貢獻其專業知識與技能，但無須成為管理者。

5. **降調**

在組織中未必能一帆風順，也可能遭到降級。

6. **自行創業**

無論是公司內部創業或自行離開公司創業，都可屬於此類。

◉ 人資補給站

　　如果你跟幾個年輕主管聊：「你當主管後專業的提升有多少？」，通常負責研發或產品開發的主管，大多都會說專業能力的提升很少，但是增加了溝通、專案規劃與管理的能力；另外負責業務／服務工作的主管則會告訴你，自己包含業務手法、績效管理、產品策略等都持續的在提升中。由此可知，當你升上主管之後，專業的工作（指的是技術類的專業）在之後你的日常生活中不會佔有太大的比例。反而是管理或行政的能力是你開始要將比重拉高的。

(二) 職涯發展的特殊議題

　　吳秉恩（2007）認為在發展職涯時，高階經理人應該注意下面兩點：

1. **消除玻璃天花板效應**

玻璃天花板效應發生的原因可能來自於公司制度不利於女性或是弱勢族群發展，或是源於不利於此些族群的刻板印象，也可能是由於公司限制了這些族群接受訓練、適當的工作發展經驗、以及發展關係（如導師關係）的機會。

2. **接班規劃（Succession Planning）**

指的是尋求及追蹤有潛力接替高階管理職位員工的程序。本書將在10.3 節進行說明。

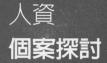

不要想幫助不適任的人,請他離開就對了

　　32 歲的 Facebook 產品設計副總 Julie Zhou,從 2009 年 25 歲時就接下管理工作,要管理一群設計菁英。員工可能因為專案受到同事批評、專案無法如期完成或是與同事相處發生不愉快等等。因此,Julie 總會站出來為員工發聲,告知大家給予此位員工更多的空間改進自身缺點。

　　不幸的是,Julie 發現這些關心總是徒勞無功。推測原因分為 3 點:

(1) 員工沒有察覺自身的不良行為。

(2) 員工的能力不足。

(3) 員工的理念和公司價值觀不吻合。

　　有時候員工還會認為主管的過度關心是一種壓力,儘管主管是出於好意幫忙,卻讓員工無形中感到不被信任。然而,愈是受人喜愛的主管,愈不容易扮黑臉,點出哪個環節出了問題或員工做錯什麼事。

◇ 思考時間

你認為,Julie 身為管理職,但卻事事站在員工端為員工思考,是一種正確的管理思維嗎?

10.3 接班人計劃與離職管理

在本節中，我們將針對組織的接班人計劃以及員工個人的離職管理進行討論，此二部分乃是目前人力資源學界最關心的議題。

一、接班人計劃

「接班人計畫」的定義，簡言之為公司填補其重要的高階職位，而廣言之，可為公司確保其現在及未來重要工作接班人能合宜的供應過程，因此，個人職涯管理要能同時滿足組織的需求及個人的抱負（Dessler, 2000）。大家應該還有印象，張忠謀、郭台銘、施振榮都曾經宣佈退休之後又復出，由此可知企業在接班人計劃上有多重要。以下表 10-4 是企業尋找接班人的一般性步驟。

表 10-4　企業該如何尋找接班人

		說　明
情境	參與者	1. 即將卸任的執行長都會參與挑選接班人的過程。 2. 若董事會對於公司的績效、競爭態勢與長期展望都很滿意，則會尊重CEO的接班計畫，職位也能順利轉移。
	問題點	1. 強勢的CEO所提出的接班規劃有它獨特的問題與機會。 2. 這些CEO對自己的觀念與成就深信不疑，且偏好和自己想法一致的人。 3. 該不該鎖定所謂的內部人選。
遴選	內部人選	1. 內部人選通常是忠誠又勤勞的資深員工。 2. 這些主管在擔任屆退CEO的手下時，都展現了獨當一面的能力。公司的績效表現愈好，董事會愈可能打心底認為最優秀的內部人選是理想的CEO人選。
	外部人選	1. 現有的管理團隊是否靠過去團隊所打下的基礎而「混飯吃」。 2. 長久以來的績效明顯偏低。 3. 董事會捨現成管理團隊而向外尋找接班人的衝突本質亦必須考慮。 4. 獵人頭公司提高了董事會聘請外部經理人來擔任CEO的意願。 5. 董事會等於先知道內部人選本身的缺點，然後再拿他們來和問題還沒有被看出來的外部人選比較。

挑選 CEO 對於企業的成功有很深遠的影響，這也是董事會的責任。在尋找新的 CEO 時，董事會必須充分了解公司情勢的主要走向，並以客觀的方式評估每位候選 CEO 的個人特質有多符合要求。由於公司會隨著競爭環境的變化而發展，因此擔任 CEO 職位的人選很可能在企業生命週期的某個階段足堪大任，但在別的階段卻一無是處。也因此，表 10-5 說明了當你欽定接班人，該如何選擇的過程。

表 10-5　企業如何留存接班人

	說　明
正常程序	1. 正常接班程序大概要比預定的退休時間提早兩年展開。 2. 董事會底下的治理委員會或是類似的委員會應該和CEO一起檢討工作形態，以及適合擔任新CEO的人格特質。
必須考慮的因素	1. 必要資歷、年齡與其他考量因素。 2. 個人特質（Personal Attributes）。 3. 徵求內部人選。
減少被挖角的情況	競爭對手、供應商和客戶會注意到新CEO出線的消息，並可能產生意料之外的反應。

📍 人資補給站

2016 年，長榮航空、海運集團創辦人過世，接班人選卻產生了糾紛，一紙「接班遺書」形成各房子女各說各話（兄弟鬩牆），各聘律師，對薄公堂；又多年前，台積電創辦人張忠謀栽培的總經理布魯克卻投效競爭對手聯電。張忠謀與布魯克這位曾經是 30 年舊識、20 年朋友、自己悉心提拔的部屬，一夕之間轉為最大的勁敵，怎不令人百感交集、難以釋懷？根據歐美經驗，企業的經營者平均一代是 30 年，也就是說，每 30 年就必須交棒一次。同時企業選定接班人後，至少要經過 5 年的培養，才能順利交棒。

二、離職管理

離職面談是藉由離職員工來檢視公司制度的好機會，過程要確認是安全、保密且誘導離職員工分享離職的原因，可以幫助公司改善管理制度的重要指標，鼓勵離職員工說出真正的心聲[7]。一般性離職的因素，如表 10-6 所示。

---

7. 呂玉娟，能力雜誌電子報 2011/2/9。

根據美國 Vault 顧問公司針對離職員工調查顯示出，有61% 的員工離開時對會產生負面影響，包含散播對公司管理團隊及企業文化不好的看法，帶走公司的智慧財產或有形資產，甚至幫助競爭對手來對抗原來的公司[8]。

Hom&Griffeth 指出，員工在提出離職前，整體的工作滿意度與對組織的承諾已經下降，員工在離職意圖形成前，通常會以個人的價值觀與人生規劃，思考在公司的前景，及工作的成長與挑戰。如果是沒有如預期的好，就會開始找尋新的工作機會比較，如果找到更契合的企業組織與適當的工作，離職的決定就已經明確[9]（如表10-6 所示）。

表 10-6　員工離職因素[10]

因　　素	說　　明
外部誘因	競爭者的挖角、合夥創業、服務公司喬遷造成通勤不便、競爭行業在服務公司的附近開張、有海外工作的機會等。
組織內部推力	缺乏個人工作成長的機會、企業文化適應不良、薪資福利不佳、與工作團隊成員合不來、不滿主管領導風格、缺乏升遷發展機會、工作負荷過重，壓力大、不被認同或不被組織成員重視、無法發揮才能、沒有充分機會可以發展專業技能、公司財務欠佳、股價下滑、公司裁員、公司被併購等。
個人因素	為個人的成就動機、自我尋求突破、家庭因素（結婚、生子、遷居、離婚）、人格特質（興趣）、職業屬性、升學（出國）或補習、健康問題（身體不適）等。

如何做好策略性的離職管理？韜睿惠悅臺灣分公司人才與獎酬諮詢總經理魏美蓉表示，無論是企業員工是屬於自願性或非自願性離職，企業都必須付出成本。

---

8. 呂玉娟，能力雜誌電子報 2011/2/9。
9. 呂玉娟，能力雜誌電子報 2011/2/9。
10. 丁志達，員工離職管理：化干戈為玉帛。

> **● 人資補給站**
>
> 　　根據人力銀行統計，外商企業對回鍋員工的接受度高於本土企業，這個結論推翻了「重人情味的本土企業，比外商更願意接受人才回鍋」的說法。
>
> 　　若企業主願意接納回鍋幹部，其優點包括對企業文化與作業流程熟悉、與老同事有合作默契，同時還能省下人才培訓資源等；但重新聘用離職員工依舊有風險，如回鍋員工無法適應企業創新與變革、容易出現倚老賣老的現象。此外，其他同仁容易有「叛將回鍋反而受到重用」等心理不平衡之因素。

表 10-7 企業離職成本 [11]

成本	說明
招募成本	尤其是離職人員的層級越高，企業需付出的招募成本越高，高階人才甚至需要動用到獵人頭公司；一般的人才招募如上104或1111等人力銀行等，每種招募管道都要付出時間與金錢的成本。
生產力下降	當一位人員決定要離職，很明顯地可以發現他的生產力一定會下降的情況，當一位員工在思索要不要提辭呈時，他的生產力已開始下降，一直到決定離職，提出辭呈，與主管面談後，這段期間可能更加無心於工作，而當離職訊息公告周知之後，同事打電話詢問及相約請吃飯等，這段期間的生產力一定會是下降的；此外，一個人的離職也可能會牽動週遭同事的情緒，甚至對其他人的生產力造成影響。
訓練成本	透過招募找到新人進到公司之後，必須予以培訓，才能夠為公司所用並創造績效、融入企業文化，這段期間勢必要花費企業相當時間與金錢成本。
隱性成本	主管投入遴選人才所花費時間與精神的隱性成本。

　　基於表 10-7 的四大成本，離職率偏高的企業在發展上將會遭遇困境，根據調查顯示，企業任用新人，即使是具有高潛能的新人，第一年的訓練成本與員工生產力相比，企業一定處於虧損狀態；第二年高潛力的員工所創造的績效相較於企業教育訓練的成本，有可能達到損益平衡，必須要在第三年才有利潤產生 [12]。

　　知名的班恩顧問公司（Bain & Co.），研究 1989 至 1992 年間，財星五百大企業的兩百八十八家公司後，發現曾在那三年內裁員 3% 以上的公司，之後股票

---

11. 呂玉娟，能力雜誌電子報 2011/2/9。
12. 資料來源：呂玉娟，能力雜誌電子報 2011/2/9。

不是沒有增值，就是增值幅度不高；裁員達 15% 以上的公司，之後的股票表現更是明顯不佳。

　　因此我們可以發現，面對公司內部績效不彰，或是大環境景氣不好時，裁員雖然會讓短期成本下降，但未必會是最佳解。因此表 10-8 我們可以看出在組織必須減少企業人力時，可以採取的幾種用法：

表 10-8　企業減少人力時之作法 [13]

方式	描述
開除	永久而非自願性的終止雇用。
暫時解雇	暫時而非自願性的停止雇用；可能只有數天或長達數年。
遇缺不補	因自願辭職或自然退休，而產生之缺額不予遞補。
調職	水平調動員工或降級；這種作法通常不能降低成本，但可減輕企業內部職位供需不平衡。
減少每週工時	減少員工每星期工作時數，共同分擔工作，或以兼職方式上班。
提早退休	提供誘因讓較年長或資深的員工在正常退休年齡前退休。
工作分攤	讓數個員工們分攤一個全職的工作職務。

人資補給站

　　企業人力資源與財務工具雲端軟體供應商 Workday 宣布，推出類似 Netflix 電影建議清單、LinkedIn 人際關係建議清單，或是 Facebook 用來決定你的動態牆上廣告類型的資料分析工具，用來做什麼呢？決定該給員工多少薪水，預測某個員工會不會離職。Workday 資料分析總監 Mohammad Sabah「我們已經應用機器學習去影響職業選擇、薪水、員工僱用等決策」同時他也說，「我們很驚訝資料分析用來預測員工何時會離職是這麼準確。」但其實這中間有很多待商榷的變數，譬如社群資訊是否能真實反映一個人對工作的態度？以及這個軟體提供的績優員工名單，是否也能包括這個人在未來的表現？

13. 編譯自 Robbins, Stephen P. and Mary Coulter (2013), Management 12th ed., Prentice Hall, Pearson Education, Inc.

人資
個案探討

不喜歡馬斯克？來為我們工作！

全球首富馬斯克接掌推特（Twitter）後，除解雇公司高層主管，還大幅裁員，在幾乎沒有任何警告的情況下，大約一半員工，約 3,700 人，被炒魷魚。此外還有數百人辭職。同時間，不少鬧人才荒的科技公司紛紛對這些人招手稱：「不喜歡馬斯克？來為我們工作！」

軟體公司最主要的財務支出就是人，Twitter 的薪資一直不錯，根據網路上查到的資料，年薪中位數是 23 萬美元左右。除了薪資外，還有其他保險、人才制度的費用，一年少 4,000 人到底差多少呢？大概是 10 ～ 15 億美元。

新聞提到馬斯克要 Twitter 的員工加班，甚至說要一週工作 7 天，你可能會覺得他瘋了。除了他本來就這麼瘋狂外，我想他最主要的目的在於重整所有人對工作的期待，傳達清楚的訊息：

1. 往後的工作壓力會跟現在截然不同。

2. 技術工作者需要更投入，同時也意味著會更受到重視。

3. 展現價值，不要躲在公司羽翼之下，我隨時會跟你一對一。

資料來源：修改自游舒帆（2022）。怎麼救一間不斷虧損的公司？看馬斯克在推特怎麼做就知道。商業週刊。

◇ 思考時間

如果你是 Twitter 員工，面對突如其來且緊急的裁員訊息，將會對你的職涯產生什麼影響？

課堂實作
學生的工作豐富嗎？

班級

組別

成員簽名

說明

這個活動需要以個人為單位。

情境

1. 我們曾經在第 4 章時，介紹過激勵分數（MPS）。然而在前程規劃時，你必須要了解自己的工作豐富度。

2. 當學生就像在工作一樣，你有一些工作要完成，也有一些人會監督你的工作（例如你的老師），雖然當學生沒有薪資，但如何找出豐富你當學生的這個工作是有趣的。

3. 請依下列工作診斷調查表，勾選你的分數。

請勾選右方最適合的答案	非常少			適中			非常多
1. 作為一個學生，你可以決定自己想要的工作方式。	1	2	3	4	5	6	7
2. 學生的工作，是做完一些事情或一小塊可以明確區分的工作，而不是整體工作的一小部分。	1	2	3	4	5	6	7
3. 學生的工作會要求你要做很多不同的事情，使用許多不同的技能、天賦。	1	2	3	4	5	6	7
4. 作為一個學生，你的工作對於別人的生活和福祉有很重大的影響（例如對於你的學校、家庭、社會）。	1	2	3	4	5	6	7
5. 從事學生所做的活動，是否提供給你績效回饋？	1	2	3	4	5	6	7

請勾選右方最適合的答案	非常不確定			不確定			非常確定
6. 作為一個學生，我們須用到許多複雜且高階的技能。	1	2	3	4	5	6	7
7. 學生的工作是被指派的，所以我從來沒有機會從頭到尾的完成某個工作。	1	2	3	4	5	6	7
8. 我能夠了解學生的這個工作我做得好不好。	1	2	3	4	5	6	7
9. 學生必須要做的工作是非常簡單而且據重複性的。	1	2	3	4	5	6	7
10.學生的工作做得好不好會影響到許多人。	1	2	3	4	5	6	7
11.學生的工作讓我無法用自己的天賦或判斷來展開工作。	1	2	3	4	5	6	7
12.學生的工作提供給我機會，完整的完成我所想展開的工作。	1	2	3	4	5	6	7
13.我不知道學生的工作我到底做得好不好。	1	2	3	4	5	6	7
14.作為一個學生，我可以非常自由、獨立的決定。	1	2	3	4	5	6	7
15.從更廣的角度來看，我現在所做的學生工作並非是重要的。	1	2	3	4	5	6	7

※ 本問卷修改自 Hackman, J. R., & Oldham, G. R. (1975) "Development of the job diagnostic survey". Journal of applied psychology, 60(2): 159-170.

4. 計算各指標分數。

	計算方式	你的得分
技能多樣性（SV）	（Question 3+6+9）/ 3	
任務完整性（TI）	（Question 2+7+12）/ 3	
任務重要性（TS）	（Question 4+10+15）/ 3	
自主性	（Question 1+11+14）/ 3	
回饋性	（Question 5+8+13）/ 3	

5. 計算潛在激勵分數（MPS）。

$$MPS = \left[\frac{技能多樣性 + 任務完整性 + 任務重要性}{3}\right] \times 自主性 \times 回饋性$$

實作摘要

CHAPTER 11
員工關係與職場創新

學習大綱

11.1 組織生涯發展
11.2 職場心理健康
11.3 創造力與創新工作者

人資聚焦：經理人講堂

AIA 友邦人壽
陪伴夥伴找到職家平衡

人資個案探討

Z 世代年輕人好難帶？
富邦人壽幸福的種子
「假性出席」（Presenteeism）的腦力激盪
會議

課堂實作

腦力激盪練習

AIA 友邦人壽　陪伴夥伴找到職家平衡

蓋洛普（Gallup）每年都會進行敬業度調查，根據研究統計顯示，相比薪酬制度，良好的組織氛圍更能促進員工發揮潛力，而良好的組織氛圍來自扁平化的團隊關係以及言論自由的程度。「太多的揣測上意，其實會造成員工無法進步。」

AIA 友邦人壽臺灣分公司人資長廖穗芬（Esther）坦言。「疫情其實讓更多人感受到兩個層面的影響，一個是個人層面的，會讓人覺得應該要把握時間追求夢想，如果有一個未竟之夢，是不是該即時行動？一個是家庭層面的，在更長時間陪伴家人後，我們也發現很多女性更深刻地感受到家庭期待，蠻多人都在這時決定回家陪伴孩子長大。」

AIA 友邦人壽經過內部討論後，考量不同部門的工作取向，尊重夥伴希望居家辦公的聲音，便以公平性為原則，推出兩個選項供夥伴選擇，一是每週二、三、四可選擇一天居家辦公；二是每月多一天身心假。自去年開始施行以來，其中有 20% 夥伴申請居家辦公，57% 申請身心假，總計有近八成夥伴使用疫情後的新措施。

資料來源：修改自黃筑瑜（2022）。面對職場疫後餘波，AIA 友邦人壽傾聽心聲，陪伴夥伴找到職家平衡：專訪臺灣分公司人資長廖穗芬，樹冠生活

問題討論

其實居家辦公往往更累，因為主管看不到人，就只能在電腦上看回應訊息的時間，不論主管還是職員，都要一直掛在電腦前面，擔心漏掉訊息，這樣其實對工作關係不友善。而工作效率上，常常也只能在線上一直開會，但有沒有結論？能不能執行？都很難去追蹤。你覺得該如何設計居家或回到辦公室的方案，才能對內勤與外勤的人員都公平呢？

前言

　　傳統的員工關係討論勞資雙方之間的問題，然而，現今的外部環境變動快速，知識型工作者增加，造成員工與組織之間存在著相互配適的關係。因此我們必須重新的定義員工關係，從組織的生涯發展出發，延伸到創新的議題。

11.1　組織生涯發展

　　在上一章，我們討論了員工的職場規劃；然而，員工必須配合組織的發展，才能共同成長，因此我們可以透過個人的生涯規劃歷程及組織機制的生涯管理歷程，發展出組織生涯發展計畫，接著將在下面的篇幅中詳加論述。

　　顧林納（Larry Greiner）提出組織成長模型，將組織成長分成五階段，Greiner 認為組織成長經歷五個演進階段，在每一階段的最後，均會面臨某種危機與管理問題，管理者需應用不同的策略，突破各項危機，才能不斷地使組織成長。如圖 11-1 所示。

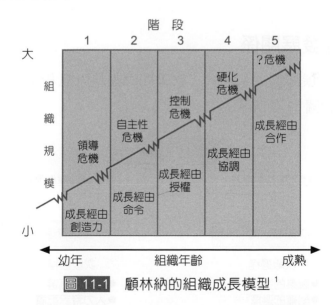

圖 11-1　顧林納的組織成長模型 [1]

1. **階段一**：強調創業家精神、新產品發展、著重非正式內部關係。此階段危機來自於領導及經營方法無法跟上組織成長。

1.　Greiner, Larry E., (1972). Evolution and Revolution as Organizations Grow, Harvard Business Review. Boston. Vol. 50, Iss. 4; p. 37.

2. **階段二**：強調工作標準、預算、正式溝通管道與各種規範。但過度規範導致組織成長限制，此時需考量給予管理者更高的自主權來因應未來成長。

3. **階段三**：授權管理者做決策。但授權程度及自主性過高，會導致各部門間各自為政。此時組織會設立更精密的控制機制，和資訊系統支援各項決策，以協助部門溝通。

4. **階段四**：管理階層致力於溝通與協調，但管理階層也對整體組織進行官僚控制。

5. **階段五**：官僚體系無法因應環境動盪。此時跨部門的有效合作將促使組織持續成長。

　　因此在對企業進行分析時，有兩個現象是不容忽視的，一個是組織的年齡：年輕的組織往往充滿創意，這些創意可能混亂無序，但它們的確是在尋求變化。隨著年齡的增長，組織將傾向於保守；另一個現象是組織的規模：小組織可能更加貼近市場，並具有較為簡單的行政結構。隨著規模增大和員工人數增多，組織將發展各種系統和程式以應付需要。因此，接下來可從組織生涯發展一探究竟。

一、組織生涯發展關係

　　組織的未來發展與個人、群體、組織間的脈絡息息相關，下圖為彼此間的運作機制架構，如圖 11-2 所示。

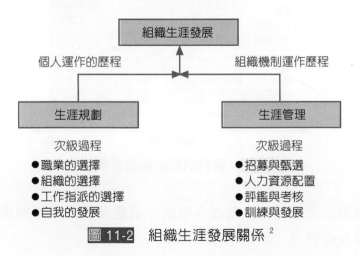

圖 11-2 組織生涯發展關係[2]

---

2. 徐純慧，國立臺北大學人資教案。

　　個人生涯規劃若能與組織整體的生涯管理做最好的適配，將能提升組織生涯發展及企業機制運作的效能。

二、傳統的 HR 與前程發展的導向

　　早期的人力資源主要在於完成上位者所指派的任務，而容易忽略個人身心發展甚至是職涯規劃；但目前的工作環境生態，個人的需求已漸漸被發覺甚至重視，企業慢慢了解到員工的想法，及將個人理念與組織發展結合在一起的重要性。我們可以透過表格中的幾個面向來探討，了解傳統與前程發展導向的差異（表 11-1）。

表 11-1　傳統的 HR 與前程發展的導向[3]

活　動	傳統導向	前程發展導向
人力資源規劃	1. 分析工作、技能、任務的現在與未來。 2. 預測需求。 3. 使用統計資料。	加入有關個人興趣、偏好之類的資料。
訓練與發展	提供有關技能、資訊及工作態度的學習機會。	提供前程生涯的資訊，增加個人成長的指引。
績效評估	評估或報酬。	增加發展計畫，設定個人目標。
招募與安置	將組織的需求與合格的人才加以結合。	依據許多變數，例如：員工的職業興趣，將個人與工作加以結合。
薪酬與福利	以時間、生產力及才能等為基礎給予獎酬。	增加一些與工作無關的活動為獎酬。

　　不同年代所適用的原則導向是不一樣的，並沒有所謂最好的方法，只有在當下的環境背景下，選擇最適用的運作模式。因此，我們可以從組織行為構面來說明不同的管理位階所需具備的能力，如表 11-2[4]：

---

3. F. L. Otte and P. G. Hutcheson (1992), Helping Employees Manage Careers, Upper Saddle River, NJ: Prentice Hall, p. 10,: G. Dessler (2005), Human Resource Management, New Jersey:Pearson Prentice.
4. 吳復新，（2004），人力資源管理，華泰文化。

表 11-2　三大面向說明表

不同工作者角色	內容
個人／生涯管理師	1. 了解產業機會、威脅及要求（Knowing What）。 2. 了解工作意義、動機和興趣（Knowing Why）。 3. 了解生涯系統中的訓練發展機會（Knowing Where）。 4. 建構人脈關係（Knowing Whom）。 5. 了解生涯活動，選擇的時機（Knowing When）。 6. 了解如何取得良好工作表現所需的技能（Knowing How）。
管理者／經理人	1. 傾聽、澄清、詢問員工生涯需求，扮演教練（Coach）的角色。 2. 提供員工回饋，澄清員工工作表現，工作責任，扮演評估者（Appraiser）的角色。 3. 提供員工選擇，協助設定目標，提供建議及諮詢，扮演指導者（Adviser）的角色。 4. 提供員工諮詢行動方案，協助員工與合宜的組織相關人員或資源聯繫，扮演中介人（Referral Agent）的角色。
組織／人力資訊實務工作者	1. 認知個人能決定其職業生涯。 2. 提供資訊及支援協助個人發展。 3. 生涯專業工作者應是一媒介。 4. 了解並熟練生涯資訊及生涯評估工具的應用。 5. 提供專業生涯諮詢服務。 6. 成為組織變革者。 7. 提倡工作中學習的重要性。

Z 世代年輕人好難帶？

　　現在的 Z 世代，指的是在 1995 後出生，已經對 921 大地震話題毫無記憶的族群。身為數位原生代的他們有著獨特的價值觀與工作觀，為職場帶來持續的改變與世代衝擊，過往權威式、懸賞式的團隊合作模式如今已不再適用。

　　相較於前幾代的工作者，Z 世代特別需要工作帶有意義性及特殊價值。他們在長大的過程中經歷社會急遽變動，吸取了大量正面或負面的資訊，因此累積了許多知識，影響了他們的價值觀，也開闊了對個人生涯的想像，對職涯發展的願景也相對會有自己的評判標準與期許。因此，這批年輕工作者除了為生活而工作，同時也會渴望他們的行動將會為企業帶來影響，以及具有重要的意義。

資料來源：修改自 360d 才庫人力資源（2022）年輕人好難帶？給經營主管跟 Z 世代相處的三則
　　　　　備忘錄，Meet 創新創業電子報

⌄ 思考時間

Z 世代並非不願意為所屬企業付出，只是傳統、指責式的領導風氣等，會削減他們能為企業貢獻的人才價值。如果你是中高階主管，面對 Z 世代的新鮮人，你應該改變什麼來領導他們？

11.2　職場心理健康

　　在工作多年之後，你不得不相信，工作壓力與人際溝通的問題，將是職場健康的關鍵，也因此會衍生出職場健康促進的議題，以下我們先由兩方面讓工作者最頭痛的問題開始。

(一) 職業壓力

　　因為壓力往往帶來許多身心上的疾病，而在工作上產生了所謂的「職業倦怠症」。此不僅傷害到個人未來的發展與成長，也為組織帶來不利的影響，妨害工作效率與目標的達成。因此，職業壓力是需要被管理的[5]。職業壓力來源如圖 11-3。

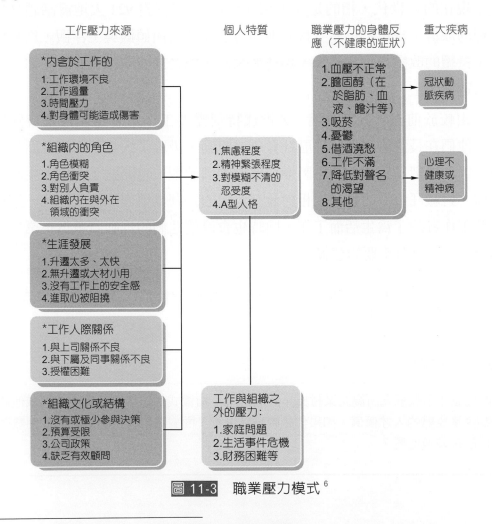

圖 11-3　職業壓力模式[6]

5.　鄭芬姬、何坤龍（2004），管理心理學，第三版，新陸。
6.　鄭芬姬、何坤龍（2004），管理心理學，第三版，新陸。

（二）人際關係與溝通

「人際關係」（Interpersonal Relationship），又稱為「人群關係」，意指人與人之間互相交往、交互影響的一種狀態，它是一種社會影響的歷程。廣義的人際關係包括親子關係、兩性關係、手足關係、勞資關係、師生關係等人與人之間任何型態的互動關係；狹義的人際關係則專指友伴、同儕、同事的人際互動關係[7]。

人際關係的產生可以是語言的、文字的、還可以是肢體動作、臉部表情等非語言的溝通。通常都經由語言的溝通而產生，但也可經由其他感官的溝通方式，例如視覺或嗅覺等。人際關係的影響作用是雙向的，因為受影響者有了行為反應，傳達者才能確定對方是否真正收到了訊息，而這個在影響過程中的反應行為，稱之為回饋（Feedback）。而傳達者把訊息傳送給對方，再由對方產生反應傳回給傳達者，稱之為雙向溝通[8]。在一般企業中常用敏感性訓練（詳見表11-3）、角色扮演、模擬企業遊戲等以完成溝通訓練，以下我們將說明較少見的敏感性訓練目標。

表 11-3　敏感性訓練的目標[9]

步驟	自　我	人群與群體關係	組　織
1	逐漸瞭解自己的感情和動機	建立有意義的人際關係	瞭解組織的複雜性
2	正確觀察自己的行為對別人的影響	在群體中尋找一個令自己滿意的位置	發展和發明新的組織方法
3	正確理解別人行為對自己造成的影響	瞭解群體行為的動態複雜性	幫助診斷和解決組織內各單位之間的問題
4	聽取別人意見，並接受有益的批評	發展診斷技能以瞭解群體過程與問題	為一個成員與一個領導者工作
5	適當地與別人相互作用	獲得解決群眾任務與群體生活問題的技能	無

---

7. 鄭芬姬、何坤龍（2004），管理心理學，第三版，新陸。
8. 鄭芬姬、何坤龍（2004），管理心理學，第三版，新陸。
9. 鄭芬姬、何坤龍（2004），管理心理學，第三版，新陸。

⊙ **人資補給站**

　　在臺中，有一位只做手工訂製西裝的老師傅，他製作的西裝品質非常好、而且很便宜。所以，只要有國外的高階主管來視察，剛好要下榻臺中的話，我都帶這些主管去老師傅那邊訂製西裝。有一次本公司亞洲區副總（新加坡人）到臺灣來，我們便到西裝店訂做西裝。因為品質很好價錢又很便宜，因此這位副總開口問說：「你要不要也訂做個一兩套西裝？」故事到這裡，如果是你，你會怎麼回答？

（三）職場健康促進

　　員工健康便是公司的財富，員工身體不健康，如何為公司創造財富？職業病的發生，重者甚至可能使企業面臨巨額賠償；輕則影響企業形象，不利企業長期發展。照顧好員工健康，減少因病假或疾病本身所引起的生產力下降，對企業潛在的損失，其實不容忽視（圖 11-4 與表 11-4）。

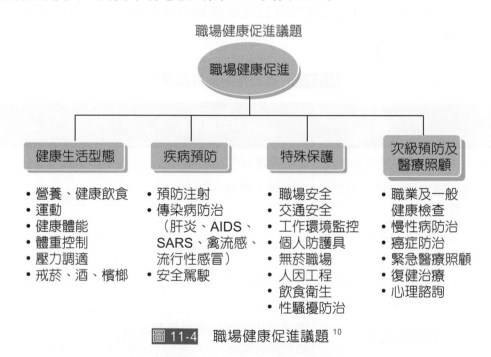

圖 11-4　職場健康促進議題[10]

---
10. 陳俊傑，職場健康促進與教育課程講義，中華民國環境職業醫學會秘書長。

表 11-4　職場健康促進步驟[11]

步　驟	說　明
獲得高階管理者的支持	職場健康促進，最重要是能獲得所有管理層級的支持，需要組織內關鍵人物支持健康促進計畫。 1. 雇主／資深管理人員。 2. 工會和勞工協會。 3. 重要組織；例如職業衛生、健康與安全人力資源部和訓練及發展部門等。
設立職場健康促進委員會	設立職場健康促進委員會，負責計劃健康促進活動，應納入主要的決策者、團體代表和專家，明訂工作權限，可協助委員會更有效率的運作。
進行需求評估	主要是評估和瞭解員工的需求和優先順序，必須要能反映出員工自身認為最重要的問題，確認員工需求。
發展職場健康促進計畫	1. 委員會檢視收集而來的資料，並與員工進行討論，融合所有的資料發展為職場健康促進計畫。 2. 根據所收集到的資料來確認主要的議題或調查的結果、擬定計畫、確認所需要的資源，為推行的不同計畫來制訂時間表。
計畫發展	委員會應發展詳細的工作計畫，計畫的內容大綱應包括每年或每一個時期的計畫目標、具體活動和評估方式的執行計畫。
獲得管理階層的支持	1. 工作計畫制訂完成，需要獲得單位主管的支持與許可，可確保計畫所需要之資金和人力的來源。 2. 可藉由領導者的活動參與，進而使領導者持續的支持相關活動的資源。
計畫的推行	1. 工作計畫具體實際地執行，詳細的工作計畫應該包含執行的時間、具體內容、策略、監測和評估。 2. 最重要的是與員工溝通、宣傳、開始計畫，以及收集員工的問題，並給予回饋。
評估計畫並形成報告	監測和評估職場健康促進的成效是重要的學習工具，也可以向別人分享你的成功或者是失敗的經驗，必要時也可改變所推行的計畫。

---

11. 陳俊傑，職場健康促進與教育課程講義，中華民國環境職業醫學會秘書長。

人資補給站

　　進到職場之後，你會很拚命的專注在你的工作上，你總是不斷地告訴自己，「等我當上主管／達到業績目標，我就會開心了」，但事實卻非如此。心理學者研究，約有四分之一的經理人會在成就達到顛峰時，因為害怕無法超越先前的佳績，而陷入極大的憂鬱和沮喪。一般來說，男性普遍較女性吝於表達情緒的脆弱，因此當男性陷入極度過勞時，很容易會反應在身體健康上；有些人甚至會藉由犯罪等大膽行為，企圖為平淡的生活帶來刺激。

（四）諮商

　　諮商是一個陪伴成長的歷程，諮商是協助當事人思考抉擇的歷程。但需特別注意，諮商的過程強調當事人的自助，而非諮商人員的決策。諮商使個人能自我實現，增加反應和應變能力，以及做真正的「自己」。

**人資
個案探討**

富邦人壽幸福的種子

　　富邦人壽將員工視為最重要的資產及工作夥伴，因此公司也塑造更優質、幸福的工作環境。在人才培訓上，富邦人壽採取創新的思維，透過「富邦新視界隨身影音教學平臺」，運用雲端科技打造隨時可進修的學習環境，員工可運用各式行動載具吸收豐沛的訓練資源及訊息，做到零時差、零距離的教育訓練。

　　富邦人壽也積極推動幸福的職場環境，長期贊助臺北富邦馬拉松舉辦，不僅帶動全民的運動風氣，也鼓勵員工積極參與培養運動的習慣。富邦人壽更鼓勵同仁積極參與公益活動，透過在地關懷及服務，讓幸福的種子也能在全臺各角落萌芽。

圖片來源：富邦人壽 官方網站 http://www.fb.net.tw/fbact/2014fubon_run/

　◇　**思考時間**

富邦人壽、證券、銀行三大體系階榮獲「幸福企業獎」。然而不同的體系在健康促進上有不同的作法，你認為除了課本所提之健康促進議題外，還有哪些是可以更進一步去實現的？

11.3　創造力與創新工作者

　　創新是形成競爭優勢的基石。藉由創新所帶來的獨特性以及不易模仿的特性，使企業獲得超額報酬。許多企業如 3M 的膠帶、Sony 開發產品及 IBM，它們藉由研發所得到的創新能力，都被視為重要的核心資產。上一小節本書介紹過創造力的相關理論，但整體來說，創造力必須能夠商品化，也就是「創新」，否則對於企業並無任何幫助。

　　對企業而言，任何新想法的構思與實行，都屬於創新的一環。而創新為創造力的落實，若空有創造力而無法落實，企業則仍然無法順利獲利。

一、創新的定義

　　「創新」的觀念最早是由古典學派的經濟學者 Joseph Schumpeter 於 1912 年所提出，其認為經濟發展的軌跡就是一連串「創造性毀滅與重生的過程」。Schumpeter（1934）主張科技創新可以促進經濟成長，對於個人生產力、資源的有效運用、工作的本質以及貿易的競爭，有其無比重要的影響力。其認為創新可以使投資的資產再創價值。

　　而管理大師 Peter F. Drucker（1985）認為：「創新是一種有目的和規律的活動，創造更高的附加價值。」其認為創新（Innovation）是創業家（Entrepreneurs）的特定工具，透過將改變（Change）視之為機會（Opportunity），進而開發出不同的事業，或是提供不同的服務，改變現有資源創造價值的方式，都可以稱做是創新（Drucker, 1986）。

二、創新的來源

　　一管理大師 Peter F. Drucker（1995）在其創新與創業精神一書中認為，大多數成功的創新都相當平凡，企業七項蘊藏創新機會的主要來源中，來發現創新的存在[12]（表 11-5）。

表 11-5　創新機會的主要來源

	主要來源	說明
企業內部	意料之外的事件	此種意外成功可能會帶來報酬最高，而風險最低的機會，例如：意外的成功，意外的失敗，意外的外在事件等。此種意料之外的事件，除了發生在自己身上，同時存在競爭者身上的意外。在任何一個情況下，人們應該認真地將此意外視為創新的機會。
	不一致的狀況	實際狀況與預期狀況之間的不一致，也可視為創新機會的徵兆之一；其代表著一種基本的「錯誤」被我們所忽略，而此錯誤也指出創新的機會。
	基於程序需要的創新	創新可使既有的程序更趨完美，取代較弱的環節，並透過新方法來重新設計既有的舊程序。
	產業結構或市場結構上的改變	產業結構或市場結構上的改變，通常是以出其不意的方式出現，而且對產業內部的企業來說是一種威脅。
企業或產業外部	人口統計特性	人口統計特性的變動，如人口數、年齡結構、教育水準以及所得等，其變動是清楚可見的。
	認知、情緒以及意義上的改變	當認知改變發生時，事實本身並未改變，改變的只是它們的意義。舉例來說，「非洲人都不穿鞋沒有商機」與「非洲人都不穿鞋有好大的商機」這兩句話意義完全不同。
	新知識	新知識的出現將會導致新產品、新生產方法以及新管理制度等的改變。

---

12. Peter F. Drucker，創新與創業精神，蕭富峰、李田樹譯，臉譜，臺北，1995。

三、創新的類型

創新的類型非常多，以下針對管理創新、策略創新、破壞式創新、價值創新、開放性創新等名詞作簡單的介紹。

(一) 管理創新 (Management Innovation)

任何一種能實質改變執行管理工作的方法，或明顯改變既有組織型式，以達成組織目標的東西。

(二) 策略創新 (Strategic Innovation)

創新以往都是以作業層次進行思考。提昇到策略層次，則稱之為「策略創新」。Hitt, Ireland, Camp & Sexton（2001）[13] 提出策略創新是在發展與採取財富創造行為上，創新觀點與策略觀點的整合。策略創新是一種以策略的角度來思考創新的行為；同時，策略創新是用創新的思維來決定要採取哪些策略。

(三) 破壞式創新 (Disruptive Innovation)

「破壞式創新」是哈佛大學商學院教授 Clayton Christensen 於研究數位時代企業競爭時，所提出的總結概念（圖 11-5）。根基穩固的大公司為了服務老客戶，無法掌握市場新進者所導入的全新產品或服務，從而在新舊市場交替之際，不知不覺拱手讓出江山。IBM 輸掉 PC、美林證券輸掉網路下單、Seagate 輸掉硬碟機，都是明顯的例子。

Clayton Christensen 提出破壞性創新有兩種類型：

1. **新市場的破壞性創新**：指積極爭取尚未消費的新顧客，如佳能所推出的桌上型影印機。新市場的破壞性創新要挑戰的不是市場領導者，而是如何使新顧客產生消費的意願，亦即創造新的價值網絡。

2. **低階市場的破壞性創新**：利用低成本攻擊既有價值網絡的低階市場，如折扣零售商店的出現。

許多破壞行動是結合上述兩種型態，亦即混合性的破壞性創新。

---

13. Michael A Hitt, R Duane Ireland, S Michael Camp, & Donald L Sexton., (2001). Guest editors' introduction to the special issue: Strategic entrepreneurship: Entrepreneurial strategies for wealth creation, Strategic Management Journal. Chichester. Vol. 22, Iss. 6/7; p.479.

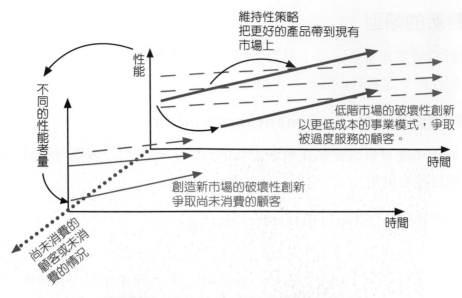

圖 11-5　破壞性創新模型的三度空間[14]

人資補給站

　　1925 年，Dick Drew 堅信 3M 公司在黏著劑和紙張所擁有的技術，足以幫助他研發出更好用的著色用保護膠帶—紙膠帶。當時的 3M 是家砂紙公司，因此 Drew 決定不管總裁的意願如何，堅決要開發紙膠帶。當 Drew 在實驗室裡研究膠帶時，董事長 McKnight 經過了實驗室，但卻在沒有阻止 Drew 的情況下離去。

　　之後的事改寫了歷史，3M 開發了紙膠帶龐大的市場，而他們原先的核心商品—砂紙，則被打入冷宮；之後，類似的「非核心創新」故事則發生在 3M 的便利貼（Post it）上。

（四）價值創新（Value Innovation）

　　Kim and Mauborgne（1999）[15] 提出「價值創新」的觀念，認為企業需為客戶創造新價值，包括重新定義顧客需求，提供新產品或新服務，不再僅是依靠技術的創新來獲得競爭優勢，而是透過不斷的創造「價值」的過程，尋求差異化的來源，這是一種策略性創新的行為。詳細的內容請參考藍海策略的內容。

---

14. 李芳齡、李田樹譯，創新者的解答，克雷頓‧克里斯汀生／邁可‧雷諾原著，天下雜誌，2004。

15. W Chan Kim, Renee Mauborgne., (1999). Strategy, value innovation, and the knowledge economy, Sloan Management Review. Vol. 40, Iss. 3; p. 41.1.

（五）開放性創新（Open Innovation）

開放性創新（Open Innovation）強調外部知識資源會對企業創新過程產生重要的影響，企業應從內部和外部加快技術研發和商業化的速度。例如：P&G 透過 Innovation Net 企業內部網路平臺，連結所有 R&D 研發人員進行知識管理，並透過 InnoCentive.com 網際網路上的開放平臺，大量採用外部的創新研發成果。

四、群體迷思

群體迷思乃係由 Irving L. Janis 提出，形容團體中成員傾向於想法一致的情況，而使少數的觀點無法被充分表達，這也是一種因為團體壓力所導致處理問題的心智能力（或面對現實的態度等）退化，且容易發生在具有高度團隊精神的團體中。群體決策雖說是集思廣益，可網羅多數人意見來協助提升決策的品質，擁有多元知識、較佳判斷等優勢。

然而，水能載舟亦能覆舟，群體決策亦存在負面的影響。最常見的情況就是「群體迷思」（Groupthink）、以及「個人支配」（Individual Dominance）的問題。其中「群體迷思」除了問題的複雜度與決策當時情境的考量外，一般而言，群體決策比一人決策有更多的優點，不過其缺點與負面影響也比一人決策多（表 11-6）。

表 11-6　群體決策的優缺點

	優點	缺點
群體決策	1. 分享情報經驗	1. 決策延時宕日，成本較高
	2. 集思廣益	2. 風險規避現象
	3. 提升創造力	3. 意見被少數人支配
	4. 促進參與、增加瞭解	4. 責任不明確
	5. 減少個人主觀	5. 重視芝麻瑣事

🔴 人資補給站

　　俗語說，將帥無能累死三軍，群體迷思的現象，在遇到笨蛋領導人時最糟糕，即使有很好的幕僚，也會毀了一個組織。另外，人類還有「物以類聚」的天性，結果不但導致群體迷思，還會產生「近親繁殖」，繼而制訂出相對極端的決策，這就叫做「群體極化」（Group Polarization），意指群體成員的態度與意見，反而可能在集體討論後會變得更極端，讓保守的更保守，追求風險的更追求風險。

　　各位不妨回憶一下，在班上或社團開會時，若需要做重大決策，例如畢業旅行的地點討論。是否常常以意見領袖的意見為意見？甚至當下不敢表達自己內心真實的想法？認為意見領袖的意見可能是最好的，而畢業旅行的行程就在這樣盲從的情況下定案。此時，即有可能發生個人支配的問題。

人資
個案探討

「假性出席」（Presenteeism）的腦力激盪會議

　　現代商業的一大詛咒是「假性出席」（Presenteeism）。公司希望看到員工待在座位上，或許是因為公司不相信，如果沒有人在後面盯著，員工還會認真做事。但辦公桌是為做事而非思考設計的，如果希望人們提出更好的點子，請鼓勵他們逃離書桌，或者乾脆逃離辦公室。

　　海默·漢默爾（Heimo Hammer）是奧地利一家頂尖行銷公司的創辦人。他每兩年會針對公司做一次策略工作，收集新的點子、新的商業構想及新的發展。令人印象深刻的是，他邀請100多位員工和自由接案人，每星期交一次他們在網路上找到、會議上聽到或電視上看到的東西。員工不只要傳連結和圖片，還要以自己的發現為題寫一篇摘要，解釋為什麼有趣。

於是每週日晚上，在計畫未來一週時，海默就會拜讀這些摘要。公司會和 12 名來自公司各部門的員工召開顧問董事會，討論大家所提交最有趣的點子。他們討論點子、捍衛點子、擴充點子、決定哪些值得追求，然後就撥預算給最好的點子。

資料來源：修改自戴夫・柏斯（2022）經理人想鼓勵員工「動腦」，發獎金可能不是好主意！前奧美廣告創意總監：4 個作法更有效，經理人月刊。

⊘ 思考時間

「有時點子很蠢、很平凡或不怎麼特別。」想想，如果每家公司都有類似的制度，我們會有多大的可能？試想若您的公司有這種制度，為了獲得更好的點子，有沒有可能可以避免無謂的爭吵和互相攻訐？

課堂實作
腦力激盪練習

班級 _____

組別 _____

成員簽名 _____

說明

這個活動以組別為單位，沒有任何的規則，但已經知道答案的同學必須當成沉默的旁觀者，當時間結束時，各團隊提供他們的解答。

思考題

1. 如何用四條直線將以下的九個點串聯在一起？（5 分鐘）

● ● ●

● ● ●

● ● ●

2. 下方是羅馬數字 9，如何加上一條線讓它變成 6 ？（5 分鐘）

IX

3. 如何行銷你的系所呢？（20 分鐘）

實作摘要

Note

CHAPTER 12
組織變革與再造

學習大綱

12.1 組織變革
12.2 組織發展技巧
12.3 企業再造

人資聚焦：經理人講堂

皮克斯的便條日

人資個案探討

人資團隊的數位轉型
遊戲橘子的團隊建立法
昕力資訊 RPA　讓人資工作流程自動化

課堂實作

當公司快速變大

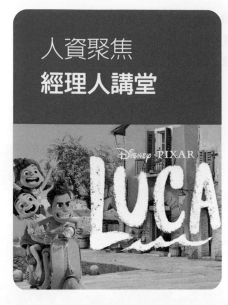

人資聚焦
經理人講堂

皮克斯的便條日

　　以創意聞名的動畫公司皮克斯（Pixar），也曾因官僚制度在 2013 年陷入低潮。當時，公司的階層文化日益明顯，菜鳥不敢提意見、老鳥沉醉豐功偉業，時任軟體工具部門副總監的吉多・克隆尼（Guido Quaroni）提議，全員停工一天，展開「便條日」。

　　這一天，沒有會議、沒有訪客，1,059 名員工投入 106 個主題、171 個計畫案，大家隨意參與任何提案，包含協助主管瞭解製作開支、讓好點子俯拾即是等。便條小組蒐集各組建議，選出進度負責人，在接下來數個月中執行十幾個點子。便條日的成績大家有目共睹，睽違兩年，皮克斯走出陰霾，推出《腦筋急轉彎》，獲得當年度的奧斯卡最佳動畫片獎。

　　組織變革沒有一套模板，關鍵在於讓每個人持續參與改變，打破團隊原有的習慣認知，人人都有權引導公司方向。當公司如同圓環，可以自行運轉，長官不必再給員工任何指示，員工也不用再層層上報，創造出自由、負責的公司文化，保持彈性、去中心化的特質，改善團隊的作業系統，就能成爲進化型組織（Evolutionary Organization）。

資料來源：林力敏譯（2020）。組織再進化：優化公司體制和員工效率的雙贏提案。時報出版

問題討論

改變的風險很高，負責人容易因壓力產生控制欲，這也是為什麼變革通常都是由上往下推動的原因。你認為要如何找到由下而上改變的點子，讓公司有更創新的想法？

前言

　　許多企業為了能順利適應環境變化，開始在組織內部推動變革與企業再造，使得「組織變革」與「企業再造」在業界與學界皆成為顯學。究竟什麼是「組織變革」與「企業再造」呢？二者真的能為企業帶來織競爭優勢嗎？本章將詳細介紹。

12.1 組織變革

　　本節將介紹組織變革之基本概念，包含組織變革的定義及重要性、引發組織變革的因素、組織變革的類型、所遭遇到的抗拒與降低抗拒的方法、如何成功變革以及今日變革的新觀念。

一、何謂組織變革

　　組織變革係組織為加強組織文化及成員能力，以適應環境變化並維持均衡，進而達到生存與發展目標之調整過程。因此，任何組織試圖改變舊有狀態之努力，均屬組織變革之範疇。

　　根據上述的說明，本書將組織變革定義為「任何組織由於內部或外部壓力，迫使管理者須針對組織架構進行調整與改變，此即稱為組織變革」。

二、引發組織變革的因素

　　由於組織為開放性的系統，須隨時根據內、外環境所給予的資訊，適時地調整組織結構、制度、技術以及人員配置。影響組織的變數極多，但究其來源可以分為組織外部與內部因素。管理者必須針對內外部環境進行預測，盡可能偵測出會促使組織進行變革的力量，進而產生對變革需求的認知，加以診斷並分析問題，然後決定後續的相關行動。故內外部環境的偵察，可說是組織變革管理的第一步。

　　在外部因素中，包括了總體環境和任務環境，其中總體環境的變化包括經濟、政治、人文、社會、文化、法律與科技等。而任務環境則指來自該產業或市場內的變化，通常這些力量是無法受管理者所控制的。內部因素則是經營策略的調整，通常是可以由管理者加以控制的，如圖 12-1 所示。

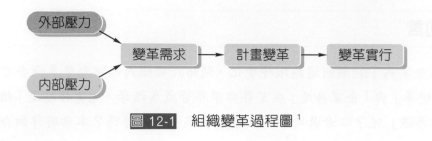

圖 12-1　組織變革過程圖[1]

> **◉ 人資補給站**
>
> 　　富士達保經董事長廖學茂表示，Fintech 已對金融產業產生巨大變革，保險業也無法避免，這次推出的「富士達 AI 機器人」系統，整合公司內部資源，功能包含：重要公文、競賽業績等資訊查詢、線上觀看教育訓練課程，若需要調閱「商品資訊」或「代理費率」，也只要動一動手指即可取得。另外，保單投保進度及保單照會等資訊，也會透過系統自動推播給業務員，讓員工能夠迅速了解情況並處理，減少不必要的等待時間，讓保戶更迅速獲得保障。希望能協助員工更專注於提供保戶優質服務，展現富士達的「專業、誠信、負責任」的精神。

三、組織變革的類型

　　一般來說，組織變革依變革的程度可區分為兩類，第一類是靜水行船式（The Calm Waters Metaphor）變革，第二類是急流泛舟式（White-Water Rapids Metaphor）變革[2]。

　　靜水行船式變革試圖增進組織現行營運的效率，而急流泛舟式變革試圖發現有效率的新方法，所以組織可以使用流程再造、結構重整、創新來執行，以迅速獲得這些結果。顧名思義，就組織策略與結構的基本特性而言，靜水行船式變革意味的不是激烈或迅速的變革，而是不斷嘗試漸進式改進、適應、調整策略與結構，以配合環境所發生的改變。急流泛舟式變革更可能造成戲劇性變動，包括全新的做事方式、新目標、新結構。

　　組織變革的類型依 7S 架構可分為「技術變革（Changing Skill）」、「人員變革（Changing Staff）」、「結構變革（Changing Structure）」、「系統再

1.　李再長譯，（1994），組織理論與管理。譯自 R. Daft, (1994). Orgenization Theory and Management, 7ed, p.363。

2.　林孟彥譯，（2006），管理學，華泰文化事業公司。譯自 Robbins, Stephen P. and Mary Coulter (2004), Management 8th ed., Prentice Hall, Pearson Education, Inc。

造（Changing System）」、「管理風格改變（Changing Style）」、「策略改變（Changing Strategy）」、「文化再造（Changing Shared Value）」七種，此七種類型的變革內涵詳見表 12-1。

表 12-1　組織變革的類型及內涵

變革項目	內　涵
技術變革	導入新科技或新技術，以提升品質、降低成本、提升營運績效。
人員變革	改變人力資源的結構與屬性。
結構變革	改變組織原有的結構。
系統再造	改變組織內的作業流程。
管理風格改變	高階管理者領導風格的改變。
策略改變	改變企業的經營方向，以創造新的核心競爭力為目的。
文化再造	改變企業內部文化。

其中，組織文化是由相當穩定的特質所組成，使得文化變革特別困難，特別是強勢文化對變革之抗拒。因此，變革推動者必須瞭解情境因素，讓文化變革更有可能發生。以文化的來源來說，例如，利用企業發生劇烈危機的時候，更換領導者；或當組織小而年輕及當組織文化仍弱勢時，較能增加文化變革的成功機率。

📍 人資補給站

　　電影《扶桑花女孩》敘說著位居福島縣、日本最大的常磐礦坑，於昭和40年（西元 1965 年）逐漸沒落中。眼看礦坑逐漸關門，鎮上居民就要集體失業，於是當地的煤礦公司和鎮長打算出奇招，興建「夏威夷度假中心」，希望利用觀光旅遊的收益拯救財務危機的礦場，但是這其中最大的噱頭就是邀請礦工女兒擔任夏威夷歌舞女郎。在當時礦工的女兒們跟著老師努力學舞，但是卻被保守村民指責她們放棄了傳統和榮耀，只會穿著暴露的草裙搔首弄姿，丟盡了家人與鎮上的臉。

四、為何抗拒變革

對於組織內的人們而言，變革可能是一種威脅，當組織大幅變革期間，有些員工可能失去了原來的工作（Job Loss）、降職（Reduce Status）與家庭衝突或自尊受到威脅；在工作、生涯發展上產生焦慮和不確定性。所以從心理反應來看，組織推行變革活動，所帶給員工的心理緊張與壓力感受，是相當普遍的現象。因此，組織內往往有一種反對變革的力量產生，即使該改變可能對組織是有利的。

Robbins（1993）將抗拒變革的原因分為個人及組織抗拒兩大類，詳見表12-2。

表 12-2　抗拒變革的原因

	因　素	說　明
個人	習慣	人們常用自己熟悉的方式處理事物，因而當人們面臨變革時，固有的習慣就成了抗拒的原因。
	安全感	人們對安全感有高度的需求，而變革的不確定卻是安全感的最大威脅。
	經濟因素	害怕因變革而遭致損失原有的收入水準。
	害怕面對不確定性	基於對變革後的情況無法預期或掌握，而產生不確定的恐懼。
	選擇資訊過程偏差	在選擇資訊過程中，人們將因個人認知不同而對資料進行篩選，形成偏差。
組織	結構習慣	組織結構在過去已有既定的形貌，變革將會打破既有的安定，同時改變原有的組織運作流程。
	接受局部改革	組織成員基於自我利益或是受限於過去的成功經驗，只接受局部的變革，而無法根本的重新思考變革的模式。
	團體習慣	組織內群體擁有共同的價值觀及相似的行為模式，劇烈的變革將容易破壞原有的群體行為。
	對既有資源分配產生威脅	組織內各部門面臨變革，勢必將爭奪資源以增加自身的未來酬碼。
	對既有權力關係產生威脅	當部門分配重新調整，必定會影響人事佈局，因此對現有之權力關係產生威脅。
	對專業人士產生威脅	技術幕僚面對組織人事調整，若部門主管以非專業領導專業，將對技術人員之士氣有嚴重之影響。

　　抗拒變革並非一種非理性的行為，而這種行為與個人、群體及組織因素間，存在著某種關係。因此下一小節我們將來討論如何降低抗拒變革的方法。

♀ 人資補給站

　　變革是一個痛苦的過程，就像是馬戲團裡的空中飛人，你的目標是必須從這一根盪鞦韆的橫桿上盪到另外一根橫桿，然而這兩根橫桿一點也沒有問題，真正的難處是從這裡飛躍到那裏去的那個過程，你必須找到一個關鍵的瞬間，放開原本牢牢抓住的依靠，經歷「整個人在半空中、什麼東西都抓不到」的階段，然後再次抓住另外一頭的目標。因此大部分的人擔心的其實並不是改變後的結果，他們真正擔心的是改變的過程。

五、降低抗拒變革的方法

　　由上一小節我們可以看出，人們在面對變革時會產生抗拒，因此抗拒變革乃自然之狀況，如何因勢利導或事前防範、化解，將抗拒降至最低程度，實乃推動變革相當重要之課題。

　　Kotter & Schlesinger（1979）[3] 提出六種減少變革抗拒之途徑，這些方式各有適用之情況及優缺點，其分析敘述詳見表 12-3。

表 12-3　減少變革抗拒途徑之優缺點比較 [4]

技巧	使用時機	優點	缺點
教育與溝通	適用於溝通不良或資訊錯誤所造成的抗拒。	排解誤會。	管理者與員工間的互信若不足，將無法產生效果。
參與	適用於員工具有專業，而能作出有意義的貢獻時。	增加員工參與度及接受度。	費時且可能成效不彰。
協助與支持	用於抗拒者感到恐懼及焦慮時。	能夠做需要的調整。	所費不貲且不保證成功。

3. J.P. Kotter and L.A. Schlesinger, (1970). "Choosing Strategies for Change," Harvard Business Review. p.107-09.
4. Kotter & Schlesinger. (1983), p.548.
　　編譯自Robbins, Stephen P. and Mary Coulter (2013), "Management" 12th ed., Prentice Hall, Pearson Education, Inc.

技巧	使用時機	優點	缺點
談判	適用於抗拒來源是強大的團體。	能夠「買到」認同。	可能成本高昂，易可能讓他人有機可趁。
操縱及投票	當需要強大的團體支持時。	是一種容易且不貴的方法來獲得抗拒者的支持。	可能會適得其反，降低員工對變革發動者的信任感。
脅迫	當需要強大的團體支持時。	是一種容易且不貴的方法來獲得抗拒者的支持。	可能是非法的，也可能會降低員工對變革發動者的信任感。

六、組織變革的程序

早在 1940 年代末期 Lewin[5] 便發展出第一個有關變革過程的理論模式，堪稱是「變革之父」。他認為靜水行船式變革的過程，是由解凍（Unfreezing）、改變（Moving）、再凍結（Refreezing）等三個階段所組成。如圖 12-2 所示。

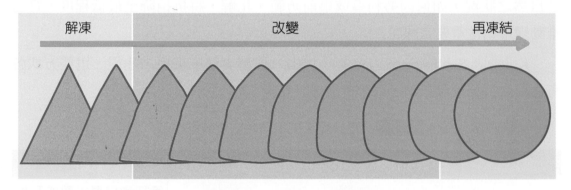

圖 12-2 變革過程示意圖[6]

（一）解凍（Unfreezing）

將當前維持組織行為水準的力量予以減弱，有時也需要一些刺激性的主題或事件，使組織成員接觸到變革的相關資訊並尋找因應之道。例如，Covid-19 對企業產生影響，啟動數位式線上學習平臺。

圖片來源：均一教育平台官網

5. K. Lewin, (1951). Filed Theory in Social Science. New York: Harper & Row.

6. 編譯自Robbins, Stephen P. and Mary Coulter (2013), "Management" 12th ed., Prentice Hall, Pearson Education, Inc.

（二）改變（Moving）

尋找新的組織機制來替代舊有組織或部門的行為，以達到新的水準，包括經由組織架構及過程的變革，以發展新的行為、價值與態度，例如企業啟動居家辦公、線上會議及線上相關資安系統的提升。

圖片來源：Microsoft Teams 官網

（三）再凍結（Refreezing）

將獲得新的組織機制並使個人的人格形成有意義的組織文化、規範、結構與政策，以使組織穩固在一種新的狀態，形成一種常態的資訊轉型。

因此在靜水行船式的變革上，需面對解凍、改變、再凍結的三個階段。另外 Kotter 提出變革八大步驟，因此我們以 Kotter 的變革八大步驟結合 Lewin 的三步驟，其發展及配合詳見表 12-4。

表 12-4　變革八大步驟與其內容

Lewin 變革程序	Kotter 變革階段	內　容
解凍	建立危機意識	1. 考察市場和競爭情勢。 2. 找出並討論危機、潛在危機或重要機會。
	成立引導團隊	1. 組成一強力工作小組負責領導變革。 2. 促成小組成員團隊合作。
改變	提出願景	1. 創造願景協助引導變革行為。 2. 促擬定達成願景的相關策略。
	溝通願景	1. 運用各種可能管道、持續傳播新願景及相關策略。 2. 領導團隊以身作則改變員工行為。
	授權員工參與	1. 剷除障礙。 2. 修改破壞變革願景的體制或結構。 3. 鼓勵冒險和創新的想法、浩劫、行動。
	創造近程戰果	1. 規劃明確的績效改善。 2. 創造上述戰果。 3. 公開獎勵有功人員。

Lewin 變革程序	Kotter 變革階段	內　容
再凍結	鞏固戰果、 再接再厲	1. 運用上升的公信力，改變所有不能搭配和不符合轉型願景的系統、結構及政策。 2. 聘僱、拔擢或培養能夠達成變革願景的員工。 3. 以新方案與主題及變革代理人給變革流程注入新活力。
	讓新作法深植企業文化	1. 客戶導向、有效領導。 2. 明確指出新作為和組織成功間的關連。 3. 訂定辦法、確保領導人的培養和接班動作。

📍 **人資補給站**

　　如果你任職於一家高科技製造公司，公司主要的業務來源是某一項電腦週邊產品，但是該項產品幾乎沒有進入障礙可言，隨著時間的演變和技術的進步，你可以很輕易地想像「削價競爭」成了唯一的途徑，因此公司面臨嚴重的獲利衰退。在這個過程中，許多資深主管都曾提出轉型的建議，但是老闆認為這些建議都在動搖公司的根本，因此有部分的主管對公司灰心而離開公司。然而董事長卻把那些離職的主管視為叛徒，要求人力資源部門在這些主管的個人資料中註記「永不錄用」。面對這樣的董事長，你會選擇離開嗎？還是你會有什麼決定？

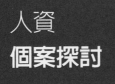

人資
個案探討

人資團隊的數位轉型

　　「數位轉型的關鍵是人，不是科技。」經過數年摸索與嘗試，許多企業終於領悟到這句話的重要性，將轉型策略重新聚焦於人，並正視人資部門在數位轉型中應扮演的重要角色。

科技巨人 IBM 在「華生」人工智慧投入重金，除了在醫療照護、金融上的應用之外，從 2016 年起，業務觸角延伸到人力資源專業領域。「未來人力資源專業將因為人工智慧認知科技崛起，而有很大的改變。」

同時組織行為數據化、自動產出分析洞察報告，已成為人資團隊不可或缺的重要工具。優異的分析工具可以讓每一位員工看到自己每天工作的優先順序與時間分配，進而規劃更有效率的工作方式。人資團隊亦可隨時根據決策需求自動產出洞察報表，將時間用在更有價值的工作上。

「現在可以說是人資長最好的年代，我們擁有這些數位工具，能做到過去做不到的事。」。

人資團隊的數位轉型，是否真能為職場帶來顯著改變？以高工時著稱的日本企業為例，在導入數位工具後，一舉減少了 27% 會議時間、增加 50% 專注工作時間，且團隊溝通更加流暢，四個部門共 41 位員工每年可省下超過 600 萬美元成本，效果不凡。

⊘ 思考時間

由人資部門來帶動變革、塑造數位轉型所需的企業文化，已是必然的趨勢。由 HR 來協助推動數位轉型，並善用先進的數位工具輔助，將能讓轉型走得更穩更順！試問，你能否舉例說明在 AI 的時代，人資部門要怎麼協助企業做數位轉型？

12.2 組織發展技巧

組織在成長與發展的同時，也會面臨許多的挑戰與問題，尤其在面臨變革時，可能需要組織發展的技巧，以協助組織在改革的過程中能更順利的凝聚共識。本章將介紹管理者該如何預測問題，並提出良好的策略與管理章法因應這些挑戰。另外，組織發展的技巧並不一定只適用於組織變革，相反的，在組織一般例行訓練時也常使用此技巧。

一、何謂組織發展

組織發展係組織對環境變遷的回應，其目的乃在改變組織的信念、態度、價值觀及結構等，因此組織發展的重點在於組織文化的調整。

組織發展的目的在於維持與更新組織。通常組織可以藉由團隊合作的方式，並且配合運用科學技巧，發展出一套有效的管理方式，在組織發展過程中解決各項問題，進而達到組織發展的目的。

二、組織發展的類型及技術

一般學者將組織發展的類型，分為個人、群體與組織三個層面進行，主要目的是「藉由漸進式的發展，達到組織發展的目的。」而隨著執行單位性質的不同，所選擇的介入方法也會有所不同。表 12-5 為根據個人、群體與組織三個層次，提出較為常見的組織發展方法及具體作法。

表 12-5 組織發展方法及具體作法[7]

發展層次	具體作法	說　　明
個人層次	敏感度訓練（Sensitive Training）	由10人左右組成一個訓練單位，該訓練是由行為科學家與成員共同組成，會議中沒有特定的議題，僅僅激發與會者的想法與感受，使與會者對自己的行為認知增強，同時亦可瞭解他人對自己的看法與態度。其中需注意的是，要讓受訓者感到安全，他才會真誠告知其想法。
個人層次	工作豐富化、目標管理、管理方格訓練	與規劃、組織與領導相關。
群體層次	團隊建立法（Team Building）	對具有共同目標且相依關係的各個工作團隊，不斷有計畫的從事干預活動，藉以改善群體之間的關係，進而增進有工作關係群體間的溝通和互動，減少不正常競爭的機會，且取代短視的獨立觀點。
群體層次	角色分析技術	目的是要澄清角色期望和小組成員的責任，以增進群體的效能。

---

7. 整理自W.L. French and C.H. Bell Jr., (1990). Organization Development: Behavioral Science Intervention for Organization Improvement, 4th ed. Upper Saddle River, NJ: Prentice Hall.。

發展 層次	具體作法	說　　明
組織 層次	實體佈置法 （Physical Setting）	在組織文化層次的分析，最頂層是人為事物的層次，包括我們初入一個新群體，面對不熟悉的文化時，所看見、聽見與感受到的一切現象。而實體佈置法就是因為考慮到組織工作環境的空間因素，對人員之行為發生巨大影響，因而希望藉工作環境實體上的安排，使工作人員滿足其需求，而產生積極正面的效果。
	調查回饋法 （Survey Feedback）	主要是透過有系統的蒐集有關組織的資料，例如面談、觀察、與問卷等方式，並將資料傳達給組織中所有階層的個人或群體，藉以分析、解釋其意義，規劃從事必要變革行動計畫，並設計矯正行動的步驟。

人資
個案探討

遊戲橘子的團隊建立法

　　為展現拿下總冠軍的決心，橘子熊於 2010 年職業電競聯賽開戰前夕，在 3 月 30 日至 31 日這兩天，由遊戲橘子集團策略長陳威光與橘子熊隊經理張劍豪帶隊，與《SF Online》與《跑跑卡丁車》的選手，在桃園龍潭一起進行「團隊默契」與「挫折免疫力」強化訓練。以強化隊伍默契、增加面對挫折時的心理素質。這次訓練突破過往思考模式與訓練行為，希望能讓橘子熊在重要關頭仍能相信自己，發揮百分百的實力！不同的關卡，不同的體驗與學習；整整兩天團隊訓練課程裡，橘子熊面對大大小小的課題：齊眉棍、鐵釘盒，讓隊員跳脫舊有的學習思考與框框，迎向不同的挑戰！而接連挑戰的賞鯨船、巨人梯、高空貓走路、大擺盪，也讓大家

發揮團隊精神，挑戰潛能極限，克服每個人心中的恐懼，更明白團隊信任合作才是成功的關鍵。

資料來源：橘子熊職業電競 Facebook 官方首頁 https://www.facebook.com/gamabears.fans

---

◇ **思考時間**

不同的產業類型會需要不同的 Team-Building 技巧，請針對橘子熊「電競產業」進行 Team-Building 的規劃適否合宜？

12.3 企業再造

　　1990 年 Hammer[8] 及 Davenport & Short[9] 分別在「哈佛商業評論」上提出「再造工程：不要自動化，徹底鏟除（Reengineering Work: Don't Automate, Obliterate）」及「企業流程再造五階段」的論點。於產學業界引起強烈的討論，並引發業界改革再造的旋風。因此接下來我們針對企業流程再造與變革之不同進行介紹。

一、企業流程的意義與重要性

　　Hammer and Champy（1993）[10] 認為企業流程是指企業集合各類型資源，生產顧客所需產品的一連串活動，唯當顧客有需求時，作業流程才有起點，一切運作才有意義和價值。[11]

　　而重視流程績效的企業和重視部門績效的企業，其員工的表現亦不同（後者較本位主義）[12]。傳統企業與流程企業的不同點，詳見表 12-6。

8.　Hammer, Michael. "Reengineering Work: Con't Automate, Obliterate" Harvard Business Review. Boston: Jul/Aug 1990. Vol. 68, Iss. 4; p. 104.

9.　Davenport, Thomas H., Short, James E.. "The New Industrial Engineering: Information Technology And Business Process Redesign", Sloan Management Review. Summer 1990. Vol. 31, Iss. 4; p. 11.

10.　楊幼蘭譯，《改造企業：再生策略的藍本》，Hammer, Michael., Champy, James原著，臺北，牛頓，民83。

11.　Hammer, Michael., "Beyond reengineering", Executive Excellence. Provo: Aug 1996. Vol. 13, Iss. 8; p.13.

12.　林偉仁譯，（2002），議題制勝，Michael Hammer原著，天下雜誌，第一版。

表 12-6　傳統企業 vs. 流程企業 [13]

企業類型特色比較項目	傳統企業	流程企業
主軸	功能	流程
工作單位	部門	團隊
職位說明書內容	有限	廣泛
績效衡量	狹窄	從頭到尾
重心	上司	顧客
薪資依據	活動量	實際成績
經理人扮演角色	監工	教練
關鍵人物	部門主管	流程負責人
文化	容易發生衝突	攜手合作

　　企業流程所需花費的人力資本是相當大的，而且並非每一家企業都適合導入，盲目地隨波逐流反而易適得其反，故企業應先評估組織內外部的需求，及參考專家學者的建議後，再決定是否導入組織中。

> **📍 人資補給站**
>
> 　　數位行銷在近二年是熱門的職位，因為當市場變了，企業的核心競爭力也就跟著不同。但是，目前在臺灣，由於數位人才稀少、數位媒體在近年來大幅度轉化且發展不久，數位行銷的走向都還很模糊，隨著社群行銷媒體的蓬勃發展，如 MOD、Facebook、智慧型手機及平板電腦等的興起，即使有專業人員，經驗也不見得足夠，因為傳統的行銷流程已不適用，行銷部門的操作流程也隨之改變。

二、企業流程再造的意義

　　Hammer 和 Champy（1994）在「企業再造──企業革命的範本（Reengineering the Corporation-A Manifesto for Business Revolution）」一書中，將企業流程再造定義為「根本的（Fundamental）重新思考，徹底的（Radical）翻新作業流程（Processes），以期在企業營運績效衡量（例如，成本、品質、服務與速度）上獲巨幅（Dramatic）的改善。」

---

13. 李田樹譯，（2002），合併與收購，Michael Hammer原著，天下遠見，第一版。

　　由上述定義中整理出企業再造的四個主要關鍵——根本的（Fundamental）、徹底的（Radical）、巨幅的（Dramatic）、流程的（Processes），詳見表 12-7。

表 12-7　企業再造四個主要關鍵

關鍵點	說　明
根本的	不再一直只問如何，而是問最基本的問題。
徹底的	是根除後翻新，而不只是改善、提昇、修補。
巨幅的	是大躍進，而非緩和、漸進的改善。
流程的	是指企業集合各類原料，製造顧客所需產品的一連串活動。

　　Talwar[14]（1993）提出再造工程有兩種類型，一種是流程再造，另一種即為企業再造。

(一) 流程再造

　　針對單一的流程進行重新思考，需要注意與企業內其他未改造之流程銜接上的問題。例如，企業導入 ERP，在採購的流程上能夠給予簡化，但是和財務部門的銜接問題是否能夠充分獲得協調及溝通，是需要特別注意的。

(二) 企業再造

　　在競爭導向的策略下，對整個企業重新評估與設計。例如，台鹽在面臨民營化後，從根本的思考企業的競爭策略，而將重心放在觀光及生技產業。整個再造的工作須與企業策略配合，執行中需與資訊科技與人力資源發展計畫結合。

---

14. Talwar, Rohit., (1993). Business re-engineering - A strategy-driven approach, Long Range Planning. London. Vol. 26, Iss. 6; p. 22.

人資補給站

　　國泰結合壽險與醫院的資源，推出國泰伴你健康計畫，並運用 Knowtions Research 的健康風險指數預測模組，要讓壽險公司除了販售保單與給付理賠，還可以讓每個客戶了解自己的健康分數。以往，核保資格判斷時，得靠核保專員來檢視顧客資料，至少要 3 ～ 5 分鐘處理，且常直接看到保險人有高血壓、子宮腫瘤或其他併發症病史，就直接拒絕申請。AI 有助於將核保與理賠流程自動化，讓服務流程有統一的標準，比如，核保過程中，先用 AI 分析健康風險指數，若偏高，再由核保專員依據預測結果來進一步詢問顧客，就可進一步考量顧客情況來審查。

資料來源：修改自翁芊儒（2019）。國泰金控找醫療 AI 新創聯手串連壽險和醫院資源，正在開發糖尿病患個人化照護。iThome

三、企業流程再造的影響

　　企業再造的主要目標就是再造流程，隨之而來的是組織架構、人力、效率、成本、盈餘的巨幅改變。其中，又以組織結構與人力資源兩部分的改變最大。以下我們針對組織在流程上進行再造時，組織在結構上的變化（如圖 12-3 所示）來說明。

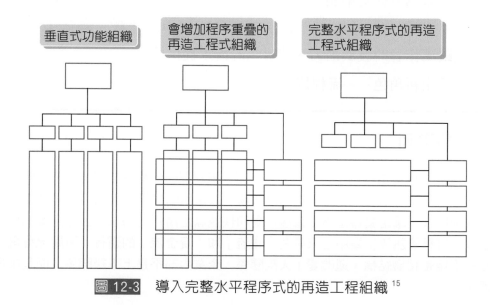

圖 12-3　導入完整水平程序式的再造工程組織 [15]

---

15. George Stalk, Jr. and Jill E. Black, (1994). the Myth of the Horizontal Organization, Canadian Business Review. p.26-31.

　　傳統垂直式功能組織無法配合組織其他的結構，只能專注在各部門的功能項目，容易造成資源配置浪費，產品品質不易控管等缺點。因此，再造過程中，在傳統垂直式功能組織的基礎上，導入企業再造工程，每項流程皆由全程負責的流程總管和工作團隊所組成。此一組織架構不但具有資源共享，且能透過同步流程的進行，以解決組織內部常見的問題，例如，產銷衝突，皆可利用流程總管來達成產銷協調、一致。

　　Hammer（1999）指出，流程企業與傳統組織最大的差別在於流程總管的角色。主要的職務為「對一項流程從頭負責到尾，為公司支持流程組織結構的具體表徵，且流程所有權須是永久的。」原因有二，其一為外在環境的改變，流程設計隨時改變，流程總管必須全程領導；其二為若無流程總管為領導角色，舊組織會反擊成功。另外，在人力資源管理上，流程企業與傳統組織的差別還包含下列六點。

1. 流程總管對工作控制與對員工管理的分開。

2. 執行任務的員工仍需向直屬上司報告。

3. 流程團隊成員擁有豐富知識。

4. 以流程績效為考核基準點。

5. 監督者成為教練：教導工作者正確執行流程中的步驟、評估工作者的技能、追蹤工作者的發展潛力、依員工的需求提供協助。

6. 領班成為全新角色——流程協調員。

📍 人資補給站

　　海爾的流程再造推倒了企業內外兩堵牆，把割裂的流程重新聯結起來，形成以訂單為中心的市場流程。此外，以速度取勝，以使用者的需求與用戶的滿意度為考量，減少層次，讓企業每位員工直接感受和快速滿足用戶的需求。因此企業的資訊化是以「訂單資訊流」為中心來帶動「物流」和「資金流」的運行。海爾流程再造改變的不僅是組織結構，還改變了人際關係。企業內部不是上下級關係，而是市場關係。

四、企業流程再造失敗的原因

　　企業若要落實重新設計的流程，就須深入適應變革過程中的衝擊，這是流程再造計畫中最困難的部分。由於變革就是改變現狀，其對員工的影響除了工作方式的改變，還有工作技能、工作態度、職務、獎勵制度等變化。所以習慣於現行工作方式的員工必會抗拒和反對變革，而且變革的廣度或深度愈大時，則反對的力量也愈大。

　　企業流程再造失敗最主要的原因是公司的策略目標缺乏一致性的界定，同時沒有針對最具影響策略目標的企業流程進行企業流程再造。學者 Hendry[16]（1995）也提出企業流程再造失敗有下列三種原因。

1. 組織未能充分適應。
2. 環境變遷太快，改革工作未能即時適應配合。
3. 作業層面改革未能與組織改造相配合。

人資
個案探討

昕力資訊 RPA　讓人資工作流程自動化

　　昕力資訊已成立 14 年，員工逾 350 人，長期透過科技提升用戶系統功能與改善企業內部的流程營運，旗下 AI 部門 SysTalk 於 2019 年推出能取代重複性人力電腦操作的機器人流程自動化解決方案（Robotic Process Automation, RPA）。

---

16. Hendry, John. (1995). Achieving long-term success with process reengineering. Human Resource Management International Digest. Vol. 3, Iss. 4; p.26.

　　昕力資訊將 RPA 導入內部人資作業流程，從新進員工報到後，將員工資料登入內部 ERP 系統，依照職務開啓各種系統帳號與權限，並且更新員工通訊錄到企業內部系統等。過去此一流程需要耗費人資部門與 IT 部門約 56 分鐘，才能提供一名新進員工各種所需。如今導入 RPA，只需 77 秒就可讓新進員工開始發揮生產力，大幅節省 97% 的作業時間。

　　市場上 RPA 工具不少，然而企業流程自動化專案能導入成功絕非單靠產品功能，合作廠商是否擁有足夠產業 Know-how，瞭解企業 IT 系統整體環境維運上的需求更是關鍵。

資料來源：修改自昕力資訊（2019）員工入職流程 77 秒搞定！ RPA 讓人資工作流程自動化，一秒擺脫重複性作業，科技報橘

♡ 思考時間

不了解 Know-how 的廠商極可能只提供軟體授權報價，卻遺漏導入的整體費用，就好比室內設計師以 100 萬報價接下工作，結果進到房屋才發現還有很多地方要修整，再持續上報價格。你認為在校期間應著重哪些 Know-how，有助於你銜接產業？

課堂實作
當公司快速變大

班級
_____

組別
_____

成員簽名
_____

本次實作以小組為單位,並自行設定您們小組在公司的部門單位,給予符合公司使命與戰略之目標。

情境

近幾年,大學生想要知道感情、生活、學業、工作等面向的事情,討論的場域漸漸轉移至 Dcard。在 2017 年時,Dcard 的每月不重複訪客次數僅有 800 萬,但到了 2019 年,每月不重複訪客有 1500 萬人,單月瀏覽次數更達 15 億次。「員工數愈來愈多,公司有點混亂,只覺得大家一直在加班,但不知道原因。」當團隊只有 10 幾人時,每件事可以很快傳達、理解,但組織開始分層,任務傳達就容易產生落差。因此,當時組織修改了使命與戰略,同時由團隊成員自訂目標:

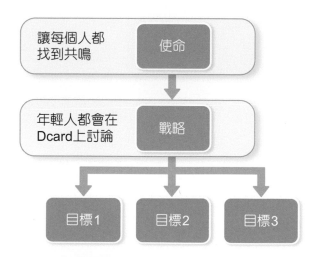

以 Dcard 的使命來說,是「讓每個人都找到共鳴」,戰略(Strategy,討論重點和優先處理方向)則是「年輕人都在 Dcard 上討論」。請以小組為單位,討論 Dcard 協助衍生出來的具體可行目標為何?

實作摘要

CHAPTER 13
人力資源管理新趨勢

學習大綱

13.1 人力資源管理研究趨勢
13.2 永續經營的人資衝擊
13.3 工作及職務型態的新趨勢

人資聚焦：經理人講堂

疫情之後的「大離職」
（The Great Resignation）

人資個案探討

HR 角色未來的演變
緯創 AI 改善 HR 流程
遠端辦公實施一年後，改為永久制度是好事嗎？

課堂實作

Team Building

人資聚焦
經理人講堂

疫情之後的「大離職」（The Great Resignation）

　　麥肯錫（McKinsey and Co.）在 2022 年 7 月公布的報告指出，大約有 40% 美國勞工考慮在接下來 3～6 個月內辭職。這項調查於二月到四月進行，對象為 6,294 個美國人。

　　一般關於「大離職」的討論，通常只聚焦在離職原因，包括低薪、職涯發展機會變少、不彈性的工作時程，但這份報告探討離職後人們生命中發生了什麼事。2021 年 5 月出現的名詞「大離職」（The Great Resignation），是指新冠肺炎疫情開始以來，離職人數創新高。

　　在沒有無縫接軌的人當中，接近半數（47%）選擇回到職場，但僅 29% 回去做傳統的全職工作，剩下 18% 或者透過兼差找了工時較短的新工作，或者自行創業。疫情期間，成立新公司的申請增加了超過 30%，單單 2021 年就有 540 萬件新申請。

　　報告作者之一的道林（Bonnie Dowling）表示「人們不再容忍糟糕的老闆和惡劣的職場文化，他們可以離去，找其他方法賺錢，不用留在這種負面環境。人與人的連結增加，現在工作機會比以前更多。」

　　除了逃離惡劣職場，追求非傳統工作也反映人們更加渴望彈性。在任何地方工作、選擇要何時工作的自由，成了疫情期間最受歡迎的好處。根據 WFH 研究計畫調查，民眾認為彈性跟加薪 10% 一樣重要。

資料來源：修改自樂羽嘉（2022）40% 美國勞工考慮近期離職他們要去哪？天下雜誌

問題討論

「疫情期間很多人瞭解到他們的產業是多麼震盪或不安全，特別是第一線的員工。」您認為這是不是常態？老闆們又該如何建構一個安全的環境？

13.1 人力資源管理研究趨勢

人力資源管理研究前期受「全球化」影響，掀起一波新型應用的產出，然而近期則受「少子化」、「高齡化」的影響，啟動了新世代的人力資源管理新觀念，包括：人力資源管理 e 化、機器人化、甚至是「大數據」、「AI 智能幫手」等可被應用至人力資源管理系統中的元素。

一、高齡化的影響

高齡化趨勢，使得企業面臨勞動人力不足問題時，如何激勵優秀的中高齡員工繼續留任組織內貢獻其知識與經驗成為重要議題。我們認為保有持續工作動機、追求機會動機及工作成長動機具有顯著關係，同時人力資源管理必須從中調節，否則將會使「動機」下降。對人力資源管理措施在高齡化的當下施行的成功與否，給予很重要的建議。

二、社會企業的興起

社會企業概念於 1970 年在歐美國家萌芽，北美地區、英國之社會企業概念主軸為以商業模式解決社會問題。而歐陸國家社會主義色彩較濃厚，以「社區共有」為主要精神。亞洲國家如中國、印度、孟加拉，由於政府之限制與問題，非營利組織與社會企業開始興起。泰國與韓國之社會企業則多受政府支持而設立多項相關法規，香港、新加坡則善用其金融樞紐之優越性，具有最多社會企業相關中介與投資平臺。臺灣對於社會企業之定義尚無定論，根據臺灣社會企業創新創業協會 2009 年之定義：社會企業是兼顧社會價值與獲利能力的組織。全球社會企業的興起，未來對於人力資源管理的各項功能都有相當的影響。

三、網路化的影響

網路化與智慧手機的盛行，影響了年輕人的生活習慣與行為特性，人力資源管理措施更需重視此一現象所帶來的影響。學術上我們稱 2000-2004 年出生的人員為 Z 世代，這批 Z 世代出生者是為原生的網路世代，多數人約在 9 歲及 12 歲即開始使用電腦與手機，每日平均上網時間約 4 小時，他們同時也較注重公平，及在處理事務上擅長運用網路搜尋資訊與社群相互討論，以增加（精進）

本身技能，並期望所付出的努力能獲得獎金等實質上的獎勵。也就是說 Z 世代非常重視考核是否公平與喜好探究事情的根源，同時現今資訊（訊息）獲得非常便利且快速，管理者僅用職權方式來領導他們已不適用，更需以公正的管理方式、訊息透明化與循序誘發使其對工作產生興趣，方能達到激勵的效果。

這樣的世代也會帶來未來管理面的問題，就是 Z 世代的年輕人與網路化、數位化、即時通訊化共生，在工作溝通方面普遍使用通訊軟體，因此可參考的資訊揭露程度高，產生對外在公平的絕對要求，但對內在公平則如網路世界的現象，躲在網路的後面不喜被要求，容易造成管理階層的困擾。

人資 個案探討

HR 角色未來的演變

過去，HR 隨著企業的發展與進化，要處理的問題，大致從功能，到效率，到創新。

一、未來，HR 借助科技將大有所為

隨著科技的進步，HR 的能力也要提升。HR 人員可按表 13-1 中的四個層級來提升能力。

表 13-1　HR 能力提升層級

層級	能力	說明
第一層	勞動力分析能力	分析員工能做什麼、不能做什麼。
第二層	解釋分析能力	利用資訊協助判斷。
第三層	預測分析能力	人力分配在別處，會發生什麼後果。
第四層	因果分析的能力	直接告訴主管最後該怎麼做。

HR 人員需要學習運用科技，在此四項能力上逐步提升。

二、三支柱模式的調整

　　過去 HR 採用三支柱模式，也就是將 HR 人員分成人資業務夥伴（HR Business Partner, HR BP）、人資服務交付中心（Shared Service Center, SSC HR）、人資專家中心（Center of Expertise, COE）；三種 HR 人員各自負責不同工作。

　　過去十年，企業使用這種三支柱的模式，已運作得非常好了，但未來，隨著科技發展，三者的角色會有一些變化。COE 的部分功能，會因為企業運用科技運算，而被 SSC 取代掉，重要性會減弱，甚至逐漸和 SSC 整合，二者合成為「設計即交付、交付即設計」的角色。

　　未來，HR BP 反而會變成創新中心，會成為企業的 BI（Business Intelligence）的來源，因此它必須有業務的洞察力，真正將業務的語言和 HR 功能接起來。

　　總之，面對未來，HR 人員必須針對企業面臨的變局，用科技來提升自己的能力，並掌握自身角色的變化，才能對企業真正有所貢獻，這是 HR 人員未來最大的使命。

資料來源：SAP 大中華區副總裁兼人力資源事業部總經理 韋瑋 主講，《哈佛商業評論》全球繁體中文版編輯部整理，2017/11/10

> ⊙ **思考時間**
>
> 隨著科技應用的發展，HR 人員的角色與能力的改變，HR BP 會變成創新中心，會成為企業的 BI（Business Intelligence）的來源，因此它必須有業務的洞察力，真正將業務的語言和 HR 功能接起來。請用比較法分析人力資源管理人員在現在與未來的角色有什麼差異？有什麼影響？

13.2 永續經營的人資衝擊

一、人工智慧的未來

　　哈佛商業評論曾經以「人工智慧衝擊人資管理」做深度的討論。

　　傳統的人資管理工作，重點放在「流程」（Process）之上，但流程不代表「進展」（Progress），在面對企業轉型或變革的今天，人資管理必須扮演更多的策略性角色，例如，企業進行轉型的同時，它的人才組成與團隊能力，是否足以帶動企業往期望的方向移動？

（一）人資流程的改變

　　因此當我們擁有了科技工具輔助，可將傳統包括招募、考評、留才等行政流程作業交由機器代勞，而人資主管可把精力投注在真正需要解決的策略性問題上。

　　然而人資科技已進入企業管理實務，但並不是每一個企業客戶都熱切歡迎人資科技到來。通常，人資部門提出的第一個問題就是：「你告訴我，怎麼才能說服我的老闆？」關鍵在於，引進人資科技，需要資訊軟硬體投資，也需要組織願意在管理流程和方法做出改變，而這都意味著資源與經費投入，企業決策者因而會非常關切投入的成本效益。因此我們建議從「實質審查」（Due Diligence）概念出發，拆解人資科技應用解決這個關鍵問題後，可以產生什麼效益，例如，是否有人力資源和成本的錯置。同時，對於企業文化的了解，輔以大數據分析，新科技甚至可以成為幫助企業推測轉型抗拒會如何發生的工具。等到這些成本與抗拒關鍵以客觀數據呈現時，「客戶的提問就會變成：我們何時開始？」

(二)員工是內部顧客

事實上，不要忘記比起科技投資，更重要的是，「先將員工視為內部顧客，傾聽他們的心聲。」原因在於，在新的數位科技匯流之下，全球所有產業都在面臨人才戰爭，企業不主動解決組織人才流失的痛點，人才就會離開，轉型因此會變得更不可能，因此「不管企業願不願意，員工正在成為你的內部客戶，企業應該就像傾聽客戶的需求一樣，傾聽人才的需求。

AI 是一種演算能力，是一種比對能力，因此大量人腦的思維與複雜的判斷系統，是目前 AI 所無法取代的。諸多的專家學者對未來可能消失的工作預測中，可看到低階的人資管理者因工作的簡單化與標準化可能被 AI 取代，但對需要規劃與策略的其他各階人力資源管理者而言，是賦予更多的期許。因此，對有興趣從事人力資源管理者，在不斷自我精進學習高階專業的需求上，可運用證照課程管道學習。

二、ESG 企業永續發展

1970 年，諾貝爾經濟學得主傅利曼（Milton Friedman）發表了「企業的社會責任就是增加自身利潤」的文章。1987 年，聯合國大會上發表的《我們共同的未來》（Our Common Future）正式定義「永續發展」（Sustainable Development）是既能滿足當代的需求，同時又不損害後代滿足其需求的發展模式。1997 年，英國學者埃爾金頓（John Elkington）提出三重底線（Triple Bottom Line）概念，指出企業的社會責任是必須履行最基本的經濟責任、環境責任和社會責任。2004 年，聯合國全球盟約（UN Global Compact）的《Who Cares Wins》報告首次提出將 ESG 納入投資決策，強調在財務分析、資產管理和證券經紀業務中整合環境、社會和公司治理議題。2015 年，聯合國宣布「永續發展目標」（Sustainable Development Goals，SDGs）共有 17 項目標及 169 項指標[1]。

(一)ESG 是什麼

ESG 是 3 個英文單字的縮寫，分別是環境保護（E，Environment）、社會責任（S，Social）和公司治理（G，Governance），聯合國全球契約（UN

---

1. 資料來源：ESG總覽。玉山金控https://www.esunfhc.com/zh-tw/esg/overview/letter。

Global Compact）於 2004 年首次提出 ESG 的概念，被視爲評估一間企業經營的指標。

圖 13-1　何謂 ESG

資料來源：周頌宜，ESG 是什麼？投資關鍵字 CSR、ESG、SDGs 一次讀懂。經理人月刊 2022/05/25

　　然而，ESG 爲何突然變成市場上的主流話題[2]？

　　第一，主管機關和投資人開始意識到財務報告無法充分反映企業的經營現況。以臺灣來說，不論是之前食品安全、廢棄物管理或是公司治理等事件，都造成投資人大量損失以及主管機關管理上的壓力，但上述議題都無法在財務報告中完整呈現，而 ESG 正好能補充這一塊的不足。

　　第二，在新興風險的威脅下，企業經營面對來自各層面的挑戰，從早期數位化過程的資訊安全風險、國際持續關注的人權風險，到近幾年被高度重視的氣候變遷風險，有別於過往企業相對較重視的市場、業務、財務等風險，一個完整的 ESG 風險管理架構是迫切而且必要的存在。

　　第三，市場的改變。除了聯合國和全球品牌大廠的推動和倡導，市場對於 ESG 的重視度不斷提昇，消費者不再只是購買商品或服務，更是尋求一種認同感，以往購買行爲主要是在價格、品質、服務等條件中選擇，現在更關切企業是否有優良的 ESG 管理以及盡到社會公民的責任。

2.　資料來源：陸孝立副總經理。ESG，企業永續經營的關鍵DNA。勤業眾信風險管理諮詢（股）公司。

（二）為什麼企業開始重視 ESG[3]？

聯合國（UN）早在 2005 年提出 ESG 的概念，2008 年金融危機爆發時獲得關注。以美國市值前 3,000 大的公司為例，ESG 評分愈高的公司，受金融危機波及程度愈低，原因在於企業長期投資社會資產，得到投資人的信任，帶動公司的績效維持在一定水準。

另一方面，根據世界經濟論壇（WEF，World Economic Forum）發表的《2020 全球風險報告》，環境風險已成為當前全球必須面對的難題，如果不正面回應，首當其衝的就是企業本身。這使得投資人與公民團體開始嚴格監督企業和政府，像是全球最大、掌管超過 1 兆美元（約新臺幣 28 兆元）資產的挪威主權財富基金（GPFG，Government Pension Fund of Norway），就設立道德委員會，定時審核企業的 ESG 標準，只要不及格即列為投資黑名單。

過去，企業經營只需要重視財務數據。然而若只有財報漂亮，背地裡卻收回扣、排放廢水，侵害消費者權益，仍會使得公司名譽一落千丈，投資人失去信心。如今，重視 ESG 概念的企業，除了擁有透明的財報，也包含穩定、低風險的營運模式，長久的表現也會相對穩健。

（三）企業引入 ESG 所面對的問題 [4]

目前企業在發展 ESG 時，多數注重於環境保護（Environmental）面向，較少兼顧三方面。在臺灣，企業對 ESG 相關知識與數據資料不足，加上指標、框架與評比方式多元，因此企業將 ESG 納入策略規劃時沒有一個清楚明確的方向，導致落實 ESG 成為高大上的目標。

此外，要落實 ESG，且開始轉型成低碳製造，需要從產品設計、原物料開採及製程開始調整，對於資源相對較少的臺灣中小企業來說，發展 ESG 的任務則更為艱鉅。

ESG 已經是全球潮流與企業發展趨勢，企業必須在這場國際賽局中，持續保持領先地位，美國鄧白氏公司提供企業商業數據以及 ESG 相關的公開資訊，涵蓋全球超過 1,200 萬家上市及非上市公司，鄧白氏 ESG 評比與六大永續準則（包含 CDP、SASB、GRI、UN SDGs、TCFD、UN PRI）同步，提供一致的基準，幫助企業兼顧短期獲利與長期競爭力。

---

3. 資料來源：《ESG12堂趨勢課》，經濟日報出版。
4. 資料來源：https://www.dnb.com.tw/Thoughts/What-is-esg/。

人資
個案探討

緯創 AI 改善 HR 流程

　　緯創集團旗下緯育協助外部企業做 AI 教育訓練，取代 HR（人力資源）專家。「我們中國工廠流動率一年是 110 ～ 120%，等於每年工廠人力要換一輪。」緯創資通副董暨總經理黃柏溥說，作業員離職率高，何時離職、原因，經過 AI 分析發現有 9 成集中 11 項特定因素，如津貼、月薪、工時等，員工離職短期預測可以協助工廠發現離職率影響關鍵，藉此調整，改善旺季缺工問題。

　　而 AI 也可以協助主管做白領員工留才，緯創分析過去 10 年資料，和各員工離職原因，比方換主管、做無前景專案、加班等等，藉此發現高風險離職員工提前進行留才，以降低離職率，改善離職成本。

　　「判斷誰是高風險離職員工，我們 AI 目前有 70% 預測力。」黃柏溥說，目前 HR 透過 AI 工具選出 400 位高風險離職員工名單，其中發現 160 位已經離職，剩下 240 位就要加強關懷。

資料來源：修改自王郁倫（2019）。AI 神預測「高離職風險」員工，緯創 5 大 AI 應用超乎想像。數位時代

⌄ 思考時間

當 AI 大舉地進入企業的各個部門，展開新的應用，HR 該如何協助其他部門進行流程再造？並且安撫及調整人力配置？

13.3 工作及職務型態的新趨勢

針對前兩個小節，我們可以發現，人力資源型態的改變，很可能會造成員工生活型態的調整，因此組織應嘗試朝以下幾個方式運作，以利平衡員工生活及工作。

一、從職涯發展地圖調整起

企業當務之急，是認清「基層─小主管─大主管」再也不是一條固定往前的直線，中間可能會出現不少岔路，更仰賴新制度的建立。例如，企業可重新制定職涯發展地圖。如優衣庫（Uniqlo）母公司迅銷集團，即在招聘頁面上清楚列出不同部門、工作內容與職級的平均年薪及升遷路徑，讓新人對升遷方向一目瞭然，彼此也有討論基準。（BCG，2019）

二、讓員工指導同儕

企業可提供管理職以外的「專家職」，供想深耕專業技術、又沒興趣帶人的員工晉升。例如空中巴士（Airbus），就有明星數據分析師等高階職位。 不少歐洲企業也開始實施「朋輩輔導」（Peer Coaching）制度。是在不同層級員工中，挑

選擁有適當特質與助人意願者接受培訓，為同輩們的職涯和學習曲線提供諮詢。畢竟相較於主管，多數人往往更願意與同輩交心，討論工作上碰到的難題。如BCG 報告透露，歐洲某醫療保健公司就固定撥出 20% 時間，讓員工接受外部培訓或被同輩培訓。（BCG，2019）

三、零工經濟的工作型態

網路媒合於片刻間，手機上就可決定，賣點就在快速、即時，想不想要，下不下訂。找工作，特別是臨時、短期的「補位」，以往是雇主最為頭痛的問題之一，因為這類職缺的機動性、流動量，很難以傳統面試、尋才方式完成，所以碰到短暫出現人力短缺，往往就是現有人力撐過去就好。

類似 Uber Works 這類「短缺零工」平臺出現後，萬一下午 2 時到 5 時缺人看店，或是明天傍晚有個活動需要招待人員，雇主可以很快列明工作內容、範圍及薪資，然後迅速找到臨時人力。對於不想被工作綁死的打工或兼差族，這類平臺也可以成為短時間打工、謀取收入的機會之窗。然而 Uber Eats 或 Food panda 等平臺業者在法規上面臨雇庸或承攬關係之界定，同時外送員可能有工時上限與休假，以及比照正式員工的醫保與社保等法令問題。

人資
個案探討

salesforce

遠端辦公實施一年後，改為永久制度是好事嗎？

矽谷大多數公司並不執著於上班打卡，但大部分員工還是每天會進公司上班。在疫情期間，儘管很多公司宣佈了自家的永久性辦公計畫，但規則卻很模糊，具體該怎麼執行也不清楚。無法倒帶的疫情，已徹底改變矽谷的上班方式，在一些公司的計畫中，不但不用去公司，甚至不需要嚴守朝九晚五的規則。

Salesforce 人資長 Brent Hyder 表示，員工的體驗不再只是乒乓球和零食，辦公環境也不再侷限於辦公大樓裡的桌子。

　　同一天，公司宣佈了未來的上班方案。在做這份方案之前，Salesforce 詢問自家員工是否願意回來上班，並且得到了以下調查結果：近半數員工表示，希望每個月只進幾次辦公室；80% 的員工表示，他們希望仍然與公司保持線下連接。於是，Salesforce 頒布了新的辦公政策，支持員工和公司保持這種「若即若離」的關係。

　　蘋果執行長庫克也表示：「公司不可能再回到疫情前的辦公模式。」雖然目前有 10% 的蘋果員工已回到辦公室工作，但公司也將會考慮保留部分遠端上班的流程。

　　微軟則表示未來將實行混合辦公模式，即員工只需要每週有一半的時間進公司。不過，員工仍可以向上司申請徹底的遠端辦公。一旦選擇徹底在家辦公，他們將放棄在微軟辦公樓裡的座位，但這類福利並不適用於微軟的硬體團隊。

資料來源：文潔琳、蕭閔云編輯，矽谷的朝九晚五徹底死了？遠端辦公實施一年後，改為永久制度是好事嗎？數位時代 2021/02/24。

⌄ 思考時間

同樣的政策，在不同的國家民情下，可能會有不同的解讀。若是在臺灣，公司宣布要實施這種免朝九晚五制的上班方式，你真的會覺得是「德政」嗎？還是你會擔心，以後不只是朝九晚五，而是一天二十四小時都要憂心、等著主管的任務分派呢？

課堂實作
Team Building

班級 _____

組別 _____

成員簽名 _____

說明

這是本書的最後一個章節，同時 Team Building 需要較大的場域。然而，大多數的 Teamn Building 最被詬病的，就是除滿足主辦方「課程滿意度」需達九十分以上的交差壓力外，更可怕的，是要滿足「皇上」看到萬民擁戴、子民們親親相愛、民間歌舞昇平的需要，而打造出的和諧假象。

因此，這次練習並不是要探討迎合了誰的需要，我們希望授課教師可以藉由安排以下的活動，讓教室中座位對角線的同學、不同小團體間的同學，分組報告中永遠不可能同組的同學等，可以在校園的生涯中，有更多的互動跟認識。而不管你們選擇哪一種活動，都希望能打破固定的編組，隨意亂數的分組。

情境

1. 同學們可能需要動用班費。
2. 各組需要協助教師，共同完成活動的設計。
3. 作者提供了幾個場域（表 13-3），或是老師與同學們再想一個活動，到戶外走走玩玩吧！

表 13-3　作者推薦的 Team Building 項目表

	推薦項目
體能遊戲	1.帶著全班爬玉山或走馬那邦山。
	2.全班去泛舟。
	3.租一個場地，打幾場生存遊戲吧！
	4.關子嶺天然岩場。
益智遊戲	1.推薦幾款桌遊，分組對戰。
	2.在教室設計一組骨牌，全班合力完成，最後推倒它。
歷史系列	1.到臺南老街，分組介紹所有的歷史古蹟，並安排在地小吃觀光。
	2.城市深度之旅，選擇一個城市，分組完成介紹任務，並安排相關活動。

實作摘要

Note

APPENDIX
附錄

附錄A

中英名詞對照索引

附錄B

勞工法令幫幫忙
一、基礎觀念篇
二、工作權益篇
三、勞工請假篇
四、基本勞工保險篇
五、就業保險篇
六、女性篇
七、職業災害篇
八、勞工退休篇
九、其它相關問題補充篇

附錄C

離職員工的 Python 分析
一、資料載入與清理
二、探索性資料分析
　　（Exploratory Data Analysis）
三、邏輯斯迴歸（Logistic Regression）
四、決策樹模型

補充說明：
本書製版時間約為 2022 年底，然而勞工法令時時在修正，因此若讀者發現法令更新，請不吝與我們告知。

附錄 A 中英名詞對照索引

英文

6-16　KPI 指標

二劃

2-7　人力資源組合
2-3　人力資源規劃
2-12　人力盤點

三劃

2-14　工作分析
2-18　工作分析方法
2-26　工作分析面談法
4-30　工作分享
　　　Job Sharing
5-16　工作本身的激勵
4-25　工作的再設計
　　　Job Redesign
4-22,8-5　工作特性模式
　　　Job Characteristics
　　　Model, JCM
4-21　工作設計
2-18　工作規範
7-10　工作評價
　　　Job Evaluation
2-18,2-26　工作說明書
9-6　工作團隊
　　　Work Team
4-25　工作輪調
　　　Job Rotation
4-26　工作擴大化
　　　Job Enlargement
2-25　工作職能模式
4-27　工作豐富化
　　　Job Enrichment

四劃

3-13　五大人格因素
8-7　內在獎酬
　　　Intrinsic Reward
1-8　分析策略
　　　Analyzers Strategy
3-15　公事籃測驗
　　　In-Basket Exercise
1-9　反射 / 反應策略
　　　Reactors Strategy

五劃

4-5　主文化
　　　Main Culture；
　　　Dominant Culture
3-13　外向性
　　　Extraversion
9-3　正式群體
　　　Formal Group
8-7　外在獎酬
　　　Extrinsic Reward
8-7　以佣金作基礎的計畫
8-9　史坎隆計畫
2-24　功能職能模式
10-8　生涯
　　　Career
3-11　半結構式面談
6-19　目標及關鍵成果
　　　Objectives and
　　　Key Results, OKR
6-10　目標管理法
6-20　目標
　　　Objective
6-14　平衡計分卡
　　　The Balanced Scorecard

六劃

2-25　行為職能
　　　Behavioral Competencies, BC

2-22　冰山模型

4-5　次文化
　　　Subculture

4-26　自主性工作團隊
　　　Autonomous Work Team

5-19　名目團體技術

10-16　自行創業

9-7　自我管理工作團隊
　　　Self-managed Work Team

4-8　自治文化

12-9　再凍結
　　　Refreezing

12-9　改變
　　　Moving

6-6　交替排序法

4-3　企業文化

6-15　企業內部流程
　　　Internal Business Perspective

12-14　企業再造

七劃

9-6　角色期望
　　　Role Expectation

9-6　角色認同
　　　Role Identity

9-6　角色衝突
　　　Role Conflict

2-24　角色職能模式

9-6　角色
　　　Role

8-9　成果分享計畫

12-6　抗拒變革

7-7　技能薪給制

8-8　利潤分享計畫

1-8　防禦策略
　　　Defenders Strategy

八劃

2-25　知識職能
　　　Knowledge Competencies, KC

9-3　非正式群體
　　　Informal Group

4-8　孤島文化

6-6　直接排序法

1-15　服務提供者（行政管理專家）
　　　Administrative Expert

8-12　股票選擇權
　　　Stock Option

3-11　非結構式面談

4-11, 4-19　社會化

4-15　物質象徵
　　　Material Symbols

13-11　朋輩輔導
　　　Peer Coaching

九劃

4-14　故事
　　　Stories

6-8　重要事件法

12-16　流程再造

4-29　品管圈
　　　Quality Control Circle, QCC

10-16　降調

3-9　面談
　　　Interview

1-8　前瞻 / 先驅策略
　　　Prospectors Strategy

8-7　建議制度（提案制度）

十劃

8-7　個人紅利

3-17　個人－組織契合
Person-organization Fit

7-7　能力薪酬制

4-20　員工引導
Employee Orientation

8-9　員工認股計畫
ESOPs

1-16　員工關懷者
Employee Champion

2-24　核心職能模式

6-15　財務
Financial Perspective

5-19　高登技術
Gordon Technique

4-6　弱勢文化
Weak Culture

6-6　配對比較法

十一劃

2-25　動機職能
Driving Competencies, DC

3-14　麥布二氏行為類型量表

6-12　混合標準尺度法

2-26　問卷法

6-7　強迫分配法

10-18　接班人計畫

4-5　強勢文化
strong culture

5-16　專業技術

3-13　情緒穩定性
Emotional Stability

4-17　組織氣候

12-12　組織發展

12-3　組織變革

十二劃

12-7　減少變革抗拒之途徑

6-12　描述評分尺度法

1-10　策略性人力資源管理
Strategic Human Resource
Management, SHRM

1-16　策略夥伴
Strategic Partner

5-16　創意思考的技巧

3-11　結構式面談

3-15　無領導集團討論
Leaderless Group Discussion

2-26　焦點團體法

3-15　評鑑中心
Assessment Center

十三劃

5-19　腦力書寫法

5-17　腦力激盪法

4-31　電子通勤
Telecommuting

4-7　傭兵文化

3-13　勤勉審慎性
Conscientiousness

12-8　解凍
Unfreezing

10-15　傳統職涯路徑
Traditional Career Path

4-28　群體的工作再設計

9-8　群體凝聚力
Group Cohesion

9-3　群體
Group

十四劃

4-15　語言
Language

6-8　圖表評等尺度法

8-7　管理人員的獎勵

3-15　管理遊戲
Business Game

2-27　管理職能評鑑
Managerial Assessment of
Proficiency, MAP

10-15　網絡職涯路徑
Network Career Path

4-8　網路文化

3-13　對新奇事物的接受度
Openness to Experience

3-3　甄選

十五劃

4-26　整合性工作團隊
Integrated Work Team

4-14　儀式
Rituals

4-25　彈性工時
Flexible Time

8-18　彈性福利制
Flexible Benefit Plans

5-17　德爾菲技巧

十六劃

12-4　靜水行船式變革

10-15　橫向技能路徑
Lateral Skill Path

3-13　親和性
Agreeableness

6-15　學習及成長
Innovation and Learning
Perspective

4-24　激勵潛能指標

十七劃

6-3　績效考評
Performance Appraisal

6-11　績效標準考核法

5-20　聯想法

4-30　壓縮工時
Compressed Workweek

十八劃

10-15　雙軌職涯路徑
Dual-Career Path

2-25　職能地圖

2-24　職能類型

10-3, 10-6　職涯規劃
Career Planning

10-3　職涯發展
Career Development

10-3　職涯管理
Career Management

10-4　職涯選擇
Career Choice

7-6　職務薪給制度

十九劃

7-3　薪資管理
Salary Management

7-4　薪酬體系

6-20　關鍵成果
Key Results

10-19　離職面談

二十一劃

6-15　顧客
Customer Perspective

二十三劃

1-16　變革推動者
Change Agent

Note

附錄 B 勞工法令幫幫忙

一、基礎觀念篇

Q1 用人主管算是雇主嗎？管理時應注意的法律責任？

參照勞動基準法第二條對於雇主的定義：「僱用勞工之事業主、事業經營之負責人或代表事業主處理有關勞工事務之人。」用人主管在管理時，須注意是否有構成勞動基準法第十四條之情事，如表 B-1 所示：

表 B-1 勞動基準法第十四條

勞動基準法第十四條
雇主於訂立勞動契約時為虛偽之意思表示，使勞工誤信而有受損害之虞者
雇主、雇主家屬、雇主代理人對於勞工，實施暴行或有重大侮辱之行為者
契約所訂之工作，對於勞工健康有危害之虞，經通知雇主改善而無效果者
雇主、雇主代理人或其他勞工患有惡性傳染病，有傳染之虞者
雇主不依勞動契約給付工作報酬，或對於按件計酬之勞工不供給充分之工作者
雇主違反勞動契約或勞工法令，致有損害勞工權益之虞者

若有以上情事，則勞工可以主動提出終止勞動契約，請求雇主給付資遣費。

Q2 勞資雙方所簽訂的契約如何認定？

企業界為降低勞工退休新制所帶來的成本壓力，少數雇主將原有與勞工的「僱傭契約」關係，重新以書面簽訂「承攬契約」、「委任契約」，使得勞方不具備勞動基準法所稱的勞工身份，企圖免除雇主法定責任。

表 B-2 勞資契約類型

契約種類	內容
僱傭契約	是指當事人約定，受僱人於一定或不定之期限內，為僱用人服勞務，而僱用人給付報酬之契約（民法第482條）
委任契約	乃當事人約定，一方委託他方處理事務，他方承諾處理之契約（民法第528條）
承攬契約	乃當事人約定，一方為他方完成一定之工作，他方等到工作完成，給付報酬之契約（民法第490條）

Q3 工資與非工資如何認定？

工資定義規範於勞動基準法第二條第一項第三款：「勞工因工作而獲得之報酬；包括工資、薪金及按計時、計日、計月、計件以現金或實物等方式給付之獎金、津貼及其他任何名義之經常性給與均屬之。」由此觀之，構成「工資」的主要原則係辨識勞工獲得之報酬是否為工作的對價；至於以何種名義支付，例如獎金、津貼、加給及支付計算方式，例如計時、計日、計月、計件，皆屬補充性解釋。

另外，「非工資」的本質為偶然發生的費用，通常是雇主用來作為獎勵勞工的特殊表現或慰勞勞工的辛勞而設計的非經常性給與。有關非經常性給與的項目，則另行規定於勞動基準法施行細則第十條。就實務而言，如勞工所支領之津貼固定且行之有年，或屬企業「制度」上經常給付的性質，則應視為「勞工因工作而獲得的報酬」，就算非每月給與，亦屬法定工資，進而列入平均工資計算。

Q4 勞工於試用期間遭到解僱，可否向雇主要求資遣費？

勞動基準法第十一條第五款「勞工對於所擔任之工作確不能勝任時」，雇主可據以終止勞動契約，並且依法發給資遣費。換言之，雇主若要於該試用期內或屆期時，解聘試用勞工，必須列舉不適任的具體事由，且依法按年資比例計給試用勞工資遣費。其勞動基準法之規定如表 B-3 所示：

表 B-3 勞工不適用之理由

勞動基準法第十二條
於訂立勞動契約時為虛偽意思表示，使雇主誤信而有受損害之虞
對於雇主、雇主家屬、雇主代理人或其他共同工作之勞工，實施暴行或有重大侮辱之行為
受有期徒刑以上刑之宣告確定，而未諭知緩刑或未准易科罰金
違反勞動契約或工作規則，情節重大
故意損耗機器、工具、原料、產品，或其他雇主所有物品，或故意洩露雇主技術上、營業上之秘密，致雇主受有損害
無正當理由繼續曠工三日，或一個月內曠工達六日；則勞工沒有資遣費的請求權

Q5　所謂勞工「不能勝任工作」的判斷依據為何？

　　勞動基準法第十一條第五款雖然將「勞工不能勝任工作」列為雇主可以終止勞動契約的理由，惟「不能勝任工作」的定義並無明定。因此，當雇主援引「試用期間不能勝任工作」予以解僱勞工時，迭生勞資雙方各執一詞、各自表述的爭議局面。就近年來司法實務的見解，將「不能勝任工作」的判斷依據歸納如表 B-4 所示：

表 **B-4**　不能勝任工作

不能勝任工作之情況
1. 勞工對於所擔任之工作確不能勝任時，包括客觀上不能勝任者與主觀上不能勝任者
2. 客觀上不能勝任係指勞工在學識、品行、能力、體力或身心狀況，不能勝任工作者
3. 主觀上不能勝任另指工作態度消極、怠惰或有「能為而不為」、「可以做而無意願做」，違反勞工應忠誠履行勞務給付之義務者

二、工作權益篇

Q6　雇主調動勞工的工作職務，須要勞工同意嗎？

　　中央主管機關亦曾於 1985 年發佈雇主調動勞工工作的五項重要原則如表 B-5 所示：

表 **B-5**　五項調動原則

五項調動原則
1. 基於企業經營上所必需
2. 不得違反勞動契約
3. 對勞工薪資及其他勞動條件，未作不利之變更
4. 調動後工作與原有工作性質為其體能及技術所能勝任
5. 調動工作地點過遠，雇主應予以必要之協助

Q7　定期契約之種類

1. 臨時性工作：係指無法預期之非繼續性工作，其工作期間在 6 個月以內者。例如，百貨公司因舉辦特價活動，而雇請勞工發送廣告傳單。

2. 短期性工作：係指可預期於 6 個月內完成之非繼續性工作。如，公職人員選舉期間，候選人聘雇司機駕駛宣傳車進行助選。

3. 季節性工作：係指受季節性原料、材料來源或市場銷售影響之非繼續性工作，其工作期間在 9 個月以內者。例如，生產蕃茄醬之公司，爲因應蕃茄生產之季節性，於每年之 12 月至 3 月間聘請額外人力，收購蕃茄加工處理。

4. 特定性工作：係指可在特定期間完成之非繼續性工作。工作期間超過 1 年者，應報請主管機關核備。例如，承攬水壩、公路建設，或專案研究計畫之助理人員等。

Q8　不管正職或打工，都要勞保

> 💲 年滿，15歲以上、65歲以下的勞工，無論正職或打工，雇主都要替你保勞、就保！
>
> 💲 雇主也要提繳6%的勞工退休金。

圖片來源：勞工保險局 Facebook 粉絲團

1. **勞工保險**是讓勞工在「工作期間」或「退休後」都可享有基本保障的保險，所以提供了生育給付、傷病給付、失能給付、老年給付、死亡給付、職災醫療給付等等，這樣工作時也能更無後顧之憂！

2. **就業保險**則是可以在「失業或育嬰留職停薪期間」提供保障，因此有失業給付、育嬰留職停薪津貼、提早就業獎助津貼、職業訓練生活津貼、健保費補助等，就算是短暫暫停工作，也能維持基本生活。

3. **勞工退休金**則是一種強制雇主應給予員工退休金的制度，讓雇主在員工工作期間每月提撥一筆退休金到員工的「勞工退休金個人專戶」戶頭，等到員工滿 60 歲時就可請領出來，讓自己退休後的經濟生活更有保障！

Q9　投保薪資是什麼？

勞保月投保薪資

勞保投保薪資調整如何計算

薪資單

3月底薪32,000+全勤獎金1,000=33,000

4月底薪32,000+全勤獎金1,000 + 績效獎金2,000 = 35,000

5月底薪32,000 + 全勤獎金1,000+職務津貼3,000 = 36,000

6月份申報時，應要計算前三個月3~5月的平均薪資總額

（33,000+35,000+36,000）÷ 3 = 34,666

所以應該以「勞工保險投保薪資級距表」
第10級34,800元來申報調整投保薪資

Q10　每個月被扣的勞（就）保費，你搞懂沒？

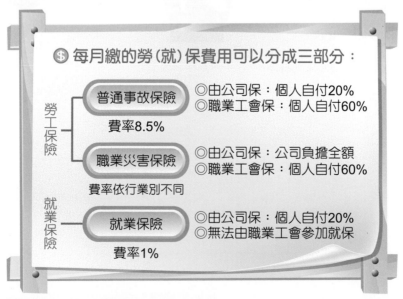

圖片來源：勞工保險局 Facebook 粉絲團

Q11 「定期契約工」與「不定期契約工」的權益有什麼不同呢?

什麼樣的工作可以約定「定期契約」呢?

1. 臨時性工作:指無法預期「非繼續性工作」類型,工作期間多在6個月以內。
2. 短期性工作:指可預期於6個月內完成的「非繼續性工作」。
3. 季節性工作:指受季節性原料、材料來源或市場銷售影響的「非繼續性工作」,
   工作期間在9個月內者
4. 特定性工作:指可在特定期間完成的「非繼續性工作」。若是工作期間超過1年的話,
   就應該申報主管機關核備

提醒

若在定期契約結束後,還在原單位繼續工作,則應視為「不定期契約」唷!

圖片來源:勞工保險局 Facebook 粉絲團

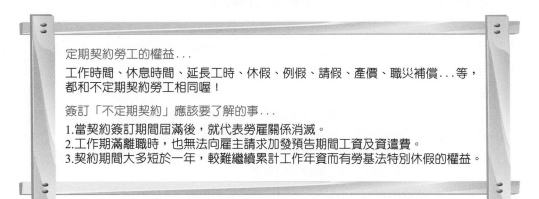

定期契約勞工的權益...

工作時間、休息時間、延長工時、休假、例假、請假、產價、職災補償...等，都和不定期契約勞工相同喔！

簽訂「不定期契約」應該要了解的事...
1.當契約簽訂期間屆滿後，就代表勞雇關係消滅。
2.工作期滿離職時，也無法向雇主請求加發預告期間工資及資遣費。
3.契約期間大多短於一年，較難繼續累計工作年資而有勞基法特別休假的權益。

那麼定期契約勞工和一般勞工擁有的權益有不同嗎？

在勞動權益上，除了三件事要特別注意外，其他勞動條件都和不定期契約勞工都相同喔！

圖片來源：勞工保險局 Facebook 粉絲團

Q12 辛苦加班的加班費，你算對了嗎？

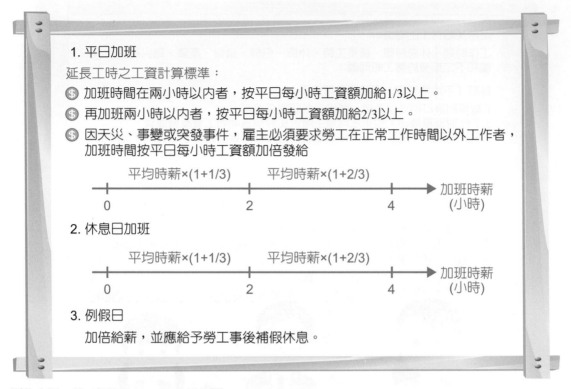

1. 平日加班

延長工時之工資計算標準：

$ 加班時間在兩小時以內者，按平日每小時工資額加給1/3以上。

$ 再加班兩小時以內者，按平日每小時工資額加給2/3以上。

$ 因天災、事變或突發事件，雇主必須要求勞工在正常工作時間以外工作者，加班時間按平日每小時工資額加倍發給

平均時薪×(1+1/3)   平均時薪×(1+2/3)   加班時薪
0   2   4   (小時)

2. 休息日加班

平均時薪×(1+1/3)   平均時薪×(1+2/3)   加班時薪
0   2   4   (小時)

3. 例假日

加倍給薪，並應給予勞工事後補假休息。

圖片來源：勞工保險局 Facebook 粉絲團

Q13 每月的加班費都不一樣，要怎麼申報投保薪資？

◎ 5月沒有加班，薪資總額：30,000元

◎ 6月列入加班費後，薪資總額：32,188元

◎ 7月假設加班後的薪資總額：33,496元

→近3個月平均工資 ＝（30,000＋32,186＋33÷96）÷3＝31,894

勞保月投保薪資

投保薪資等級	月薪資總額	月投保薪資
第12級	28,801元至30,300元	30,300元
第13級	30,301元至31,800元	31,800元
第14級	31,801元至33,300元	33,300元

➡ 勞保月投保薪資必須增加二等級，申報為33,300元

勞退月提繳工資

級距	級	實際工資	提繳工資
第5組	26	28,801元至30,300元	30,300元
	27	30,301元至31,800元	31,800元
	28	31,801元至33,300元	33,300元

➡ 勞退月提繳工資必須增加二等級，申報為33,300元

圖片來源：勞工保險局 Facebook 粉絲團

Q14 彈性工時到底在說什麼？

表 B-6　彈性工時制度

勞基法彈性工時制度一覽表			
項目	兩週彈性工時	四週彈性工時	八週彈性工時
實施原則	可將每兩週中2日工作時間拆開分配到其他工作日	可任意分配	可任意分配
分配於其他工作日之時數	每日不得超過2小時	每日不得超過2小時	可任意分配，惟分配後每日正常工時不得超過8小時
每日正常工時上限	10小時	10小時	8小時
每週正常工時上限	48小時	無規定	48小時
例假	每7日至少有1日例假	每兩周至少2日例假	每7日至少有1日例假
適用行業	勞基法範圍	1. 農林漁牧業 2. 環境衛生、銀行信託、醫療、娛樂、旅館等50種行業	1. 製造業、四週變形工時行業 2. 營造、建築、游覽車業、港埠業、航空、郵政、電信等

資料來源：勞工保險局 Facebook 粉絲團

三、勞工請假篇

Q15 婚假、喪假、事假、公假之規定

表 B-7　請假之規定

假別	申請資格	日數	工資計算	備註
婚假	本人資格	婚假8天	工資照給	
喪假	父母、養父母、繼父母、配偶喪亡	喪假8天	工資照給	左列所稱之祖父母或配偶之祖父母均含母之父母
	祖父母、子女；配偶之父母、配偶之養父母或繼父母喪亡	喪假6天		
	曾祖父母、兄弟姐妹；配偶之祖父母喪亡	喪假3天		
事假	勞工因有事故必須親自處理者	1年內合計不得超過14日	事假期間不給工資	
公假	依法令規定應給予公假者	視實際需要給假	工資照給	

資料來源：勞工保險局 Facebook 粉絲團

Q16 特別休假規定

表 B-8　特休規定

6個月以上＜工作年資＜1年	3日
1年以上＜工作年資＜2年	7日
2年以上＜工作年資＜3年	10日
3年以上＜工作年資＜5年	14日
5年以上＜工作年資＜10年	15日
工作年資 ≥ 10年	每一年加給1日，加至30天為止
★1.請假期間工資照給 ★2.事業單位不得因勞工請特別休假時，扣發全勤獎金	

資料來源：勞工保險局 Facebook 粉絲團

Q17 勞保普通傷病給付條件

　　被保險人遭遇普通傷害或普通疾病住院治療，不能工作，以致未能取得原有薪資，可自住院不能工作的第 4 日起至出院止，請領普通傷病給付。如果只有門診或在家療養期間，都不在給付範圍唷！

圖片來源：勞工保險局 Facebook 粉絲團

Q18 生理假、產假、陪產假、育嬰留職停薪假之規定

表B-10　生理假、產假等規定

假別	申請資格	日數	工資計算	備註
生理假	女性勞工因生理日致工作有困難	每月1日	依病假規定辦理	不須提供證明，不影響，全勤及考績。併入病假計算，惟逾30日病假，仍有3日半薪生理假

假別	申請資格	日數	工資計算	備註
產檢假	女性勞工懷孕有產前檢查之需求	5日	薪資照給	
產假	女性勞工分娩	8星期	工作≧6個月，工資照給；工作<6個月，減半發給	依醫學上之定義，妊娠20週以上產出胎兒為「分娩」，妊娠20週以下產出胎兒為「流產」
	妊娠3個月以上流產	4星期		
	妊娠2~3個月流產	1星期	可由勞資雙方契約或工作規則協議約定	
	妊娠未滿2個月流產	5日		
陪產假	男性勞工之配偶分娩	5日	薪資照給	於分娩日前後共15日中，強性選擇5日休假
育嬰留職停薪	1. 勞工任職滿半年 2. 撫育未滿3歲子女	1. 至少6個月，最多2年 2. 同時撫育子女2人以上者，應合併計算，最長以最幼子女受撫育2年為限	無薪	1. 勞工可繼續加保勞健保（可延遲3年繳納），事業單位不需負擔保費 2. 不適用配偶未就業者，但有正當理由者不在此限

資料來源：勞工保險局 Facebook 粉絲團

Q19 打工族到底有沒有特別休假？

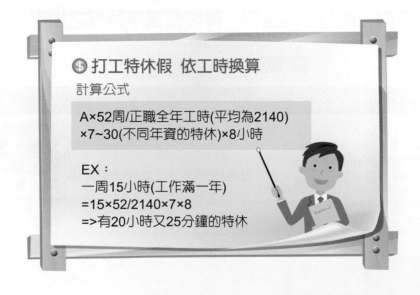

$ 打工特休假　依工時換算

計算公式

A×52周/正職全年工時(平均為2140)
×7~30(不同年資的特休)×8小時

EX：
一周15小時(工作滿一年)
=15×52/2140×7×8
=>有20小時又25分鐘的特休

四、基本勞工保險篇

Q20 勞退金可以從員工薪水扣嗎

Q21 我的勞保到底要繳多少？

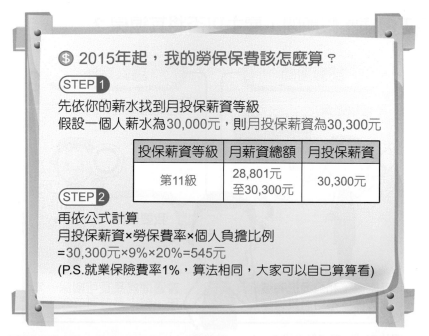

Q22 要怎麼知道雇主有沒有依規定提繳，我的個人專戶累計多少錢

　　有自然人憑證的話，可以直接透過線上查詢：勞保局 e 化服務系統或郵寄或親自到勞保局各地辦事處查詢也 OK~

　　另外，郵局和 5 家銀行都有與勞保局合作，申辦查詢卡片後，就能透過 ATM 查詢勞保及勞退資料！

(STEP)**1**

攜帶「郵局存摺」、原留印鑑、「金融卡」及「身分證」到郵局申請

(STEP)**2**

3個工作天後，可利用郵政ATM查詢勞保、勞退資料

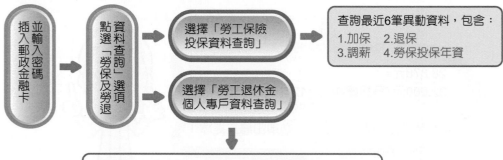

圖片來源：勞工保險局 Facebook 粉絲團

Q23 員工傷病請假期間，雇主可否將其退保？

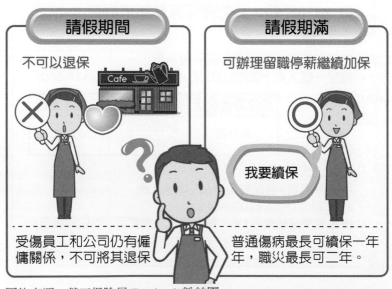

圖片來源：勞工保險局 Facebook 粉絲團

五、就業保險篇

Q24 勞保、就保、國保傻傻分不清楚

「婚假」的規定
* 請假天數：8天
* 薪資給付：工資給

「產假」的規定

請假原因	請假天數	薪資給付
妊娠20周以上至分娩	8週	工作滿6個月：全薪 工作不滿6個月：半薪
妊娠3個月以上流產	4週	
妊娠2個月以上未滿3個月流產	1週	請假期間薪資之計算，由勞資雙方契約或工作協議規定
妊娠未滿2個月流產	5天	

* 懷孕婦女無論未婚或已婚，以事實認定給予產假
* 女性勞工在妊娠期間，如有較為輕易的工作，得申請改調，雇主不得拒絕也不得減少工資

首先來講婚假和產假

圖片來源：勞工保險局 Facebook 粉絲團

Q25　公司加保 vs. 職業工會加保，差在哪？

參加勞保的管道分為兩種：1. 由公司加保、2. 自己到職業工會投保。

要怎麼知道自己適用哪種方式呢？

如果你是屬於「無一定雇主」或「自營作業者」的身分，才可以由所屬本業職業工會申報加保；若是「有一定雇主」的勞工則必須以受僱單位為投保單位，不能在工會加保喔！

圖片來源：勞工保險局 Facebook 粉絲團

Q26　什麼是就業保險？

保就保對象：
年滿15歲以上、65歲以下的受僱員工，包含本國籍勞工以及與本國籍者結婚且獲准居留依法在臺工作的外籍配偶

要記得
就保≠勞保喔！

就保給付	勞保給付
失業給付	傷病給付
職業訓練生活津貼	失能給付
健保費補助	職災醫療給付
提早就業獎助津貼	生育給付
育嬰留職停薪津貼	老年給付
	死亡給付

圖片來源：勞工保險局 Facebook 粉絲團

Q27　就業保險的四大保障

失業給付

① 非自願離職
② 離職退保前3年內，就保年資合計滿1年以上（不限同一公司）
③ 具有繼續工作能力與意願
④ 向公立就業服務機構辦理求職登記，但14日內仍無法推薦就業或安排職訓者

註：領滿失業給付後，就保年資才會重新計算。

職業訓練生活津貼

① 非自願離職
② 向公立服務機構辦理求職登記
③ 經安排參與全日職訓者

健保費補助

① 領取失業給付或職業訓練生活津貼者
② 非經自願離職前已跟隨被保險人參加健保的眷屬

提早就業獎助津貼

① 領取失業給付期滿前已找到新工作
② 新工作的就保年資已滿3個月以上

圖片來源：勞工保險局 Facebook 粉絲團

Q28　請領失業給付的條件

◎ 先彙整好申請文件，並確認是否符合失業給付請領資格

> **資格**
> 1.非自願離職
> 2.離職退保當天前3年內，就保年資合計滿1年
> 3.有工作能力和繼續工作意願

> **失業初次認定應備文件**
> 1.失業（再）認定、失業給付申請書及給付收據
> 2.非自願離職證明書或定期契約證明文件
> 3.國民身分證或其他身分證明文件
> 4.本人的國內金融機構存摺影本
> 5.＊若為身心障礙者，需一併提供身心障礙證明
> 6.＊有扶養眷屬的人，應再提供下列文件：
> (1)受扶養眷屬的戶口名簿影本或其他身分證明文件影本
> (2)受扶養子女若為身心障礙，需附上身心障礙證明

> **時限**
> 離職退保後兩年內辦理

圖片來源：勞工保險局 Facebook 粉絲團

　　因失業給付主要提供失業期間基本生活保障，主要目的還是在幫助失業勞工盡快返回職場，失業者應帶著上面提到的「應備文件」，親自到公立就業服務機構辦理求職登記、申請失業認定及接受就業諮詢。

　　如未能在 14 天內推介就業或安排職訓，公立就業服務機構應在第 15 天完成失業認定，轉勞保局核發失業給付。

Q29　失業給付可以領到多少錢？

一般情形
每月給付金＝離職前6個月平均月投保薪資×60%
失業給付最長可領6個月

年滿46歲或身心障礙者
失業給付最長可領9個月

有扶養眷屬
《例如：無工作收入的配偶、未成年子女、身心障礙子女》
每撫養1人加給10%失業給付，最多計至20%

例

黃先生離職退保前6個月月投保薪資平均是38,000元，失業時家中還有2個讀國中的小孩，他每月可領多少失業給付？

一般失業給付＝38,000×60%＝22,800元
撫養眷屬2人加給20%＝35,000×20%＝7,600元
每月失業給付總共可領＝22,800＋7,600＝30,400元

圖片來源：勞工保險局 Facebook 粉絲團

Q30 如果在領失業給付期間就找到工作，是否可以領到最長 6 個月為止？

◎為了鼓勵就業，提前工作的話，可以申領『提早就業獎助津貼』，將申請資料郵寄到勞保局審核通過後就會一次發給，金額為尚未請領的失業給付金額的50％。

> **資格**
> 1.符合失業給付請領條件，並完成初次申辦手續
> 2.領滿失業給付前再受僱，並參加就保滿3個月（不限同一單位）

> **應備文件**
> 1.提早就業獎助津貼申請書及給付收據
> 2.國民身分證或其他身分證明文件影本
> 3.本人的國內金融機構存摺影本

> **時限**
> 再受僱並參加就保滿3個月的隔天起算2年內辦理

圖片來源：勞工保險局 Facebook 粉絲團

Q31 有兼職可否請領失業給付？

如果你的每月的工作收入「超過」基本工資（目前為 25,250 元）：就不能請領失業給付。

如果你的每月工作收入「未超過」基本工資：工作收入加上失業給付的總額，超過平均月投保薪資 80% 的部分，就必須從失業給付中扣除。但總額低於基本工資的話，就不用扣除。

圖片來源：勞工保險局 Facebook 粉絲團

Q32 領了勞保老年給付，可否再領失業給付？

　　已經請領勞保老年給付代表「已經退休、無工作意願」，所以不符合失業給付請領資格。

圖片來源：勞工保險局 Facebook 粉絲團

六、女性篇

Q33 生理假的規定？

女性勞工「生理假」注意事項

當女性受僱者因生理日導致
工作有困難時，可以向工作
單位請生理假…

* 請假天數：每月1天
  (請假日數拼入病假計算)
* 薪資給付：全年30日內半薪，
  超過不給薪
* 請生理假不須提供證明、也不影響
  全勤及考績

其實女性勞工在生理期不舒服，是可以請生理假的！

圖片來源：勞工保險局 Facebook 粉絲團

Q34 女性勞工於夜間工作的規定？

要求女性勞工於夜間
(22：00~06：00)工作，必須符合：

1. 雇主須經工會同意，如事業單位無工會的話，
   則要經勞資會議同意。
2. 提供必要安全衛生設施。
3. 若無大眾運輸工具可搭乘時，必須提供
   交通工具或安排女性員工宿舍。

例外情況

* 若是女性勞工有健康或其他正當理由，
  雇主不得強制於22時~6時工作。
* 若因天災、事變或突發事件，雇主則可
  使女性勞工於22時至6時工作。
* 於妊娠或哺乳期間的女性勞工，雇主不
  得使其於22時~6時工作。

圖片來源：勞工保險局 Facebook 粉絲團

Q35 婚假與產假的規定？

「婚假」的規定
＊請假天數：8天
＊薪資給付：工資給

「產假」的規定

請假原因	請假天數	薪資給付
妊娠20周以上至分娩	8週	工作滿6個月：全薪 工作不滿6個月：半薪
妊娠3個月以上流產	4週	
妊娠2個月以上未滿3個月流產	1週	請假期間薪資之計算，由勞資雙方契約或工作協議規定
妊娠未滿2個月流產	5天	

＊懷孕婦女無論未婚或已婚，以事實認定給予產假
＊女性勞工在妊娠期間，如有較為輕易的工作，得申請改調，雇主不得拒絕也不得減少工資

首先來講婚假和產假

圖片來源：勞工保險局 Facebook 粉絲團

Q36　女性育嬰留職停薪相關流程？

步驟1　確認自已是否具備請領資格

怎樣才符合申請資格呢？
1. 就業保險年資累計有1年以上
2. 小孩還沒滿3歲
3. 依《性別工作平等法》規定，向雇主辦理育嬰留職停薪假

步驟2　了解給付可領的金額與期限

可以領多少錢呢？
會依申請人申請當月時起，前6個月的
平均月投保薪資60%計算喔！(固定每月發給)

可以領多久呢？
每位子女最長發給6個月

提醒

1. 同時養育兩名子女以上，僅發給一人為限，每名子女要分開申請！
2. 父母同為就保被保險人，都能申請，但記得要「分別」提出喔！

步驟3 填寫完申請文件後，再郵寄給勞工保險局就好了

要準備哪些申請文件呢？
1.育嬰留職停薪津貼申請書及給付收據
2.育嬰留職停薪證明
3.含申請人及其子女的戶口名簿影本
4.銀行存摺封面影本

提醒

由於提前超過1個月寄出的申請案可能會被退件，大家記得育嬰假開始再寄出申請書喔！

圖片來源：勞工保險局 Facebook 粉絲團

Q37 育嬰假期間無故遭到資遣怎麼辦？

《性別工作平等法》第十七條
1.歇業、虧損或業務緊縮
2.依法變更組織、解散或轉讓者
3.不可抗力暫停工作在一個月以上
4.業務性質變更，有減少受僱者之必要，又無適當工作可供安置者

提醒

若因上述原因無法復職，須於30日前通知，並依法發給資遣費或退休金。

而且當育嬰留職停薪期滿後，除非雇主有這四個因素發生，否則不可拒絕受僱者復職喔！

圖片來源：勞工保險局 Facebook 粉絲團

Q38 如果爸爸媽媽分別參加勞保、國保或農保，到底要怎麼請領生育給付？

圖片來源：勞工保險局 Facebook 粉絲團

Q39 育嬰留職停薪津貼

　　自 111 年 1 月 18 日起，父母同為就保被保險人，可同時請領育嬰留職停薪津貼。

　　惟請領津貼期間的起日在 111 年 1 月 18 日前者，基於法律不溯及既往原則，除父母於撫育 2 名以上未滿 3 歲子女，得同時請領不同子女的育嬰留職停薪津貼外，如係撫育 1 名未滿 3 歲的子女者，仍應於不同時期分別請領育嬰留職停薪津貼，不得同時為之。

圖片來源：勞工保險局 Facebook 粉絲團

七、職業災害篇

Q40 「勞工職業災害保險及保護法」

　　「勞工職業災害保險及保護法」自 111 年 5 月 1 日施行，為提供勞工更適足的職業災害保險（簡稱職保）保障，月投保薪資上限訂為 72,800 元，下限訂為基本工資（111 年為 25,250 元）。

圖片來源：勞工保險局 Facebook 粉絲團

Q41　2022 年勞工職業災害保險及保護法（簡稱災保法）施行

　　111 年 5 月 1 日勞工職業災害保險及保護法（簡稱災保法）施行後，補習班、診所及報備有案的大樓管理委員會為災保法強制投保單位，即使僅僱用 1 名員工，也應申報員工參加職災保險！

　　如果所僱勞工已超過 65 歲或已請領勞保老年給付，同樣為災保法強制投保對象，應申報其參加職災保險喔！

圖片來源：勞工保險局 Facebook 粉絲團

Q42 職災權益提醒

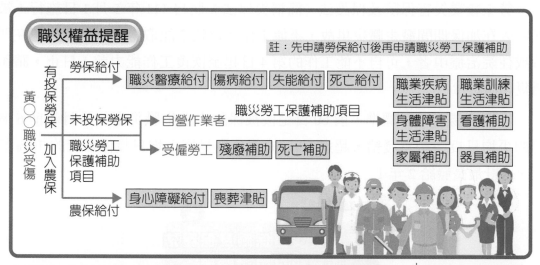

③ 職災勞工作「勞保」身分就醫，比用「健保」划算，看門診、住院可享免繳健保部分負擔醫療費用，住院30天內膳食費用還可減半

步驟1　辦理門診或住院手續，要跟醫院說明以「勞保的職災勞工」身分就醫

步驟2　向醫院索取部分負擔醫療費用收據，10天內補送職災醫療書單，可領回代墊費用

③ 職災給付須在5年內提出申請
申請資料可上勞保局網頁(http://www.bli.gov.tw/)「職災權益快易通」查詢

Q43 什麼是過勞

表 B-11　過勞標準

過勞認定標準		
長期工作過重	短期工作過重	異常事件
●發病前一個月，加班超過92小時 ●發病前二到六個月，月平均加班72小時 ●發病前一到六個月，月平均加班37小時	●發病前一天工作時間過長 ●前一周常態性工時過長 ●工作型態與負荷造成精神緊張	●突發性極度緊張、驚嚇、恐懼等 ●對身體造成突發或難以預測的強烈負荷 ●急遽且顯著的環境變動
	註：過勞職災認定為引發腦血管及心臟疾病，不包括外傷。 資料來源：勞動部職安署	

資料來源：勞工保險局 Facebook 粉絲團

Q44 職災傷病給付

　　勞工職業災害保險及保護法（簡稱災保法）將自 111 年 5 月 1 日施行，被保險人在加保期間發生職災事故，不能工作，以致未能取得原有薪資，正在門診或住院治療中者，可自不能工作的第 4 日起至恢復工作能力前 1 日止，請領職災傷病給付！

　　災保法傷病給付標準，前 60 日是按被保險人發生職災事故當月起前 6 個月的平均日投保薪資發給，超過 60 日的部分則是按平均日投保薪資的 70% 發給，合計最長發給 2 年！

圖片來源：勞工保險局 Facebook 粉絲團

Q45　普通傷病給付的請領資格與給付方式

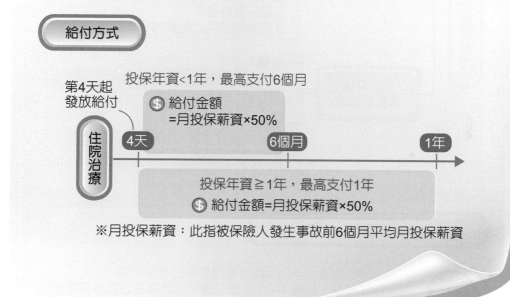

請領資格

1. 遭遇普通傷害或疾病住院診療（門診及在家療養不在給付範圍內）。
2. 由於住院治療而無法工作，導致於未能取得原有薪資，正在治療中，從不能工作的第4天起，即可請領普通傷害補助費或普通疾病補助費。
3. 普通傷病給付應於5年內辦理給付申請。

給付方式

第4天起發放給付

投保年資<1年，最高支付6個月

$ 給付金額 =月投保薪資×50%

住院治療　4天　　　6個月　　　1年

投保年資≧1年，最高支付1年
$ 給付金額=月投保薪資×50%

※月投保薪資：此指被保險人發生事故前6個月平均月投保薪資

圖片來源：勞工保險局 Facebook 粉絲團

Q46　傷病期間薪資怎麼算？

普通傷病給付 5 成薪，職災傷病給付 7 成薪。

　　至於傷病給付的標準，若是普通傷病可補助 5 成薪，也就是按被保險人平均月投保薪資的 50% 給付，最長可給付 6 個月，但若發生事故前的勞保年資合計達一年者，最長可給付到一年；若是職業傷病則給付金額按平均月投保薪資的 70% 給付，給付期限最長為 2 年，但第 2 年的給付金額降為 50%。

Q47 職災勞工就醫程序大公開

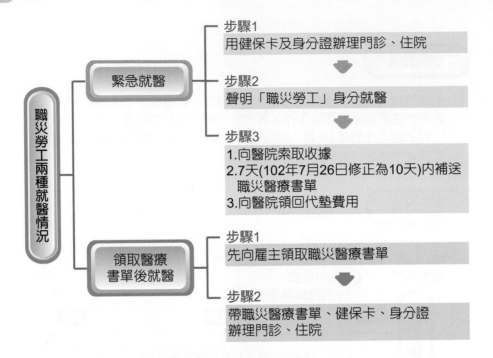

職災勞工兩種就醫情況

緊急就醫

步驟1
用健保卡及身分證辦理門診、住院

步驟2
聲明「職災勞工」身分就醫

步驟3
1.向醫院索取收據
2.7天(102年7月26日修正為10天)內補送職災醫療書單
3.向醫院領回代墊費用

領取醫療書單後就醫

步驟1
先向雇主領取職災醫療書單

步驟2
帶職災醫療書單、健保卡、身分證辦理門診、住院

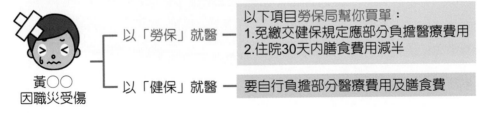

健保V.S勞保就醫自付費用比一比

黃○○
因職災受傷

以「勞保」就醫 ─ 以下項目勞保局幫你買單：
1.免繳交健保規定應部分負擔醫療費用
2.住院30天內膳食費用減半

以「健保」就醫 ─ 要自行負擔部分醫療費用及膳食費

圖片來源：勞工保險局 Facebook 粉絲團

八、勞工退休篇

Q48 勞工新制退休金與勞保老年給付有何不同？

表 B-12 勞工新制退休金與勞保老年給付的比較

項目	勞工新制退休金	勞保老年給付
依據和性質	依據「勞工退休金條例」規定，屬於強制雇主應給付其員工勞工退休金的法定制度。	依據「勞工保險條例」規定，為一項社會保險給付。
適用對象	適用勞基法之勞工（含本國籍、外籍配偶、陸港澳配偶、永久居留之外籍人士）。	符合勞工保險條例規定者。
請領條件及方式	年滿60歲時向勞保局請領個人專戶累積金額。	符合勞工保險條例請領老年給付條件時向勞保局請領。
給付方式	一次退休金或月退休金。	1. 老年年金給付。 2. 老年一次金給付。 3. 一次請領老年給付。
給付標準	勞工個人專戶累積本金及收益。	依被保險人選擇的給付方式，再以該給付方式的給付標準計算。

Q49 認識勞保老年給付

表 B-13　勞保老年給付

	老年年金給付	一次請領老年給付	老年一次金給付
請領條件	民國98年1月1日之後，才初次參加勞保的人。	民國97年12月31日之前就已經有勞保的人。	民國98年1月1日之後，才初次參加勞保的人。
請領資格（要符合其中之一的條件）	1. 符合請領年齡，勞保年資合計滿15年，並已經辦理離職退保的人。 2. 擔任具有危險、堅強體力等特殊性質工作合計滿15年，年滿55歲，並辦理離職退保的人。 3. 勞保年資未滿15年，但併計國民年金保險年資滿15年，於年滿65歲時，得選擇請領勞保老年年金給付。	1. 勞保年資合計滿1年，年滿60歲或女性年滿55歲退職的人。 2. 勞保年資合計滿15年，年滿55歲退職的人。 3. 在同一投保單位，勞保年資合計滿25年退職的人。 4. 勞保年資合計滿25年，年滿50歲退職的人。 5. 擔任經中央主管機關核定，具有危險、堅強體力等特殊性質工作合計滿5年，年滿55歲退職的人。 6. 轉投軍保、公保，符合勞工保險條例第76條保留勞保年資規定退職的人。	符合請領年齡，勞保年資合計滿15年，並已經辦理離職退保的人。

資料來源：勞工保險局 Facebook 粉絲團

Q50 「勞退金」和「勞保退休金」一樣嗎？

當然不一樣！

💲勞工退休金
雇主每月提繳至少6%的勞工退休金，會累計在個人專戶中，滿60歲可請領！

💲勞保老年給付
加入勞保、累積勞保年資，符合條件
(月領年金跟一次請領的條件不同)可請領！

請領年齡	60	61		62		63		64		65
民國	106	107	108	109	110	111	112	113	114	115	116
出生年次	46年以前出生		47		48		49		50	51年以後出生

※月領年金請領年齡：

圖片來源：勞工保險局 Facebook 粉絲團

Q51 勞退金幾歲才可以請領？

　　一般勞工朋友需要滿 60 歲才能提出申請。但喪失工作能力的勞工才可以提前請領。

圖片來源：勞工保險局 Facebook 粉絲團

Q52 如果等不到 60 歲，還沒領到勞退金就不幸過世了，怎麼辦？

圖片來源：勞工保險局 Facebook 粉絲團

Q53　勞保老年年金請領條件

勞保老年年金給付請領要件
(必須符合下列其中一項條件)

1. 年滿60歲，保險年資合計≧15年，並辦理離職退保者

＊注意：107年後退休的人請領年齡會逐漸調高喔！

請時間 (民國)	98 ～ 106	107 ～ 108	109 ～ 110	111 ～ 112	113 ～ 114	115 ～ 以後
請領年齡	60	61	62	63	64	65

2. 擔任具有危險、堅強體力等特殊性質工作合計滿15年，且年滿55歲並辦理離職退保
3. 年滿65歲，其勞保年資未滿15年，但併計國民年金保險年資後，加總年資滿15年

妳看，要請領勞保老年年金，是要符合這些資格的！

原來如此…

圖片來源：勞工保險局 Facebook 粉絲團

Q54　勞保老年年金可以怎麼領？

只是要記得：若是已經提前請領年金，就不可以反悔想要延後領喔！經過勞保局核付後，就不能變更囉！

勞保老年年金可以怎麼領

請領方式	請領時間	給付金額
老年年金 (一般)	到達請領年齡	以下兩者擇優發給： 1. 平均月投保薪資×年資×0.775%+3,000元 2. 平均月投保薪資×年資×1.55%
展延年金 (延後)	延後請領	• 每延後1年增給4%，最多延後5年 (最多增給20%) • 計算方式：原本可領到的每月年金金額×(1+4%×延後年數)
減額年金 (提前)	保險年資≧15年可提前請領	• 每提前1年減給4%，最多提前5年(最多減給20%) • 計算方式：原本可領到的每月年金金額×(1-4%×延後年數)

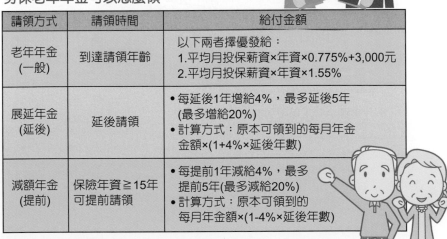

圖片來源：勞工保險局 Facebook 粉絲團

Q55 遺屬順位

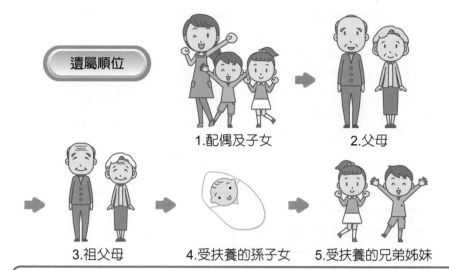

遺屬順位
1.配偶及子女　2.父母
3.祖父母　4.受扶養的孫子女　5.受扶養的兄弟姊妹

＊如果順位的遺屬存在的話，後順序的遺屬就無法請領遺屬年金
＊遺屬加計：同一順序遺屬有2人以上的話，每多1人加發25%，最多加計50%

圖片來源：勞工保險局 Facebook 粉絲團

Q56　年金領了幾年就身故，保費就白繳了嗎？

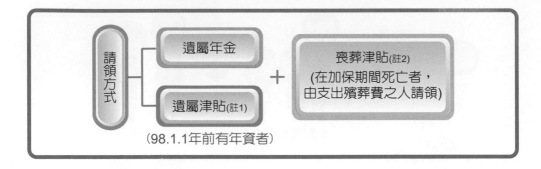

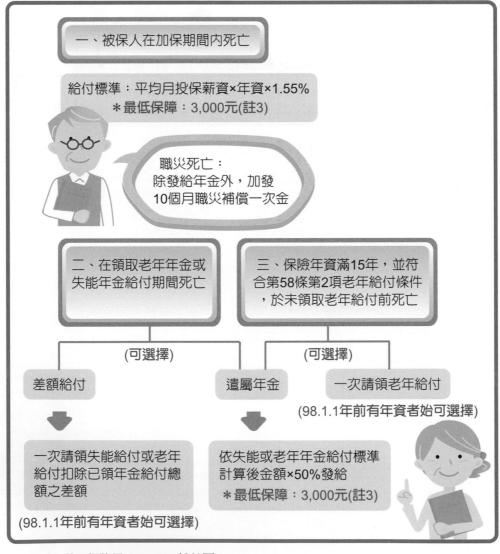

圖片來源：勞工保險局 Facebook 粉絲團

Q57　有欠國保保費，能領取老年年金嗎？

如有欠繳國保保費，能領取國保老年年金嗎？

1. 要繳清保費或辦理分期繳納，才不會暫行拒絕給付。

2. 超過10年的欠費不能補繳，也無法計入保險年資。

3. 有超過10年欠費不能補繳紀錄者，
   影響給付領取金額（老年年金只能領B式）。

4. 在64-65歲間有欠繳保費，
   經勞保局書面通知限期繳納後還是逾期繳納
   則前3個月的老年年金只能領B式。

國保老年年金A式

月投保金額×保險年資0.65% + 3,628元

國保老年年金B式

月投保金額×保險年資× 1.3%

九、其它相關問題補充篇

Q58　責任制是什麼？

　　勞動部在 2019 年 7 月公告月薪 15 萬元以上的高階主管（監督管理人員）納入《勞動基準法》第 84 條之 1（俗稱責任制），工時、加班和例假等將不受《勞基法》一般規範限制，初估有 3.8 萬名高薪主管受到影響。

表 **B-15**　高薪監督管理人員納入責任制

責任制條款排除對象	
月薪	1. 經常性每月薪資15萬元以上 2. 不包括獎金、分紅、年終獎金等加給
職位	監督管理人員
監督主管人員之定義	1. 為受僱者 2. 負責事業之經營及管理工作 3. 對一般勞工之受僱、解僱或勞動條件具有決定權力之主管級人員
工時及例休	1. 可不受勞基法相關規定 2. 勞資雙方協議，並報地方主管機關核備
影響人數	3.8萬人
實施日期	2019年5月23日

資料來源：經濟日報

Q59　個人隱私到底包括哪些？

就業服務法施行細則說明包括以下三類：

1. 生理資訊：基因檢測、藥物測試、醫療測試、HIV 檢測、智力測驗或指紋等。

2. 心理資訊：心理測驗、誠實測試或測謊等。

3. 個人生活資訊：信用紀錄、犯罪紀錄、懷孕計畫或背景調查等。

雇主要求求職人或員工提供隱私資料，應尊重當事人之權益，不得逾越基於經濟上需求或維護公共利益等特定目的之必要範圍，並應與目的間具有正當合理之關聯。

Q60 下班時間，老闆一直 Line 我，害我在家也要工作，到底可不可以報加班？

依據勞動部 103 年 10 月 20 日勞動條 3 字第 1030132207 號

勞工於工作場域外應雇主要求提供勞務，勞工可自行記錄工作的起迄時間，送交雇主補登載工作時數。

勞工若於工作場域外應雇主要求提供勞務，勞工可自行記錄工作的起迄時間，輔以對話、通訊紀錄或完成文件交付紀錄等佐證，送交雇主補登載工作時數，雇主應依法補登工時並給付工資（含延時工資或休假日出勤工資）。另，依勞動基準法第 42 條規定，勞工因健康或其他正當理由，不能接受正常工作時間以外之工作者，雇主不得強制其工作。

Q61 勞資雙方於實務上簽訂競業禁止契約時，應注意哪些事項？

現行勞動法令中並無競業禁止的規定，因此勞資雙方更應該本於誠實信用的原則協商。以下幾點，列為參酌：

表 B-16　競業禁止契約

簽訂競業禁止契約參酌事項
1. 事業單位基於企業經營必要培訓專業人才，如於「服務保證條款」內約定受訓勞工須於結訓後服務一定的期限及違約賠償，法無禁止
2. 勞動基準法第二十六條明定，雇主不得預扣勞工工資作為違約金之用。任何假藉勞工違約名義，而欲自勞工所得之薪資中直接扣抵的作為，因違反法律禁止規定，應屬無效
3. 勞工如違反勞動基準法第十二條，遭致雇主不經預告而終止契約時，其原先所簽立之競業禁止或服務保證的約定，依然具有法律效力。勞工切勿意圖以達到被解僱的目的，錯誤的認為藉此可以規避契約的責任
4. 勞工的發明如係利用雇主的資源或經驗完成者，雇主得於契約內訂定支付使用其發明的合理報酬，勞工一旦接受，則專利權轉為雇主所有
5. 按現行著作權法的規定，勞工在職期間完成的著作，享有著作權；如雇主有使用的必要，宜事先與勞工另行訂定契約

Q62 企業人力資源管理部門對於勞工試用期間應有的正確認知？

表 B-17 勞工試用期認知

1. 事業單位於工作規則或勞動契約中，必須明定「工作不能勝任」的標準，以此作為爾後判定的依據
2. 各事業單位試用期間之勞工，其有關工資、工時、休假、職業災害補償等勞動條件，仍應依照勞工法令辦理，不因其試用身份而與正式員工有別
3. 試用勞工如經雇主合法解僱退保，其勞動契約業已終止，雖未滿三個月再回事業單位任職，仍應視為另一新勞動契約的開始，且無年資併計的問題
4. 事業單位如重新僱用已退休勞工，新勞動契約即已成立，其年資應重新起算；退休勞工是否仍須比照一般新進人員約定試用期限，抑或免除試用，應於勞動契約內明定
5. 試用勞工離職時，如請求事業單位發給服務證明書，雇主不得以其非正式人員為由拒絕
6. 各事業單位應為試用期間之勞工加入勞工保險，若因雇主未按規定辦理投保手續，導致試用勞工無法請領勞保給付時，雇主除須依照勞工保險條例規定之給付標準賠償外，還要按照自僱用勞工之日起至加保日止應負擔的保費，處以二倍罰鍰

附錄 C　離職員工的 **Python** 分析

　　員工流失是 Kaggle 上一筆非常有趣的數據集，它包含了幾種可能導致員工離職的變數，讓我們能通過數據分析更進一步了解哪些變數是真正影響員工離職的原因，並且能夠利用數據集做出預測。

1. 程式使用環境
   (1) Windows 專業版 21H2。
   (2) Python 3.8.8。

2. 資料來源
   (1) 為 Kaggle 上之開放資料，檔案位置如下：

   https://www.kaggle.com/code/jacksonchou/hr-analytics/data。

   (2) 共計 14,999 名員工、10 個變數。

3. 資料欄位說明
   (1) left：員工是否離職（1= 離職，0= 沒有離職）。
   (2) satisfaction_level：員工對公司的滿意度。
   (3) last_evaluation：員工績效。
   (4) number_projects：員工被指派的工作數目。
   (5) average_monthly_hours：員工每個月的平均工作時數。
   (6) time_spent_company：員工資歷（單位：年）。
   (7) work_accident：工作是否有出錯（1= 有出錯，0= 沒有出錯）。
   (8) promotion_last_5years：員工在近 5 年內是否升遷（1= 升遷，0= 沒有升遷）。
   (9) sales：工作部門，含 10 個部門：會計部、人力資源部、資訊部、管理部等。
   (10) salary：薪資，共分 3 種層級，高、中、低。
   (11) salary：薪資，共分 3 種層級，高、中、低。

一、資料載入與清理

　　在本小節中，我們將針對此資料集進行基本的載入，同時檢查此資料集是否需要進行相關的清理。

```
In [1]: %matplotlib inline
        ## 將後續畫圖的結果直接顯現在網頁中

        # 基本引入三個套件
        import numpy as np
        import matplotlib.pyplot as plt
        import pand as aspd
In [2]: hr=pd.read_csv("dataset/HR_comma_sep.csv")
        hr.info()


        <class 'pandas.core.frame.DataFrame'>
        RangeIndex: 14999 entries, 0 to 14998
        Data columns (total 10 columns):
        #    Column                  Non-Null Count   Dtype
        ---  ------                  --------------   -----
        0    satisfaction_level      14999 non-null   float64
        1    last_evaluation         14999 non-null   float64
        2    number_project          14999 non-null   int64
        3    average_montly_hours    14999 non-null   int64
        4    time_spend_company      14999 non-null   int64
        5    Work_accident           14999 non-null   int64
        6    left                    14999 non-null   int64
        7    promotion_last_5years   14999 non-null   int64
        8    sales                   14999 non-null   object
        9    salary                  14999 non-null   object
        dtypes: float64(2), int64(6), object(2)
        memory usage: 1.1+ MB
```

　　我們可以從上述的資料呈現，發現此十個變數並沒有缺失值（Null），同時 sales 以及 salary 為質變數（Qualitative Data），其餘為量變數（Quantitative Data）。應該注意的是，left、promotion_last_5years 以及 work_accident 也屬於類別變數，因此我們需要將其轉換資料 type。

```
In [3]: hr['left'] = hr['left'].astype('object') # 修改為 object 型態
        hr['promotion_last_5years'] = hr['promotion_last_5years'].
        astype('object') # 修改為 object 型態
        hr['Work_accident'] = hr['Work_accident'].astype('object')
        # 修改為 object 型態
```

In [4]: hr.info()# 檢查資料型態
```
<class 'pandas.core.frame.DataFrame'>
RangeIndex: 14999 entries, 0 to 14998
Data columns (total 10 columns):
 #   Column                 Non-Null Count   Dtype
---  ------                 --------------   -----
 0   satisfaction_level     14999non-null    float64
 1   last_evaluation        14999non-null    float64
 2   number_project         14999non-null    int64
 3   average_montly_hours   14999non-null    int64
 4   time_spend_company     14999non-null    int64
 5   Work_accident          14999non-null    object
 6   left                   14999non-null    object
 7   promotion_last_5years  14999non-null    object
 8   sales                  14999non-null    object
 9   salary                 14999non-null    object
dtypes: float64(2), int64(3), object(5)
memory usage: 1.1+ MB
```

In [5]: display(hr.head(),# 看前五筆資料
　　　　 hr.tail(),# 看後五筆資料
　　　　 hr.shape) # 了解整個　dataframe 的資料範圍

	satisfaction_level	last_evaluation	number_project	average_montly_hours	time_spend_company	Work_accident	left	p
0	0.38	0.53	2	157	3	0	1	
1	0.80	0.86	5	262	6	0	1	
2	0.11	0.88	7	272	4	0	1	
3	0.72	0.87	5	223	5	0	1	
4	0.37	0.52	2	159	3	0	1	

	satisfaction_level	last_evaluation	number_project	average_montly_hours	time_spend_company	Work_accident	le
14994	0.40	0.57	2	151	3	0	
14995	0.37	0.48	2	160	3	0	
14996	0.37	0.53	2	143	3	0	
14997	0.11	0.96	6	280	4	0	
14998	0.37	0.52	2	158	3	0	

(14999, 10)

二、探索性資料分析
（Exploratory Data Analysis）

在這個小節，我們將利用此資料集，進行初步統計量以及相關性的分析，同時嘗試根據基本統計學討論幾個特定問題。

```
In [6]: hr.describe() # 基本統計量，僅會顯示屬量資料
Out[6]:
```

	satisfaction_level	last_evaluation	number_project	average_montly_hours	time_spend_company
count	14999.000000	14999.000000	14999.000000	14999.000000	14999.000000
mean	0.612834	0.716102	3.803054	201.050337	3.498233
std	0.248631	0.171169	1.232592	49.943099	1.460136
min	0.090000	0.360000	2.000000	96.000000	2.000000
25%	0.440000	0.560000	3.000000	156.000000	3.000000
50%	0.640000	0.720000	4.000000	200.000000	3.000000
75%	0.820000	0.870000	5.000000	245.000000	4.000000
max	1.000000	1.000000	7.000000	310.000000	10.000000

從初步的統計量，我們可以看出共計 14,999 名員工，對公司的滿意度平均為 0.61、工作績效平均為 0.716、平均每人手上有 3.8 個專案、員工每月的平均工作時數為 201 小時、員工資歷平均為 3.49 年。由此可知，顯示該公司的工作負荷量略重。此項目也可從下表相關係數中發現，兩者的相關係數為 0.42，但員工滿意度與專案數量（-0.14）、工作時數（-0.02）之間的相關係數竟呈現負向。

(一) 資料視覺化

```
In [7]: import seaborn as sns
In [8]: plt.subplots(figsize=(10, 5))
        sns.set_style('whitegrid')
        sns.distplot(hr['satisfaction_level'],bins=20)
        C:\Users\ThinkPadX1\anaconda3\lib\site-packages\seaborn\
        distributions.py:2557: FutureWarning: `distpl ot` is a
        deprecated function and will be removed in a future version.
        Please adapt your code to use ei ther `displot` (a figure-level
        function with similar flexibility) or `histplot` (an axes-level
        functio n for histograms).
        warnings.warn(msg, FutureWarning)
Out[8]: <AxesSubplot:xlabel='satisfaction_level',  ylabel='Density'>
```

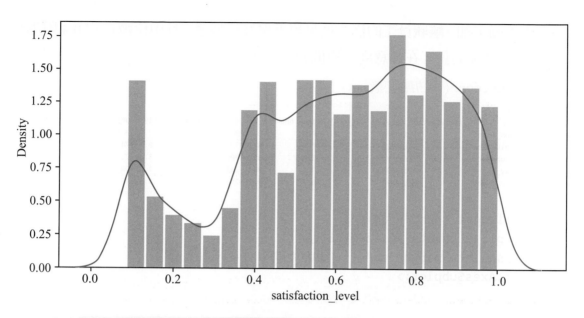

　　由上圖中可以看出，關於整體員工滿意度（satisfaction_level），這家公司大致上呈現在 0.5 ～ 1.0 之間，並非一常態分布。

```
In [9]: fig=plt.figure(figsize=[12,6])
        ax1=fig.add_subplot(1,3,1)
        ax2=fig.add_subplot(1,3,2)
        ax3=fig.add_subplot(1,3,3)

        sns.boxplot(x='left',y='satisfaction_level',data=hr,ax=ax1)
        sns.boxplot(x='left',y='last_evaluation',data=hr,ax=ax2)
        sns.boxplot(x='left',y='average_montly_hours',data=hr,ax=ax3)
        plt.show()
```

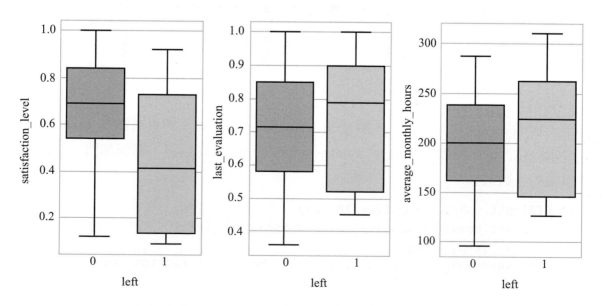

　　由上圖可知，離職員工的滿意度呈現低擴峰的型態，且中位數在約 0.4 附近；同時，有 75% 的員工在滿意度上約低於 0.75，這與留任的員工有較大的差異。

```
In [10]:hr.corr()# 相關係數
Out[10]:
```

	satisfaction_level	llast_evaluation	nnumber_project	average_montly_hours	time_spend_company
satisfaction_level	1.000000	0.105021	-0.142970	-0.020048	-0.100866
last_evaluation	0.105021	1.000000	0.349333	0.339742	0.131591
number_project	-0.142970	0.349333	1.000000	0.417211	0.196786
average_montly_hours	-0.020048	0.339742	0.417211	1.000000	0.127755
time_spend_company	-0.100866	0.131591	0.196786	0.127755	1.000000

```
In [11]:import seaborn as sns
        plt.subplots(figsize=(10, 5))
        sns.heatmap(hr.corr(), annot=True)
Out[11]:<AxesSubplot:>
```

　　由上述可以探討，若員工滿意度（satisfaction_level）與專案數量（number_project）、工作時數（average_montly_hours）呈現負向關係，哪個部門（sales）離職的人數最多？

```
In [12]:plt.subplots(figsize=(10, 6))
        sns.boxplot(x='sales', y='satisfaction_level', data=hr)
        # 不同部門的滿意度
Out[12]:<AxesSubplot:xlabel='sales', ylabel='satisfaction_level'>
```

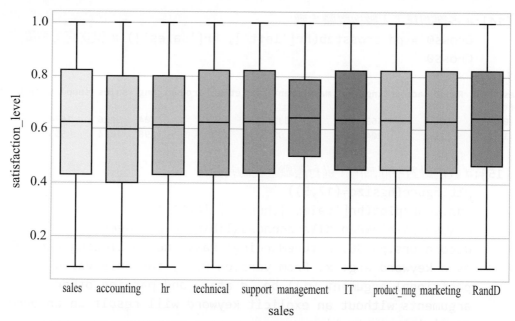

```
In [13]:plt.subplots(figsize=(10, 5))
        sns.boxplot(x='number_project', y='satisfaction_level',
        data=hr)# 專案多寡與滿意度
Out[13]:<AxesSubplot:xlabel='number_project',
        ylabel='satisfaction_level'>
```

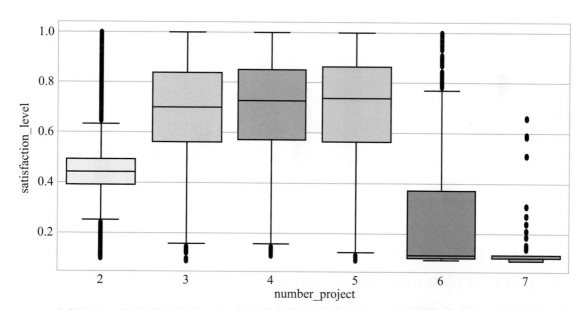

　　我們可以很清楚看出，專案數超過五個以上，員工滿意度會大幅下降；同時專案數過少，可能也意謂該員工不受重用，滿意度亦略低。

```
In [14]:# 各部門員工人數與離職人數
         Cross0 = pd.crosstab(hr['left'], hr['sales']) # 建立交叉列聯表
         Cross0
```

Out[14]:

sales left	IT	RandD	accounting	hr	management	marketing	product_mng	sales	support	technical
0	954	666	563	524	539	655	704	3126	1674	2023
1	273	121	204	215	91	203	198	1014	555	697

```
In [15]:# 我們針對不同部門，進行離職呈現的視覺化
         plt.figure(figsize=(12,5))
         sns.countplot(hr['sales'],hue=hr['left'])
         C:\Users\ThinkPad X1\anaconda3\lib\site-packages\seaborn\_
         decorators.py:36: FutureWarning: Pass the fo llowing variable
         as a keyword arg: x. From version 0.12, the only valid
         positional argument will be `d ata`, and passing other
         arguments without an explicit keyword will result in an error
         or misinterpreta tion.
           warnings.warn(
Out[15]:<AxesSubplot:xlabel='sales', ylabel='count'>
```

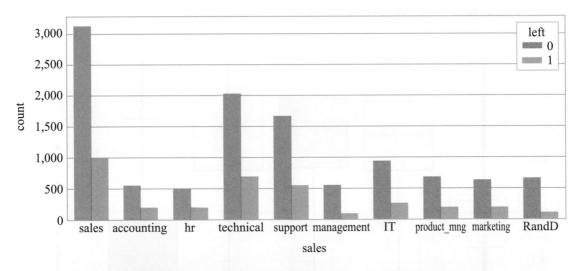

　　雖然可以從上圖中看出各部門的離職人數，但因為各部門的員工人數不
同，且有不小的落差，因此我們並不能以絕對數值進行比較。

```
In [16]:hr.pivot_table('satisfaction_level', index='left',
         columns='sales') # 樞紐分析表（數字內容為平均數）
```

```
Out[16]:
sales       IT    RandD  accounting       hr  management  marketing  product_mng     sales  support  technical
left
   0  0.677170  0.653799    0.647211  0.666679    0.654861   0.669878     0.658466  0.668548  0.673799   0.668319
   1  0.411868  0.432810    0.402598  0.433395    0.422857   0.453153     0.481566  0.447663  0.450901   0.432525
```

　　由上述可知，十個工作部門在區分爲離職與否（0/1）的平均滿意度上，一致呈現離職（coding = 1）較未離職（coding = 0）的滿意度爲低；但是在未離職員工的滿意度上，也沒有任何一個部門的滿意度高於 0.7。同時，可以由下圖發現，這家公司目前主力的員工年資爲三年以下，最高年資爲十年，是一家較年輕的公司。

In[17]:
```
satis_left_table=pd.crosstab(index=hr['satisfaction_level'],
columns=hr['left'])
fig=plt.figure(figsize=(10,6))
left=sns.kdeplot(hr.loc[(hr['left']==0),'satisfaction_level'],
color='b',shade=True,label='no    left')
left=sns.kdeplot(hr.loc[(hr['left']==1),'satisfaction_level'],
color='r',shade=True,label='left')
```

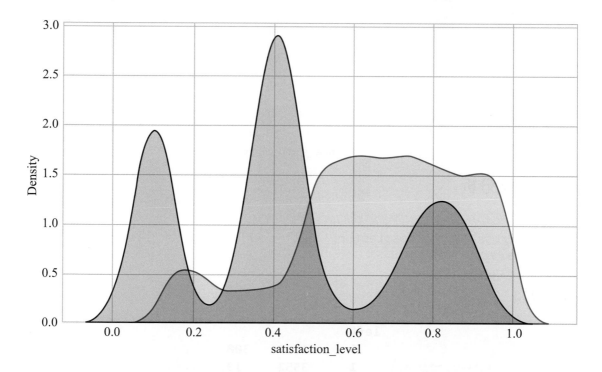

　　上圖出現了三個峰值，滿意度低於 0.1 的員工基本爲離職；滿意度在 0.3 ～ 0.5 之間離開的員工到達另一個峰值；滿意度在 0.8 左右時，又出現了一個峰值。滿意度較高的員工，可能是爲了更好的工作機會；離職不一定是對公司不滿，因爲這些員工對公司的滿意度比較高。

```
In [18]:plt.figure(figsize=(10,6))
        sns.countplot(hr['time_spend_company'],hue=hr['left'])
        plt.tight_layout()
```

C:\Users\ThinkPad X1\anaconda3\lib\site-packages\seaborn_
decorators.py:36: FutureWarning: Pass the fo llowing variable
as a keyword arg: x. From version 0.12, the only valid
positional argument will be `d ata`, and passing other
arguments without an explicit keyword will result in an error
or misinterpreta tion.
warnings.warn(

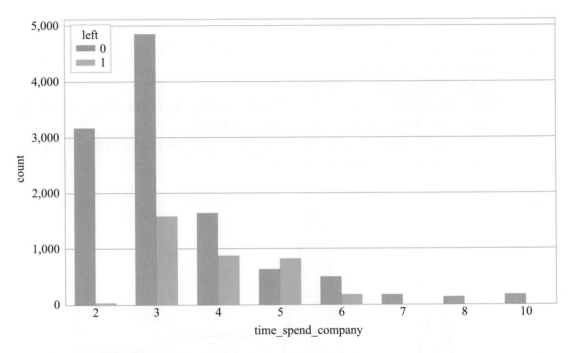

(二) 交叉分析

```
In [19]:#五年內有升遷，但卻離職的人有多少
        Cross0 = pd.crosstab(hr['left'], hr['promotion_last_5years'])
        #建立交叉列聯表
        Cross0
```

```
Out[19]:
        promotion_last_5years        0       1
                          left
                             0    11128     300
                             1     3552      19
```

　　我們從交叉分析表中可以知道，五年內有升遷共計 319 位，但最後有 19 位仍然離職。我們可進一步看看，他們在工作上有沒有犯錯，從下表可以知道，這 19 位之中，有 4 位過去曾在工作上犯錯，但仍有晉升機會。

```
In [20]:Cross1 = pd.crosstab(index=[hr['left'],hr['Work_accident']],
                      columns=hr["promotion_last_5years"]
                      )
        Cross1
Out[20]:
```

promotion_last_5years		0	1
left	Work_accident		
0	0	9200	228
	1	1928	72
1	0	3387	15
	1	165	4

```
In [21]:hr.groupby('salary').mean() #薪水高低在不同變數中的影響
Out[21]:
```

salary	satisfaction_level	last_evaluation	number_project	average_montly_hours	time_spend_company
high	0.637470	0.704325	3.767179	199.867421	3.692805
low	0.600753	0.717017	3.799891	200.996583	3.438218
medium	0.621817	0.717322	3.813528	201.338349	3.529010

　　我們可以發現，若以薪水的低中高來進行分組，則其他變數在三個分組中並沒有顯著的差別，因此薪水可能不是一個重要的依據。

（三）離職的是誰？

```
In [22]:import matplotlib as mpl
        import matplotlib.pyplot as plt
        import numpy as np
        import seaborn as sns
```

```
In [23]:hrleft=hr[hr.left==1] #取出離職的員工，另存為 hrleft
```

```
In [24]:display(hrleft.head(), hrleft.shape)
```

	satisfaction_level	last_evaluation	number_project	average_montly_hours	time_spend_company	Work_accident	left	p
0	0.38	0.53	2	157	3	0	1	
1	0.80	0.86	5	262	6	0	1	
2	0.11	0.88	7	272	4	0	1	
3	0.72	0.87	5	223	5	0	1	
4	0.37	0.52	2	159	3	0	1	

(3571, 10)

　　我們可以看出共計 3,571 名員工離職。接下來，我們來看看這一群離職員工的平均工作滿意度是多少？

```
In [25]:hrleft.satisfaction_level.mean()
        # 這一群離職員工，平均工作滿意度為？
Out[25]:0.44009801176140917
```

```
In [26]:# 繪圖參數設定，採用 plt.subplots 法
        plt.figure(figsize=(12,6))
        fig, ((ax1, ax2, ax3)) = plt.subplots(1, 3, sharey=True,
        tight_layout=False) # 共三張圖

        ax1.hist(hrleft.satisfaction_level, bins=10)
        # 離職員工在工作滿意度的直方圖
        ax2.hist(hrleft.last_evaluation, bins=10)
        # 離職員工在員工績效的直方圖
        ax3.hist(hrleft.average_montly_hours, bins=10)
        # 離職員工在每個工的平均工作時數的直方圖
```

```
Out[26]:(array([808., 787., 33., 28., 41., 279., 473., 529., 320.,
        273.]),
        array([126. , 144.4, 162.8, 181.2, 199.6, 218. , 236.4, 254.8,
        273.2, 291.6, 310. ]),
        <BarContainer object of 10 artists>)
        <Figure size 864x432 with 0 Axes>
```

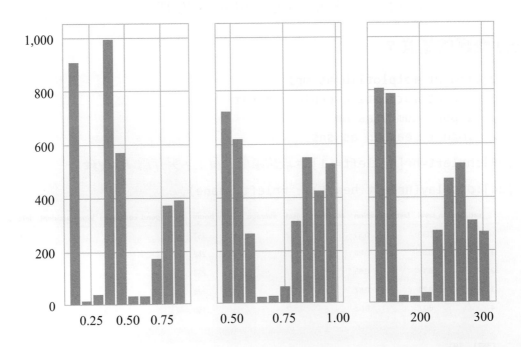

我們可以從上述的直方圖中看出，離職者在工作績效（last_evaluation）以及每月工作時數（average_montly_hours）上呈現雙峰分配的情況，但是否工作時數越多，其工作績效越好，則不得而知，尚須進行更進階的分析。

```
In [27]:hrleft['number_project'].value_counts() #離職者的專案數量
Out[27]:2    1567
        6     655
        5     612
        4     409
        7     256
        3      72
        Name: number_project, dtype: int64
```

我們從前面可以知道，整體而言，該公司平均每位員工負責 3.8 個專案，因此我們可以看到身負 4 個以上專案的員工中，離職者（409 + 612 + 655 + 256）數量爲 1,932，占所有離職者（3,571）的 54%。

```
In [28]:sns.distplot(a=hrleft['number_project'],  kde=False)
        C:\Users\ThinkPad X1\anaconda3\lib\site-packages\seaborn\
        distributions.py:2557: FutureWarning: `distpl ot` is a
        deprecated function and will be removed in a future version.
        Please adapt your code to use ei ther `displot` (a figure-level
        function with similar flexibility) or `histplot` (an axes-level
        functio n for histograms).
        warnings.warn(msg, FutureWarning)
Out[28]:<AxesSubplot:xlabel='number_project'>
```

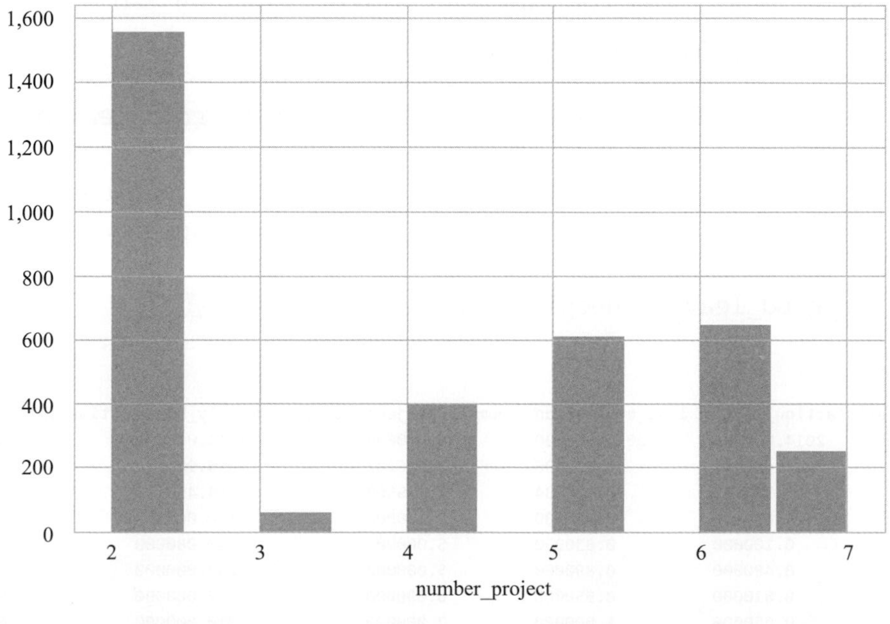

　　所以我們可以找看看，「年資 >=4 年」、「考績 >=0.7」或「身負專案 > 5 個」的離職員工為 864 名，後續我們就可以用這 864 名員工進行更精準的分析。

```
In [29]:# 找出  last_evaluation>=0.7 和  number_project>5 和
         time_spend_company>=4 但卻離職的員工數量

         hrleft[(hrleft.last_evaluation>=0.70) &
         (hrleft.number_project>5) & (hrleft.time_spend_company>=4)]
```

Out[29]:

	satisfaction_level	last_evaluation	number_project	average_montly_hours	time_spend_company	Work_accident	le
2	0.11	0.88	7	272	4	0	
6	0.10	0.77	6	247	4	0	
11	0.11	0.81	6	305	4	0	
20	0.11	0.83	6	282	4	0	
22	0.09	0.95	6	304	4	0	
...	...	...	...	...	...	...	
14975	0.10	0.79	7	310	4	0	
14979	0.09	0.93	6	296	4	0	
14991	0.09	0.81	6	257	4	0	
14993	0.76	0.83	6	293	6	0	
14997	0.11	0.96	6	280	4	0	

864 rows × 10 columns

（四）為什麼優秀的員工會離職？

　　我們取出「time_spend_company>=4」、「last_evaluation >=0.7」或「number_project > 5」卻離職的員工，另存檔案。

```
In [30]:# 我們從離職員工的檔案中 (hrleft)，另存一個 hr_good_leaving_people
         檔案
         hr_good_leaving_people = hrleft[(hrleft.last_evaluation>=0.70)
         | (hrleft.number_project>5) | (hrleft.time_spend_company>=4]
```

```
In [31]:hr_good_leaving_people.describe() # 基本統計量
```

Out[31]:

	satisfaction_level	last_evaluation	number_project	average_montly_hours	time_spend_company
count	2014.000000	2014.000000	2014.000000	2014.000000	2014.000000
mean	0.462274	0.876996	5.256207	254.901192	4.561569
std	0.346815	0.100834	1.135569	34.455161	0.781640
min	0.090000	0.450000	2.000000	130.000000	2.000000
25%	0.100000	0.830000	5.000000	240.000000	4.000000
50%	0.480000	0.890000	5.000000	257.000000	5.000000
75%	0.810000	0.950000	6.000000	277.000000	5.000000
max	0.920000	1.000000	7.000000	310.000000	6.000000

　　我們可以從上表看出，「年資 >=4 年」、「考績 >=0.7」或「身負專案 > 5 個」的離職員工共計 2,014 名，其中平均工作滿意度（satisfaction_level）為 0.46、平均每月工時（average_montly_hours）為 254 小時、平均專案數量（number_project）為 5.26 個、平均員工績效（last_evaluation）為 0.87。

```
In [32]:import seaborn as sns
        sns.heatmap(hr_good_leaving_people.corr(), annot=True)
        # 相關係數分析
Out[32]:<AxesSubplot:>
```

　　從相關係數圖中，我們可以看出，以離職員工來說，工作滿意度（satisfaction_level）主要與 many projects（corr= -0.68）、spend many hours（-0.42）呈負相關，顯示負責的專案愈多、工作時數愈長，工作滿意度就愈低。

三、邏輯斯迴歸（**Logistic Regression**）

　　邏輯斯迴歸（Logistic Regression）由線性迴歸變化而來，它是一種分類的模型，其目標是要找出一條直線，能夠將所有數據清楚地分開並分類，又可以稱為迴歸的線性分類器。因此本小節，我們將以離職（left）與否當成分類的變數，看看哪些變數會影響離職。

（一）重新編碼以進行邏輯斯迴歸（Logistic Regression）準備

```
In [33]:hr2 = hr.copy() # 我們先將原始資料 copy 成另一份，並用備份資料進行後
        續演算
```

```
In [34]:hr2['salary'].value_counts()
Out[34]:low       7316
        medium    6446
        high      1237
        Name: salary, dtype: int64
```

```
In [35]:def sal_class(x): # 將薪水重新編碼爲 123
            if x == "low":
                return 1
            elif x == "medium":
                return 2
            elif x == "high":
                return 3
```

```
In [36]:hr2['sal_class'] = hr2['salary'].apply(sal_class)
        hr2['sal_class'].value_counts()
Out[36]:1    7316
        2    6446
        3    1237
        Name: sal_class, dtype: int64
```

```
In [37]:def job_class(x): # 將部門重新編碼 1-11
            if x == "sales":
                return 1
            elif x == "technical":
                return 2
            elif x == "support":
                return 3
            elif x == "IT":
                return 4
            elif x == "product_mng":
                return 5
            elif x == "marketing":
                return 6
            elif x == "RandD":
                return 7
            elif x == "accounting":
                return 8
            elif x == "hr":
                return 9
```

```
        elif x == "technical":
            return 10
        elif x == "management":
            return 11
```

```
In [38]:hr2['job_class'] = hr2['sales'].apply(job_class)
        hr2['job_class'].value_counts()
Out[38]:1    4140
        2    2720
        3    2229
        4    1227
        5     902
        6     858
        7     787
        8     767
        9     739
        11    630
        Name: job_class, dtype: int64
In [39]:hr2.info()
        <class 'pandas.core.frame.DataFrame'>
        RangeIndex: 14999 entries, 0 to 14998
        Data columns (total 12 columns):
        #   Column                 Non-NullCount    Dtype
        ---  ------                 --------------   -----
        0   satisfaction_level     14999 non-null   float64
        1   last_evaluation        14999 non-null   float64
        2   number_project         14999 non-null   int64
        3   average_montly_hours   14999 non-null   int64
        4   time_spend_company     14999 non-null   int64
        5   Work_accident          14999 non-null   object
        6   left                   14999 non-null   object
        7   promotion_last_5years  14999 non-null   object
        8   sales                  14999 non-null   object
        9   salary                 14999 non-null   object
        10  sal_class              14999 non-null   int64
        11  job_class              14999 non-null   int64
        dtypes: float64(2), int64(5), object(5)
        memory usage: 1.4+ MB
```

（二）邏輯斯迴歸模型（Logistic Regression Model）

　　為符合計算限制，我們必須將離職與否（left）視為一組 Dummy Variable，也就是視為屬量變數，以進行後續分析。

```
In [40]:hr2['left'] = hr2['left'].astype('int64') #修改爲  int64 型態
```

```
In [41]:from sklearn.model_selection import train_test_split
        from sklearn.linear_model import LogisticRegression
        from sklearn.metrics import classification_report,
        confusion_matrix
```

```
In [42]:# Define the independent and dependent variables
        x = hr2[['satisfaction_level','last_evaluation',
                'number_project','average_montly_hours',
                'time_spend_company','sal_class','job_class']]
        y = hr2['left'] #dependent variables
```

```
In [43]:x_train, x_test, y_train, y_test = train_test_split(x,y,
        test_size= 0.2) #取 20% 當測試資料集
```

```
In [44]:#Fit a logistic regression model using sklearn
        #Implementing Logistic Regression using sklearn

        modelLogistic = LogisticRegression()
        modelLogistic.fit(x_train,y_train)
Out[44]:LogisticRegression()
```

```
In [45]:#print the regression coefficients

        print("The intercept b0= ", modelLogistic.intercept_)
        # 迴歸式的截距項
        print("The coefficient b1= ", modelLogistic.coef_)
        # 迴歸式的斜率項
        The intercept b0= [0.9587034]
        The coefficient b1= [[-4.07485915 0.81752405 -0.30150511
          0.0047295 0.22649746 -0.68087697-0.01278757]]
```

（三）應用模型進行預測

```
In [46]:y_pred=  modelLogistic.predict(x_test)
In [47]:#建立混淆矩陣  confusion matrix
        ConfusionMatrix = confusion_matrix(y_test, y_pred)
        print(ConfusionMatrix)
        [[2118 148]
         [ 568 166]]
```

	實際YES	實際NO
預測YES	TP (True Positive)	FP (False Positive) Type I Error
預測NO	FN (False Negative) Type II Error	TN (True Negative)

True / False　　　　　Positive / Negative
預測正確？　　　　　　預測方向

　　因爲我們採用了 20% 當成測試資料集（Test Data Set），故共計約 3,000 筆資料。由上圖混淆矩陣的定義可知，在這 3,000 筆資料中：預測／實際爲眞（TP）的資料筆數爲 2,118、預測／實際爲假（TN）的資料筆數爲 166，這兩部份預測準確率約爲 0.76。

In [48]:
```
# 依據混淆矩陣，計算預測準確率

#Accuracy from confusion matrix
TP= ConfusionMatrix[1,1] #True positive
TN= ConfusionMatrix[0,0] #True negative
Total=len(y_test)
print("Accuracy from confusion matrix is ", (TN+TP)/Total)
Accuracy from confusion matrix is 0.7613333333333333
```

（四）運用 statsmodels 套件估計模型

In [49]:
```
#Using statsmodels package to obtian the model
import statsmodels.api as sm
x_train = sm.add_constant(x_train)
logit_model=sm.Logit(y_train,x_train)
result=logit_model.fit()
print(result.summary())
Optimization terminated successfully.
        Current function value: 0.445086
        Iterations 6

                Logit Regression Results
==================================================================
Dep.Variable:                left No.Observations:        11999
Model:                       Logit Df Residuals:          11991
Method:                        MLE DfModel:                    7
```

```
Date:                Tue,09Aug2022  PseudoR-squ.:           0.1862
Time:                   13:27:35    Log-Likelihood:        -5340.6
converged:                  True    LL-Null:               -6562.7
CovarianceType:        nonrobust    LLRp-value:             0.000
========================================================================
                    coef   std err        z     P>|z|    [0.025   0.975]
------------------------------------------------------------------------
const             1.0105     0.145    6.965     0.000    0.726    1.295
satisfaction_level -4.1261   0.108  -38.338     0.000   -4.337   -3.915
last_evaluation   0.8087     0.162    4.985     0.000    0.491    1.127
number_project   -0.3045     0.023  -13.088     0.000   -0.350   -0.259
average_montly_hours 0.0047  0.001    8.395     0.000    0.004    0.006
time_spend_company 0.2267    0.016   13.857     0.000    0.195    0.259
sal_class        -0.6857     0.042  -16.441     0.000   -0.767   -0.604
job_class        -0.0132     0.009   -1.527     0.127   -0.030    0.004
========================================================================
```

上半部表格稱作模型估計表，LLR p-value（Log-likelihood ratio），該模型與只包含截距模型的概似比 p-value < 0.05，顯見此模型顯著。

確認模型顯著之後，我們看參數估計表（下半部表格）。參數估計表呈現各變數與 left 之間的關係，從 p-value 可看出，除了 job_class 並不顯著外，其餘變數皆為顯著。呈「正向」顯著影響的有：last_evaluation、average_montly_hours 及 time_spend_company，其中有趣的地方是，員工績效（last_evaluation）愈高代表愈容易離職，而且迴歸係數達 0.8087（尚未正規化）。

另外「負向」顯著影響包括：satisfaction_level、number_project 及 sal_class。這部份較直觀，員工滿意度愈低、專案數量愈低、薪水愈低，都愈容易離職。

四、決策樹模型

有時我們從傳統的迴歸模型或是機器學習的演算法，不容易看出相關的決策流程，因此本小節我們嘗試以決策樹模型，讓讀者了解在這麼多變數之中，哪些判斷會影響最後的離職與否。以下以分類樹為依據：

```
In [50]: #graphviz 為 Graphviz        是一個繪製流程圖的工具，有提供給 Python 呼
         叫的套件，能使用 Python 讀取資料後，自動繪製成流程圖
         !pip install graphviz
         Requirement already satisfied: graphviz in c:\users\thinkpad
         x1\anaconda3\lib\site-packages (0.20.1)
```

```
In [51]:from sklearn.model_selection import train_test_split
        from sklearn.metrics import classification_report,
        confusion_matrix
```

（一）資料整備

```
In [52]:hr1 = pd.read_csv("dataset/HR_comma_sep.csv") # 載入原始資料
        hr1.info()
        <class 'pandas.core.frame.DataFrame'> RangeIndex: 14999
        entries, 0 to 14998 Data columns (total 10 columns):
```

```
#    Column                Non-NullCount       Dtype
---  ------                --------------      -----
0    satisfaction_level    14999 non-null      float64
1    last_evaluation       14999 non-null      float64
2    number_project        14999 non-null      int64
3    average_montly_hours  14999 non-null      int64
4    time_spend_company    14999 non-null      int64
5    Work_accident         14999 non-null      int64
6    left                  14999 non-null      int64
7    promotion_last_5years 14999 non-null      int64
8    sales                 14999 non-null      object
9    salary                14999 non-null
object dtypes: float64(2), int64(6), object(2)
memory usage: 1.1+ MB
```

```
In [53]:hr2 = hr1.copy() # 整份資料 copy 成另一份
```

（二）以 **scikit-learn** 訓練決策樹模型

　　因為分類樹模型在分類的過程中，是以數值進行判斷，因此除了離職（left）之外，我們先行移除屬值變數。

```
In [54]:hr3= hr2.drop("salary",axis=1) # 刪掉薪水的那行。
```

```
In [55]:hr4= hr3.drop("sales", axis=1) # 刪掉薪水的那行。
```

```
In [56]:hr4.info()
        <class 'pandas.core.frame.DataFrame'>
        RangeIndex: 14999 entries, 0 to 14998
        Data columns (total 8 columns):
```

```
#    Column                 Non-Null Count   Dtype
---  ------                 --------------   -----
0    satisfaction_level     14999 non-null   float64
1    last_evaluation        14999 non-null   float64
2    number_project         14999 non-null   int64
3    average_montly_hours    14999 non-null   int64
4    time_spend_company      14999 non-null   int64
5    Work_accident          14999 non-null   int64
6    left                   14999 non-null   int64
7    promotion_last_5years  14999 non-null   int64
dtypes: float64(2), int64(6)
memory usage: 937.6 KB
```

```
In [57]:import matplotlib.pyplot as plt
from sklearn.datasets import load_iris
from sklearn.datasets import load_breast_cancer
from sklearn.tree import DecisionTreeClassifier
from sklearn.ensemble import RandomForestClassifier
from sklearn.model_selection import train_test_split
import pandas as pd
import numpy as np
from sklearn import tree
```

```
In [58]:x = hr4.drop('left', axis=1) # Independent variables 去除 left
y = hr4['left'] #dependent variables
```

```
In [59]:x_train, x_test, y_train,
y_test = train_test_split(x,y, random_state=0)
#  random_state 隨機數種子：其實就是該組隨機數的編號，
# 在需要重複試驗的時候，保證得到一組一樣的隨機數。
# 比如你填 1，其他參數一樣的情況下你得到的隨機數組是一樣的。
但填 0 或不填，每次都會不一樣
```

決策樹有許多選擇依據，在本篇中我們採取吉尼係數（Gini）作為選擇依據（不純度計算）。吉尼係數（Gini）不純度是另一種亂度的衡量方式，數字愈大代表序列中的資料愈混亂。當所有資料分類一致時，混亂程度即為 0；當資料各有一半不同時，混亂程度即為 0.5。

同時，決策樹很容易產生「Overfitting（過度擬合）」的問題，如果沒有限制樹的成長，演算法就會為每個不同特徵值創建新的分類節點，最後將所有資料 100% 正確地分類。因此，為了預防 Overfitting，我們先確認最優的剪枝參數，用以判斷將來的樹狀圖要取到第幾層。

```
In [60]:# 利用 matplotlib 畫出學習曲線來確認最優的剪枝參數

import matplotlib.pyplot as plt
y_eff = []
for i in range(10):# 測試的條件數
    tree_clf = tree.DecisionTreeClassifier(criterion="gini"
                                      ,random_state = 30
                                      ,splitter = "random"
                                      ,max_depth = i+1 # 測試條件
                                      )
    tree_clf = tree_clf.fit(x_train,y_train) score = tree_clf.
    score(x_test,y_test) y_eff.append(score)

plt.plot(range(1,11),y_eff,color="red",label="max_depth")
plt.legend()
plt.show()
```

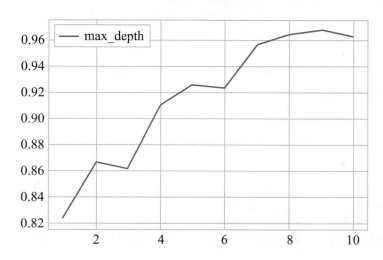

　　由上圖可看出，若無設置樹的最大深度，會一直全部展開到完全分類，或是一直到 min_samples_split 的設置，然而這並不是我們想看到的。本文因變數並不多，但實際上從企業的角度來看，成本可能是需要考量的情況，故 X 軸代表剪枝的深度。一般來說剪枝深度越深，所要付出的成本越大。從上圖看，在 X = 2 時我們可以得到可接受的準確率（讀者也可以取到 x = 7 試看看，得到的測試準確率會大幅上升，但圖形將會變得更複雜），故以下我們以 max_depth = 2 做爲實作依據。

```
In [61]: from sklearn.tree import DecisionTreeClassifier

         clf = DecisionTreeClassifier(max_depth = 2,
                            random_state = 0) # max_depth 限制樹的最大深
                            度，超過設定深度的樹枝
                            全部剪掉，建故從 = 3 開始嘗試


         Train the model on the data
         clf.fit(x_train, y_train)
Out[61]: DecisionTreeClassifier(max_depth=2,  random_state=0)
```

（三）決策樹視覺化

```
In [62]: tree.plot_tree(clf);
```

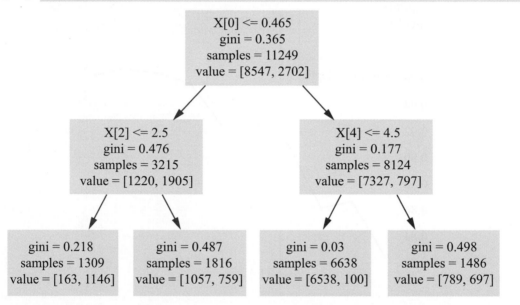

　　前文我們曾經介紹過吉尼（Gini）係數及吉尼（Gini）不純度。從上圖來看，我們無法判斷經由哪些變數來進行 Yes / NO 或左邊 / 右邊的流程，故我們需要放上變數名稱以利判斷。

```
In [63]: fn=['satisfaction_level','last_evaluation',
         'number_project', 'average_montly_hours',
         'time_spend_company', 'Work_accident',
         'promotion_last_5years']
         cn=['stay', 'quit'] # 定義留任為 stay、離職為 quit
         fig, axes = plt.subplots(nrows = 1,ncols = 1,figsize = (4,4),
         dpi=300)
         tree.plot_tree(clf,
```

```
          feature_names = fn,
          class_names=cn,
          filled = True);
fig.savefig('imagename.png')
```

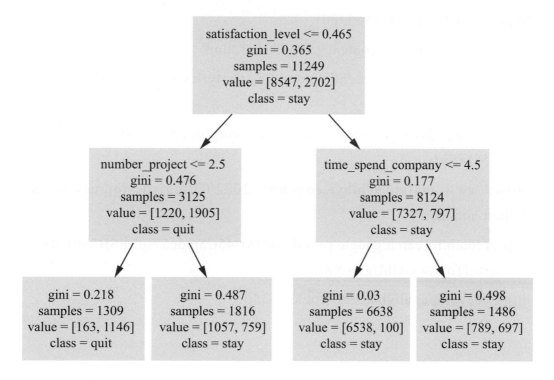

　　加上變數名稱後，判斷方式如下：基本上 Yes 走左邊、No 走右邊。我們想像一個情境，如果你屬於以下情況：

1. 員工對公司的滿意度（satisfaction_level）= 0.58
2. 員工被指派的工作數目（number_projects）= 4
3. 員工資歷（time_spent_company）= 7 年
4. 員工績效（last_evaluation）= 1
5. 員工在近 5 年內是否升遷（promotion_last_5years）= 1

　　那麼你該不該離職呢？答案是右下角的分類，你會留任該工作。

參考資料：

1. https://reurl.cc/k1deNx

2. 交叉驗證 https://ithelp.ithome.com.tw/articles/10197461

3. https://iter01.com/645856.html

4. https://www.796t.com/content/1546550483.html

5. https://www.kaggle.com/code/jadodd/hr-analytics-with-logistic-regression/notebook

6. https://towardsdatascience.com/predict-employee-turnover-with-python-da4975588aa3

7. https://www.analyticsvidhya.com/blog/2022/02/logistic-regression-using-python-and-excel/

8. https://colab.research.google.com/drive/1kr-45C5ipdc57sjdlESB2M0eRVXKs-oV#scrollTo=kwv-GbUgOxXe

9. https://developer.aliyun.com/article/753507

Note

國家圖書館出版品預行編目資料

人力資源管理 / 羅彥棻、許旭緯編著.—四版.
-- 新北市 ： 全華圖書股份有限公司, 2022.11
面； 公分
ISBN 978-626-328-344-2(平裝)

1.CST： 人力資源管理
494.3   111016978

人力資源管理（第四版）

作者 / 羅彥棻、許旭緯

發行人 / 陳本源

執行編輯 / 楊玲馨、陳品蓁

封面設計 / 楊昭琅

出版者 / 全華圖書股份有限公司

郵政帳號 / 0100836-1 號

印刷者 / 宏懋打字印刷股份有限公司

圖書編號 / 0814903

四版一刷 / 2023 年 5 月

定價 / 新台幣 560 元

ISBN / 978-626-328-344-2

全華圖書 / www.chwa.com.tw

全華網路書店 Open Tech / www.opentech.com.tw

若您對書籍內容、排版印刷有任何問題，歡迎來信指導 book@chwa.com.tw

臺北總公司(北區營業處)
地址：23671 新北市土城區忠義路 21 號
電話：(02) 2262-5666
傳真：(02) 6637-3695、6637-3696

南區營業處
地址：80769 高雄市三民區應安街 12 號
電話：(07) 381-1377
傳真：(07) 862-5562

中區營業處
地址：40256 臺中市南區樹義一巷 26 號
電話：(04) 2261-8485
傳真：(04) 3600-9806(高中職)
　　　(04) 3601-8600(大專)

得　分

人力資源管理

CH01　人力資源角色

班級：＿＿＿＿＿＿＿＿

學號：＿＿＿＿＿＿＿＿

姓名：＿＿＿＿＿＿＿＿

一、選擇題

（　　）1. 下列何者違反用人的原則？　(A) 因人設事，使每個員工都有所作為　(B) 人盡其才，對員工作合理的配置　(C) 視人才培育為無形資產的投資　(D) 用人唯才，重視學力與實力　(E) 升遷公平，適才適所。

（　　）2. 下列有關人力資源管理的敘述，何者為真？　(A) 員工招募與甄選的目的是為公司找到最好的人　(B) 薪資是公司營運的主要成本，因此應儘量降低薪資水準　(C) 公司最高的人力資源主管是人力資源部門主管　(D) 對員工績效評估的目的是做為客觀人力資源決策（如：加薪與訓練需求等）之基礎。

（　　）3. 以下關於「人力資源管理功能活動」的描述，哪一項是不正確的？　(A) 人員是組織重大的經營管理成本主要來源，管理者應想辦法減少人管活動以壓低成本　(B) 人管活動能夠為組織創造競爭優勢　(C) 人管活動應該具有策略性的角色地位和思維　(D) 人管活動重視人力的規劃、獲取培育和發展。

（　　）4. 就一般情況而論，下列哪一項不是由企業高層決策主管（如總經理）負責規劃與頒佈？　(A) 策略（Strategy）　(B) 戰術（Tactic）　(C) 目標（Goal）　(D) 使命（Mission）。

（　　）5. 現代企業人力資源管理最重要的目標是：　(A) 招募人才　(B) 訓練人才　(C) 控制人才　(D) 留住人才。

（　　）6. 企業因面臨人力變遷，在執行有效的多元性管理計畫時，包含的四項策略性要素，下列何者非屬之？　(A) 管理高層的重視　(B) 設立多元化所欲達成的目標　(C) 建立多元化管理的支援團隊　(D) 擬定與多元性相關的教育、訓練與支援計畫並付諸實行。

（　　）7. 有關人力資源管理（Human Resource Management），下列敘述何者錯誤？　(A) 是用來推動上級意念、互相監督、考核以及解雇員工的一種管理手段　(B) 進行招募人員、面試、甄選及訓練的工作　(C) 是用來培養人才、訓練職員、評鑑以及獎勵員工的一種管理機制　(D) 大多數較具規模的公司，多半擁有一個獨立的人力資源部門。

（請沿虛線撕下）

( ) 8. 下列哪一個部門最有可能隸屬於人力資源部？ (A) 福利課 (B) 生管課 (C) 研發課 (D) 顧客關係課。

( ) 9. 從事人力資源管理應考慮到員工的情緒反應、自尊心、企圖心、向上心，此乃遵循人力資源的哪一項原則？ (A) 發展原則 (B) 民主原則 (C) 彈性原則 (D) 人性原則。

( ) 10. 企業創業初期的人力資源管理功能重點為何？ (A) 提出變革方案以刺激及活化組織 (B) 追求人力精簡以降低成本 (C) 著重使企業員工在工作上有最大彈性 (D) 強調人事安定並對經營危機預作應變。

二、問題與討論

1. 何謂人力資源管理？

2. 請說明人力資源管理的演進？

3. 請以 Miles & Snow 的四種策略說明在人力資源上的比較？

4. 何謂策略性人力資源管理？

5. 請比較人事管理與人力資源管理？

6. 請比較人力資源管理與策略性人力資源管理？

7. 請說明人力資源角色之種類？

8. 請說明人力資源部門需要的策略性能力為何？

9. 請說明人力資源管理的迷思與現實？

10. 請自行設定產業，說明該產業未來的人資趨勢？

得　分

人力資源管理

CH02　人力資源規劃

班級：＿＿＿＿＿＿＿＿

學號：＿＿＿＿＿＿＿＿

姓名：＿＿＿＿＿＿＿＿

一、選擇題

(　　) 1. 下列有關透過工作設計以達到激勵員工的方法，何者正確？　(A) 工作擴大化指垂直擴大員工工作　(B) 工作豐富化指擴大水平方向的工作　(C) 技術多樣性指工作上需要完成一個整體而可明確分隔工作的程度　(D) 回饋性指完成一項工作時，個人對工作績效所得直接清楚訊息的程度。

(　　) 2. 下列何者屬於工作規範書（Job Specification）中的內容？　(A) 教育程度　(B) 工時與工資　(C) 工作內容　(D) 責任範圍。

(　　) 3. 工作分析之後，我們可以具體得到工作規範及＿＿＿＿＿＿？　(A) 薪資水準　(B) 工作說明書　(C) 工作評價　(D) 組織結構。

(　　) 4. 志雄在人力資源部門工作，他的工作在於每個年度的辭職與退休員工數量的蒐集以及對下一年度人力需求的推估。請問志雄最有可能在執行哪一項活動？　(A) 招募　(B) 人力資源規劃　(C) 新人訓練　(D) 薪酬管理。

(　　) 5. 「誠徵業務推廣人員，須備汽車駕照，歡迎大專畢業、具英語說寫能力且口齒清晰者加入」，上述內容是：　(A) 工作說明書　(B) 工作評價　(C) 工作規範　(D) 工作內容。

(　　) 6. 下列何項為商店員工工作說明書內容：　(A) 員工必須執行商店業務的活動　(B) 商品研發　(C) 全球運籌　(D) 企業理財。

(　　) 7. Spencer & Spencer 在 1993 年提出何種膾炙人口的模型？　(A) 職業性向組型　(B) 職能冰山模型　(C) 職業興趣模型　(D) 中高齡勞工的工作能力與績效方程式。

(　　) 8. 人力盤點是人力資源規劃最基本的工作，對人力盤點下列何者為不正確的陳述：　(A) 調查員工年齡、語言能力、職業興趣等資料　(B) 進行員工出缺勤狀況、薪資及福利項目選擇的調查與分析　(C) 人力盤點所蒐集到的資料，可用來分析公司人力資源的優勢、劣勢　(D) 著重員工知識、技術、能力、教育程度、工作經驗等資料的調查。

(   ) 9. 對於人力組合與人力管理活動之配套措施，下列何者不正確？ (A) 朽木型員工，旨在降低閒散工作態度 (B) 勞苦型員工，旨在鼓勵延續工作幹勁 (C) 問題型員工，旨在持正向態度善用其創見 (D) 明星型員工，旨在削減其過度光芒外洩。

(   ) 10. 下列何者不是撰寫工作說明書的主要目的？ (A) 讓部屬了解工作項目和工作要求標準 (B) 了解員工的工作情緒及私生活狀況 (C) 幫助新進員工了解工作任務，以增加新進員工安定度 (D) 說明任務、責任與職權。

二、問題與討論

1. 何謂人力資源規劃？

2. 請說明人力資源規劃的基本模式？

3. 人力資源過剩時會採取哪幾種作法？

4. 依據未來潛力與工作績效，員工可分為哪四類？

5. 依據人力的獨特性與價值性，人力資本可分為哪四類？

6. 請說明何謂工作分析？

7. 試比較工作說明書與工作規範？

8. 請說明職能之類型？

9. 建構職能的方法有哪些？

10. 請自行設定產業與職位，概略畫出職能地圖。

得　分　**全華圖書**（版權所有，翻印必究）

人力資源管理
CH03　甄選與面談

班級：＿＿＿＿＿＿＿＿＿＿
學號：＿＿＿＿＿＿＿＿＿＿
姓名：＿＿＿＿＿＿＿＿＿＿

一、選擇題

（　　）1. 企業面試是聘任的重要方法，因為通過面試，可以瞭解應聘者的個性，哪些個性不適合的應聘者將被淘汰。以下哪項是上述論證最可能假設的？　(A) 個性是確定錄用應聘者的最主要因素　(B) 應聘者的個性很難通過其他聘任方法來發現　(C) 面試的唯一目的是為瞭解應聘者的個性　(D) 只有經驗豐富的主聘官才能經由面試準確把握應聘者的個性　(E) 在聘任各方法中，面試比其他方法更重要。

（　　）2. 下面哪一個招募管道不適合用來招募基層作業人員？　(A) 報紙廣告　(B) 校園徵才　(C) 獵人頭公司　(D) 求職求才網站。

（　　）3. 某航空公司在招募空服員時，所舉行的英文測驗乃屬於：　(A) 人格測驗　(B) 性向測驗　(C) 興趣測驗　(D) 成就測驗。

（　　）4. 下列哪一項人的個性特徵是預測工作績效的最佳指標？　(A) 外向性　(B) 適合性　(C) 認真盡責性　(D) 情緒穩定性。

（　　）5. 下列何者屬於向內羅致人才的方式？　(A) 請員工推薦外界優秀人士　(B) 由現職人員直接晉升　(C) 利用大眾傳播方式向各界公開徵求　(D) 請就業輔導機構介紹適當的求職者參加甄試。

（　　）6. 企業召募部門主管，使用下列那一種甄選方法效度最高？　(A) 評鑑中心　(B) 工作抽樣　(C) 應徵資料審核　(D) 面談。

（　　）7. 在五大人格特質模型裡，＿＿＿＿＿＿代表了憑斷個人和善、合群及可信任的程度？　(A) 外向性　(B) 親和性　(C) 勤勉審慎性　(D) 情緒穩定性。

（　　）8. 公司組織招募人員，以下何者並非組織誘因？　(A) 獎酬制度　(B) 生涯發展機會　(C) 主管的能力　(D) 組織之名聲。

（　　）9. 下列何者非招募管道成效評估的標準？　(A) 招募管道職缺詢問人數　(B) 招募管道的累積獲得率　(C) 招募管道的平均雇用成本　(D) 履歷募集數。

（　　）10. 基於員工種族、膚色、宗教、性別、國籍、年齡或失能狀況等，而給予不公平的待遇，稱為：　(A) 反差待遇　(B) 非基準待遇　(C) 差別待遇　(D) 彈性待遇。

二、問題與討論

1. 請說明何謂甄選？

2. 請說明甄選的流程為何？

3. 常見的企業甄選途徑有哪些？

4. 請說明甄選的原則？

5. 常見的面談方式有哪些？

6. 何謂印象管理？

7. 面談測驗的方式有哪些？

8. 請說明評鑑中心的方法有哪些？

9. 請說明 P-O Fit 之內涵？

10. 請舉例說明該如何讓企業由 A 到 A+？

得　分

人力資源管理
CH04　企業文化與員工引導

班級：＿＿＿＿＿＿＿＿
學號：＿＿＿＿＿＿＿＿
姓名：＿＿＿＿＿＿＿＿

一、選擇題

（　　）1. 給予工作者對所擔任工作，有較多機會參與規劃、組織及控制，這種管理方式為下列何種？　(A)工作簡化　(B)工作擴大化　(C)工作輪調　(D)工作豐富化　(E)工作標準化。

（　　）2. 「不要把新進員工派給一個沒有要求、不給予支持的死人木頭上司」一語，較符合下列何種效應：　(A)月暈效應（Halo Effect）　(B)引導效應（Orientation Effect）　(C)比馬龍效應（Pygmalion Effect）　(D)社會化效應（Socialized Effect）。

（　　）3. 在工作指導方法中，藉由個案研究所獲得的分析及解決之道，並經由指導者協助被指導者中獲得寶貴的經驗之方法為何？　(A)師徒制　(B)團隊制　(C)角色扮演　(D)電腦輔助教學。

（　　）4. 對工作崗位訓練法（On-the-Job Training, OJT）的說明，下列何者為正確的陳述？　(A)工作崗位訓練法因為在工作情境中進行，易受他人干擾，因此成效較差　(B)工作崗位訓練法多用於技術訓練，較不適於管理訓練　(C)工作崗位訓練法因為在工作情境中進行，其應用性與持久性較佳　(D)工作崗位訓練法又稱為職前訓練，主要在訓練新進員工使其能立即進入工作情境中。

（　　）5. 如果將餐飲服務人員分成二組：一組當作顧客組接受服務，另一組則成為不同階級的餐飲服務人員，服務顧客組人員，然後完成整個服務流程之訓練。這種訓練方法稱為什麼？　(A)焦點群體（Focus Group）　(B)學徒制（Apprenticeship）　(C)實習（Internship）　(D)角色扮演（Role Playing）。

（　　）6. A汽車公司改變汽車裝配線的人力配置方式，重新將員工分成各個團隊，賦予員工較大的工作責任，讓各團隊完整負責產品的製造、品質管制與製程改善。這在工作設計上是屬於：　(A)工作複雜化　(B)工作擴大化　(C)工作簡單化　(D)工作豐富化。

（　　）7. 下列哪一種訓練與其它三種類型的訓練差異性最大？　(A)職前訓練　(B)在職訓練　(C)進修訓練　(D)管理訓練。

（請沿虛線撕下）

( )8. 教育訓練的課程包含：組織行為、工作方法訓練、人事政策的檢討等專業知識的加強，並以輪流或代理的方式來熟悉各單位主管的業務，藉以吸收相關經驗。上述屬於何種員工訓練？ (A) 始業訓練 (B) 在職訓練 (C) 工作技能訓練 (D) 高級主管人員訓練。

( )9. 餐廳主管準備好訓練計畫，對新進服務員說明準備自助餐檯的內容及重要性，並示範動作和提出詢問，再由此服務員執行操作並依序說明步驟，最後找出改進問題，並且給予優良表現的讚美。上述訓練方式屬於： (A) 受訓者控制式指導 (B) 角色扮演 (C) 個人式訓練法 (D) 個案研究。

( )10. 工廠裝配線上的工人不斷地重複標準化的動作，就是下列何種典型的例子？ (A) 工作設計 (B) 工作分工 (C) 工作協調 (D) 工作輪調。

( )11. 薛也落（Szhein）所提出的三層次組織文化架構為： (A) 人造物、採用的價值觀、基本假設 (B) 基層員工、中階幹部、管理人員 (C) 外表、態度、內涵 (D) 文化策略、文化目標、文化規範。

二、問題與討論

1. 請說明何謂員工引導？

2. 請說明何謂社會化過程？

3. 請說明何謂工作設計？

4. 請解釋工作特性模式？

5. 何謂個人工作再設計？

6. 請比較工作擴大化與工作豐富化？

7. 何謂群體工作再設計？

8. 請說明現代工作再設計的方法有哪些？

9. 何謂企業文化？

10. 請以企業為例，分析其組織文化之類型為何？

得　分

人力資源管理
CH05　訓練計畫與模式

班級：＿＿＿＿＿＿＿＿

學號：＿＿＿＿＿＿＿＿

姓名：＿＿＿＿＿＿＿＿

一、選擇題

（　　）1. 一般而言，教育訓練評鑑模式約有九種，其中強調訓練的成效與貢獻，以結果和成效為導向，並將評鑑的標準分為參訓者對管理才能發展方案的反應、學習所獲知識、技能的增進程度、行為改善的程度與對組織目標的貢獻成果等四個層次，是哪一位學者所提出？　(A) Brinkerhoff　(B) Kirkpatrick　(C) Bushnell　(D) Phillips。

（　　）2. 在工作指導方法中，藉由個案研究獲得分析及解決之道，並由指導者協助被指導者獲得寶貴經驗之方法為何？　(A) 師徒制 (B) 團隊制　(C) 角色扮演　(D) 電腦輔助教學。

（　　）3. 創造力思考的過程中，可分為五大階段，以下何者錯誤？　(A) 第一階段為找尋問題（Problem Finging）　(B) 第三階段為孵化點子（Incubation）　(C) 個體必須證明創意的解答是有價值的，此為第二階段　(D) 頓悟（Insight）為解答常在意想不到的時機出現。

（　　）4. 結構化在職訓練 S-OJT 是指以下的哪一點？　(A) 是新手員工在工作現場，透過一套有計畫的程序提升其在工作單元上能力的訓練計畫　(B) Structure-On The Job Training　(C) 用電腦輔助學習　(D) 工作輪調的訓練。

（　　）5. 企業應找出具有高度管理潛力的員工，實施人員繼承計劃，規劃並發展所需的管理能力訓練及發展活動，培養出未來的「接班人」。一般高階管理階級，教育訓練能力開發的重點，以下哪一點正確？　(A) 協調能力開發、策略決策能力　(B) 業務決策能力、執行能力開發　(C) 企劃能力開發、策略決策能力　(D) 分配能力開發、管理決策能力。

（　　）6. 訓練計畫中分為訓練需求的鑑定、訓練計畫與訓練實施要素、及訓練效果的評估，其中訓練需求的鑑定，以下哪一項是錯誤的？　(A) 確認哪一個部門需要訓練　(B) 確認先訂定訓練課程　(C) 確定符合訓練的標準內容　(D) 確定哪些人員需要訓練。

（　　）7. 群體決策採用腦力激盪法，為解決特定問題成立的腦力激盪小組，一般由幾人組成？　(A) 3 至 5 人　(B) 8 至 10 人　(C) 10 至 15 人　(D) 6 至 12 人。

( ) 8. 下列哪一種訓練與其他三種類型的訓練差異性最大？ (A) 職前訓練 (B) 在職訓練 (C) 進修訓練 (D) 管理訓練。

( ) 9. 教育訓練的課程包含：組織行為、工作方法訓練、人事政策的檢討等專業知識的加強，並以輪流或代理的方式來熟悉各單位主管的業務，藉以吸收相關經驗，上述屬於何種員工訓練？ (A) 始業訓練 (B) 在職訓練 (C) 工作技能訓練 (D) 高階主管人員訓練。

( ) 10. 什麼群體決策的方法以通信溝通的系列問卷調查方式統合參與者意見？ (A) 高登技術 (B) 聯想法 (C) 腦力激盪法 (D) 德爾菲技巧。

二、問題與討論

1. 請以一家企業為例，說明影響企業倫理的因素為何？

2. 試以企業實例說明企業倫理的四種觀點？

3. 何謂企業社會責任？

4. 企業在群體決策方法中，要解決問題或找出關鍵的因素，一般會採用「腦力激盪法」還是「德爾菲技巧」？請說明為什麼？

5. 依據課本創造力思考：找尋問題、全心投注、孵化點子、頓悟、驗證應用等五大階段，說明如何提升創造力？

得　分

人力資源管理
CH06　績效評估與管理

班級：＿＿＿＿＿＿＿＿
學號：＿＿＿＿＿＿＿＿
姓名：＿＿＿＿＿＿＿＿

一、選擇題

（　　）1. 有關平衡計分卡（Balanced Scorecard）的組成構面，下列何者為非？　(A) 財務　(B) 顧客　(C) 企業內部流程　(D) 學習與成長　(E) 供應商。

（　　）2. 張三長相醜，故常被主管評為工作表現不佳，李四是美女，故被評為表現佳，主管以此評估績效所犯偏差為何？　(A) 標準不明確　(B) 月暈效應　(C) 偏見效應　(D) 歧視。

（　　）3. 在企業績效評估中，主管對下屬在事前所訂定目標的達成度進行評估，便可得到績效評估結果，這是屬於哪一種績效評估方法？　(A) 圖表測度法　(B) 目標管理法　(C) 行為標準尺度評量法　(D) 配對名次排列法。

（　　）4. 在企業績效評估中，主管對下屬在事前所訂定目標的達成度進行評估，便可得到績效評估結果，這是屬於哪一種績效評估方法？　(A) 目標管理法　(B) 配對名次排列法　(C) 圖表測度法　(D) 行為標準尺度評量法。

（　　）5. 下列績效評估方法，何者是利用管理者、員工和事的意見，作為衡量的依據？　(A) 重要事件　(B) 360 度回饋　(C) 評等尺度　(D) 目標管理。

（　　）6. 下列哪一種績效評估方法具有動機激動、成長學習與長期留才之功能設計與內涵？　(A) 關鍵事件評估法　(B) 強迫配分法　(C) 360 度績效評估　(D) 目標管理法。

（　　）7. 下列有關員工績效評估的敘述，何者不正確？　(A) 門市服務人員績效的評估通常由店長來執行　(B) 門市服務人員績效的評估結果，可作為改進員工技術的一個依據　(C) 對於比較沒有經驗的員工，除了正式評估之外還可以採非正式的間接評估，讓員工有充分的時間來改善自己的工作狀況　(D) 門市服務人員績效的評估，主要是辨識那一名員工不適任以便予以解雇。

（　　）8. 有關員工績效的考核，下列何者是正確的？　(A) 考核項目應該讓員工知道　(B) 考核項目應該嚴加保密　(C) 考核時應該先聽其他人的說法　(D) 考核時應該只對人不對事。

( )9. 下列敘述何者有誤？ (A) 工作豐富化強調高附加價值的管理性工作 (B) 例行性決策在主題清楚且確定狀況下應用客觀機率來做決策 (C) MBO 是強調將組織的目標轉化為各部門及各員工的目標 (D) MBO 是由主管設定目標後，交由員工執行並激勵其努力達成之過程。

( )10. 下列哪一項與績效評估相關的敘述是正確的？ (A) 進行績效評估前，公司不可公布績效評估的評定標準，以示公平 (B) 設定績效評估的標準時，應該要設定在員工無法達成的高標準，以免高分人數過多 (C) 績效評估的結果是公司機密，只能公布成績，不應讓個別員工知道自己的績效問題 (D) 績效評估不僅可以作為獎懲的依據，更可作為員工訓練的參考。

二、問題與討論

1. 請說明績效評估的流程？

2. 請說明常規型考核法有哪些方式？

3. 請說明行為型考核法有哪些方式？

4. 請說明產出型考核法有哪些方式？

5. 請說明特質型考核法有哪些方式？

6. 請說明 KPI 與 BSC 該怎麼結合？

7. KPI 的迷思有哪些？

8. 請說明何謂平衡計分卡？

9. 平衡計分卡的顧客構面之核心量度為何？

10. 平衡計分卡的學習與成長構面之核心量度為何？

得　分

人力資源管理
CH07　薪資設計

班級：＿＿＿＿＿＿＿
學號：＿＿＿＿＿＿＿
姓名：＿＿＿＿＿＿＿

一、選擇題

(　　)1. 下列哪一項不屬於主要的薪資項目？　(A) 基本底薪　(B) 交通與食宿津貼　(C) 勞工保險　(D) 績效獎金與全勤獎金。

(　　)2. 有關薪資制度的設計原則中，講求員工的薪資必須同工同酬。此為哪一項原則？(A) 激勵原則　(B) 彈性原則　(C) 簡單原則　(D) 公平原則。

(　　)3. 為避免公司內不合理的薪資結構，可採用下列那一種方法？　(A) 工作分析　(B) 工作評價　(C) 職位分類　(D) 工作規範。

(　　)4. 下列何者不屬於直接薪酬？　(A) 基本薪資　(B) 紅利　(C) 認股權　(D) 公司旅遊。

(　　)5. 在下列何種情形下企業較適合採取「計時制」？　(A) 產品內容差異較大時　(B) 企業規模較大時　(C) 重視產品的生產數量及速度時　(D) 員工工作情形不易監督時。

(　　)6. 企業員工薪資所得的一部分取決於個人及全體員工的績效，是採用以下那一種薪資制度？　(A) 技能薪資　(B) 變動薪資　(C) 論件計酬　(D) 專業薪資。

(　　)7. 以下關於薪資結構的內容描述，何者正確？　(A) 所謂津貼，是指企業給予員工在底薪之外的一種給付，以配合組織因應實際情況的需求　(B) 所謂獎金，是指企業在年底發放的年終獎金，一年僅有一次　(C) 所謂底薪，是指基本薪資，一般來說是固定不變的，不會隨著年資而調整　(D) 所謂紅利，是將企業每年高階主管的股票所得，平均分給每位員工的金額。

(　　)8. 下列何者係為在薪資之外的額外給付，通常視組織的盈餘和個人的績效而定？　(A) 津貼　(B) 獎金　(C) 福利　(D) 帶薪假。

(　　)9. 根據科學管理學派觀點，Frederick W. Taylor 可能建議對工廠作業人員的薪資政策為(A) 每月固定薪資　(B) 每月固定薪資加紅利　(C) 愈資深付愈多薪資　(D) 按工作等比計酬。

(　　)10. 依各項工作之繁簡、責任之大小、所需人員之條件，藉以設定薪資尺度，稱之為？(A) 工作分析　(B) 工作考核　(C) 工作說明　(D) 工作評價。

(　)11. 下列哪一種薪資結構與員工的績效無關？　(A) 本薪加津貼　(B) 本薪加獎金　(C) 計件制薪資　(D) 獎金加津貼。

(　)12. 與公司其他人比較，員工是否得到公平合理的薪資待遇，此稱為薪酬制度的：　(A) 內部公平（Internal Equity）　(B) 外部公平（External Equity）　(C) 絕對公平（Absolute Equity）　(D) 相對公平（Relative Equity）。

(　)13. 關於功績薪（Merit Pay），下列何者為正確的敘述？　(A) 功績薪依照員工所具備的能力或技術水準來支薪　(B) 功績薪與分紅（Bonus）類似，只是單次發給，並不累計加入成為本薪的一部份　(C) 功績薪以年資深淺做為加薪的依據　(D) 功績薪以過去一段時間內的績效表現做為加薪的依據。

(　)14. 下列有關工作評價的敘述，何者有誤？　(A) 評定各種工作之間的相對價值　(B) 計算員工薪資高低的標準　(C) 工作分析的基礎　(D) 可達成同工同酬、異工異酬的目的。

二、問題與討論

1. 薪資管理對企業的影響為何？

2. 薪資政策可分為哪四種類型？

3. 請說明何謂工作評價？

4. 工資設計要考慮哪些因素？

5. 薪資管理四原則為何？請簡單說明。

6. 請說明怎麼衡量薪資政策線？

7. 何種薪資政策下適合平行或輪調？

8. 請說明影響薪酬和福利的因素有哪些？

得 分　　**全華圖書**（版權所有，翻印必究）

人力資源管理
CH08　獎酬與福利設計

班級：＿＿＿＿＿＿＿＿

學號：＿＿＿＿＿＿＿＿

姓名：＿＿＿＿＿＿＿＿

一、選擇題

(　　) 1. 福利措施可分為經濟性、娛樂性及設施性三大類。下列何者為娛樂性福利措施？
(A) 公司開辦的社團活動，例如插花、攝影等等　(B) 團體保險　(C) 公司開辦的托
兒所　(D) 公司提供的交通車。

(　　) 2. 員工福利係除了薪資外，企業還提供了與維護員工權益、改善員工生活攸關之設備
與措施。這些設備、措施的範圍十分廣泛，依功能的不同，主要可分成財務性（經
濟性）福利、教育性福利、娛樂性福利以及：　(A)經營性福利　(B)設施性福利　(C)
團體保險福利　(D) 參與決策之福利。

(　　) 3. 公司提供員工旅遊活動，屬於：　(A) 薪資　(B) 獎金　(C) 津貼　(D) 福利。

(　　) 4. 一般所謂職工福利包括很多項目，下列何者不屬於職工福利的項目：　(A) 辦理勞
工保險　(B) 職工的薪工　(C) 辦理消費合作社　(D) 舉辦娛樂活動。

(　　) 5. 允許員工按自己的喜好，選擇各種利潤和津貼的發放範圍，稱之為何？　(A) 員工入
股　(B) 彈性利潤方案　(C) 設施性福利　(D) 娛樂性福利。

(　　) 6. 吉利公司成立國際標準舞社、桌球社、國畫社等，並舉辦各項文藝活動讓員工參加，
此為何種福利？　(A) 娛樂性福利　(B) 經濟性福利　(C) 設施性福利　(D) 教育性
福利。

(　　) 7. 員工福利係除了薪資外，企業還提供了與維護員工權益、改善員工生活攸關之設備
與措施。這些設備、措施的範圍十分廣泛，依功能的不同，主要可分成財務性（經
濟性）福利、教育性福利、娛樂性福利以及：　(A)經營性福利　(B)設施性福利　(C)
團體保險福利　(D) 參與決策之福利。

（請沿虛線撕下）

二、問題與討論

1. 請說明個人獎勵內容有哪些？

2. 請說明個人組織獎勵內容有哪些？

3. 請說明獎勵辦法於激勵理論之應用？

4. 請說明員工福利的類型？

5. 請說明何謂彈性福利制？

6. 請說明何謂員工協助方案？

得　分

人力資源管理

CH09　群體行為與領導

班級：＿＿＿＿＿＿＿＿

學號：＿＿＿＿＿＿＿＿

姓名：＿＿＿＿＿＿＿＿

一、選擇題

（　　）1. 下列何者無法幫助低自尊的員工提升工作表現？　(A) 降低他們對自己工作表現的期望　(B) 引導他們將注意力集中在工作本身　(C) 減緩他們被評估的壓力　(D) 幫助他們務實的分析成功與失敗的原因。

（　　）2. 依據「他是某一個團體的成員」的認知來判斷他人，這種情況為：　(A) 刻板印象（Stereotyping）　(B) 月暈效果（Halo Effect）　(C) 選擇性認知（Selective Perception）　(D) 假設相似（Similarity）。

（　　）3. 下列何者不屬於領導力量來源的描述？　(A) 言教不如身教　(B) 受人喜愛　(C) 技術高超　(D) 脅迫。

（　　）4. 管理大師彼得杜拉克認為領導者有三個最重要的特質，下列何者不包括？　(A) 領導的慾望　(B) 達成目標的需求　(C) 冒險精神　(D) 善於溝通。

（　　）5. 領導者「經由灌輸使命感、激勵學習經驗及鼓勵創新的思考方式來領導部屬」是屬於？　(A) 替代領導（Substitute）　(B) 交易型領導（Transactional）　(C) 轉換型領導（Transformational）　(D) 魅力型領導（Charismatic）。

（　　）6. 當一位經理是屬於魅力型的管理者時，他或她相對於他或她的同僚較易有較大的權力是由於下列何項原因？　(A) 法定權力　(B) 獎酬權力　(C) 威迫權力　(D) 參照權力。

（　　）7. 一位領導者具有願景、願意承擔風險以完成此願景、對環境敏感度高、能察覺部屬的需求，表現出超乎尋常的行為是屬於：　(A) 交易型領導　(B) 魅力型領導　(C) 轉換型領導　(D) 教練型領導。

（　　）8. 「從 A 到 A＋」一書作者所指「藉由謙虛的個性和專業的堅持，建立起持久的卓越績效標準」是第幾級領導？　(A) 第三級　(B) 第一級　(C) 第五級　(D) 第四級。

（　　）9. 關於員工授權（Empowerment）的敘述，下列何者錯誤？　(A) 授權是指將決策的權力與責任授予員工　(B) 完善的員工訓練制度是促成成功授權管理的因素之一　(C) 授權應給予所有員工，不分職位及工作內容　(D) 獲得授權的員工，可依設定的目標或標準，來檢驗所作的決策是否正確。

(　　) 10. 該領導者會刺激其部屬超越個人的利益,而以組織利益為重,且往往能對部屬產生深遠的影響,此為下述何種領導方式: (A) 轉換型領導 (B) 交易型領導 (C) 魅力型領導 (D) 願景型領導。

二、問題與討論

1. 領導的本質為何?

2. 請說明領導的權力基礎為何?

3. 試說明現代領導者應具備何種特質?

4. 試以實例說明認知者－成員交換理論。

5. 請比較轉換型領導與交易型領導之異同。

6. 請以企業個案為例,說明第五級領導者的特徵。

得　分

人力資源管理

CH10　前程規劃與職涯管理

班級：＿＿＿＿＿＿＿

學號：＿＿＿＿＿＿＿

姓名：＿＿＿＿＿＿＿

一、選擇題

(　　)1. 傳統的生涯發展觀點，以職位的升遷及薪資的增加做為職業生涯成功與否的指標。新近的多變化生涯（Protean Career）發展觀點則以下列何者做為職業生涯成功與否的指標？　(A) 心理的成就感　(B) 親朋好友的肯定　(C) 工作輕鬆沒壓力　(D) 工作能帶來許多權力。

(　　)2. 員工在公司服務時，經常會有組織內流動的機會。關於組織內流動，下列何者為正確的陳述？　(A) 處於生涯建立期（二十五至四十歲）的員工，通常較不願意流動　(B) 員工工作滿意度越低者，越願意接受流動　(C) 感覺自己表現較好、升遷機會較高者，較不願意流動　(D) 初進公司的年輕員工，較不願意接受流動。

(　　)3. 認為生涯是指一個人終生經歷的一連串有酬或無酬職位的綜合之謂者，這是誰所強調？　(A) 舒伯（Super）　(B) 哈爾（Hall）　(C) 何倫（Holland）　(D) 米勒（Miller）。

(　　)4. 以下何者不屬於職涯諮商師的功能與角色？　(A) 協助案主申請急難救助　(B) 協助解決工作上個人潛在性衝突　(C) 失業及生涯轉換時提供支持　(D) 提供機會促進生涯決定技巧。

(　　)5. 下列哪一個選項最能說明舒伯（Super）生涯發展階段的順序？　(A) 成長→探索→建立→維持→衰退　(B) 探索→成長→建立→維持→衰退　(C) 建立→成長→維持→探索→衰退　(D) 維持→探索→建立→成長→衰退。

(　　)6. 何倫（Holland）的人格類型理論將人格分成 6 種類型，且分別用一個英文字母來代表。其中「S」代表的是哪種類型？　(A) 藝術型　(B) 社交型　(C) 務實型　(D) 守規型。

(　　)7. 下列何者不屬於助人歷程的自我洞察階段之技巧？　(A) 傾聽　(B) 具體化　(C) 自我開放　(D) 立即性。

(　　)8. 工作生活品質著重的方向為：　(A) 員工工作內涵與報酬的相稱　(B) 員工工作條件與主管領導方式之改善　(C) 工作環境的改善與員工個人需求的滿足　(D) 員工工作績效的評估與獎酬的配合。

二、問題與討論

1. 何謂職業？

2. 請說明職業的功能？

3. 請說明 Holland 的類型論有哪六種，並解釋之？

4. 請說明 Super 的生涯發展五時期？

5. 請說明職場心理健康的內容有哪些？

6. 請說明職場健康促進的議題有哪些？

7. 請說明企業該如何尋找接班人？

8. 請說明企業該如何留存接班人？

9. 請問員工離職的因素有哪些？

10. 請說明應考慮的企業離職成本有哪些？

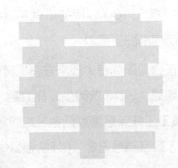

得　分

人力資源管理
CH11　員工關係與職場創新

班級：＿＿＿＿＿＿＿＿＿
學號：＿＿＿＿＿＿＿＿＿
姓名：＿＿＿＿＿＿＿＿＿

一、選擇題

(　　) 1. 顧林納的組織成長模型，哪一階段的成長是經由協調？　(A) 領導危機　(B) 自主性危機　(C) 控制危機　(D) 硬化危機。

(　　) 2. 從組織生涯發展來看，哪一個項目非為組織機制運作歷程？　(A) 招募與甄選　(B) 人力資源配置　(C) 評鑑與考核　(D) 職業的選擇。

(　　) 3. 下列何者不是從組織行為構面下管理者／經理人所需的能力？　(A) 扮演指導者的角色　(B) 建構人脈關係　(C) 扮演教練的角色　(D) 扮演中介人的角色。

(　　) 4. 下列何者不為工作的壓力來源？　(A) 加薪　(B) 升遷太快　(C) 工作過量　(D) 角色衝突。

(　　) 5. 下列何者不為敏感度分析在組織方面的目標？　(A) 正確了解別人行為對自己造成的影響　(B) 了解組織的複雜性　(C) 幫助診斷和解決組織內的各單位之間的問題　(D) 發展和發明新的組織方法。

(　　) 6. 下列何者不為職場健康促進議題？　(A) 健康生活型態　(B) 特殊保護　(C) 角色衝突　(D) 次級預防及醫療照護。

(　　) 7. 下列何者不為企業內部的創新機會來源？　(A) 意料之外的事件　(B) 人口統計特性　(C) 不一致的狀況　(D) 基於程序需要的創新。

(　　) 8. 下列何者不為創新的類型？　(A) 個體創新　(B) 破壞式創新　(C) 管理創新　(D) 策略創新。

(　　) 9. 強調創業家精神、新產品發展、著重非正式內部關係。是為顧林納的組織成長模型的哪一個階段？　(A) 領導危機　(B) 自主性危機　(C) 控制危機　(D) 硬化危機。

(　　) 10. 下列何者不為企業外部的創新機會來源？　(A) 新知識　(B) 人口統計特性　(C) 不一致的狀況　(D) 認知、情緒以及意義上的改變。

（請沿虛線撕下）

二、問題與討論

1. 請說明顧林納的組織成長模型？

2. 請比較傳統的 HR 與前程發展導向之不同？

3. 請從組織行為構面說明不同的管理位階所需具備的能力？

4. 請舉例說明工作壓力的來源？

5. 請舉例說明面臨職業壓力的身體反應？

6. 請說明廣義的人際關係？

7. 請比較敏感度分析在自我、群體關係和組織間的不同？

8. 請說明職場健康促進議題包括哪些層面與內容？

9. 請說明職場健康促進之步驟？

10. 請說明群體決策的優缺點？

人力資源管理
CH12　組織變革與再造

班級：＿＿＿＿＿＿＿＿

學號：＿＿＿＿＿＿＿＿

姓名：＿＿＿＿＿＿＿＿

一、選擇題

(　　) 1. 下列關於組織變革的敘述，何者為非？　(A) 工作上的衝突，有時可能會促進創新　(B) 市場改變與科技進步是啓動變革的組織内部因素　(C) 目標不相容將形成部門間的衝突　(D) 組織變革是指一個組織採用的新的思維或行為模式。

(　　) 2. 行為性變革指成員在價值觀、信念、需求、態度及行為上的各種轉變，依 Lewin 的說法其包含 1. 改變（Changing）、2. 解凍（Unfreezing）、3. 再凍結（Refreezing）三個步驟，其排列順序下列何者為真？　(A) 123　(B) 213　(C) 231　(D) 132　(E) 321。

(　　) 3. 有助於組織文化進行解凍以開啓變革腳步的情況是下列哪一種？　(A) 組織經營績效非常良好　(B) 組織規模龐大　(C) 強勢的組織文化　(D) 弱勢的組織文化。

(　　) 4. Leavitt 的變革途徑乃經由三種機能作用來完成，下列何者非屬此三種機能之一？　(A) 流程　(B) 技術　(C) 行為　(D) 結構。

(　　) 5. 將業務作業方式做重大革新，從根本重新思考、重新設計的是下列那一項技術？　(A) 流程再造　(B) 持續改善　(C) 全面品質管理　(D) 國際品質標準。

(　　) 6. 下列何者不是組織成員抗拒變革的原因？　(A) 權力結構將失衡　(B) 價值觀、人際關係及安全感的衝突　(C) 解凍、改變、再凍結　(D) 個人恐將失去既得之利益。

(　　) 7. 有關組織再造（Reengineering）與組織文化的說明，下列敘述何者錯誤？　(A) 組織文化是組織成員共享的價值觀，組織再造強調的是動態變革　(B) 組織再造與組織文化成為相互衝突的力量　(C) 組織變革優先於組織文化　(D) 當環境變遷而需要改革時，組織文化可能會成為組織變革的阻力。

(　　) 8. 組織進行變革時，外部力量來源較多，其可能的來源，下列敘述何者錯誤？　(A) 新競爭者的加入　(B) 經濟及技術的改變　(C) 管理高層修改策略　(D) 法令規章制定與改變。

(　　) 9. 李維特（Leavitt）認為組織變革的途徑可經由那三種不同的機能作用來完成？　(A) 控制、結構、技術　(B) 結構、技術、行為　(C) 控制、技術、行為　(D) 控制、結構、行為。

(　　)10. 變革理論（Change Model）第一步驟是解凍，改變平衡必要的手段；第二步驟推動轉變，第三步驟達到要改變的目標後進行再凍結，透過強化的做法使新狀態穩定下來，才能確保成果能維持長久，此一理論是哪一位學者所提出的？　(A) Adam Smith　(B) Peter Senge　(C) Michael Porter　(D) Kurt Lewin。

(　　)11. 敏感度訓練的基本目的在於：　(A) 賦予員工自主性　(B) 建立團隊精神　(C) 培養主管正確領導風格　(D) 瞭解自己在人際關係中所處的地位。

二、問題與討論

1. 何謂組織變革？

2. 請說明組織變革的類型為何？

3. 請說明變革抗拒的成因與如何降低抗拒變革的方法？

4. 請說明組織變革的程序？

5. 請以變革八大步驟為例，舉一家企業進行說明。

6. 何謂組織發展？

7. 請說明組織發展的類型與技術的程序？

8. 何謂企業再造？

9. 傳統企業與流程企業有何異同？

10. 企業流程再造失敗的原因為何？

得　分　**全華圖書**（版權所有，翻印必究）

人力資源管理
CH13　人力資源管理新趨勢

班級：＿＿＿＿＿＿＿
學號：＿＿＿＿＿＿＿
姓名：＿＿＿＿＿＿＿

一、選擇題

（　　）1. 社會企業概念於 1970 年在歐美國家萌芽，北美地區、英國之社會企業概念主軸為以商業模式解決社會問題。而善用其金融樞紐之優越性，具有最多社會企業相關中介與投資平臺的是亞洲的哪二個國家？　(A) 臺灣、香港　(B) 香港、泰國　(C) 新加坡、香港　(D) 日本、韓國。

（　　）2. 臺灣社會企業蓬勃發展並獲普遍重視，在產官學界共同努力下生態圈也逐漸成形，視為臺灣的社會企業年是哪一年？　(A) 2010 年　(B) 2014 年　(C) 2017 年　(D) 2019 年。

（　　）3. 未來 HR 人員需要學習運用科技，在四項能力上逐步提升。以下描述何者錯誤：　(A) 第四層級的因果分析能力　(B) 第三層級的預測性分析能力　(C) 第二層級的激勵同仁的能力　(D) 第一層級的勞動力分析能力。

（　　）4. 過去十年 HR 採用三支柱模式，也就是將 HR 人員分成人資業務夥伴（HR BP, HR Business Partner）、人資服務交付中心（SSC, HR Shared Service Center）及人資專家中心（COE, Center of Expertise）；三種 HR 人員各自負責不同工作。以下描述何者正確：　(A) COE 像是大腦，他們是確保 HR 貼近各項業務需求的關鍵　(B) HR SSC 用他們在 HR 的專業，負責設計整體業務導向、創新的 HR 的政策、流程和方案　(C) HR BP 這一角色是業務的合作夥伴，針對企業各種業務的內部客戶（即員工）需求，提供諮詢服務和解決方案　(D) HR BP 和 HR COE 聚焦在策略性、諮詢性的工作，必須讓他們從事更多事務性的工作。

（　　）5. 是一社群平臺，讓人力資源管理不再封閉，而是透過外部資源善用互動性較高的社群媒體，形成共有的人才庫策略，是值得關注的趨勢。是指以下哪一個人力資源平臺？　(A) LinkedIn　(B) Instagram　(C) Facebook　(D) Google。

（　　）6. 「我們發現作業員早上效率比下午好。」是指緯創資通把 AI 拿來運用於檢測什麼？以下何者描述是錯誤的　(A) 判斷生產線員工行為、所花時間，加強員工訓練　(B) 由於下午注意力不集中，AI 就能提醒員工要專注，達到精準率提升　(C) 預測誰是高離職風險員工　(D) 監控是否動作符合 SOP，若不符合就提出預警。

(　　) 7. AI 也可以協助主管做白領員工留才，以下何者正確？　(A) AI 取代 HR 專家，預測誰是理財高手　(B) 員工離職短期預測可以協助企業發現產品銷售的狀況　(C) AI 為企業提高效率而取代管理者　(D) HR 透過 AI 工具選出 400 位高風險離職員工名單，其中發現 160 位已經離職，剩下 240 位就要加強關懷。

(　　) 8. 表現優秀等於獲得晉升、鼓勵員工從基層一路爬上管理職的傳統線性職場公式，已經出現了新的可能。其原因下列何者錯誤？　(A) 現任主管們日漸疲乏無力，下一代的優秀員工又無意接棒　(B) 37% 主管甚至認為主管工作將消失　(C) 現任主管相信，自己的工作職責將在 20 年內發生劇烈變化　(D) 81% 的現任主管們認為，這份工作比前幾年更困難。

(　　) 9. 招募行銷新體驗，如何引發應徵者的興趣與求職意圖？　(A) 了解應徵者偏好，透過平臺吸引人才互動，主動向應徵者推銷企業與職缺　(B) 透過雜誌刊登招募廣告，等候有興趣者自行投履歷應徵　(C) 入會人力銀行，透過職位職能媒合，提供企業符合職位的合格人才名單與資料，由企業進行面試　(D) 企業利用公司官網公告職缺。

(　　) 10. 下列何者不為 ESG 的內容指標？　(A) 公司治理　(B) 環境保護　(C) 企業薪酬　(D) 社會責任。

二、問題與討論

1. 請簡述人工智慧對人力資源的衝擊。
2. 請簡述企業為何開始重視 ESG？又所需面對的問題為何？
3. 請簡述人力資源型態的改變，會如何造成員工工作及服務型態的改變？
4. 請問社會企業在臺灣如何發展？
5. 未來人力資源管理人員面對 Z 世代時，在公司「招募」要如何找到最適合的新人？

歡迎加入 全華會員

● 會員獨享

會員享購書折扣、紅利積點、生日禮金、不定期優惠活動…等。

● 如何加入會員

掃 QRcode 或填妥讀者回函卡直接傳真 (02) 2262-0900 或寄回，將由專人協助登入會員資料，待收到 E-MAIL 通知後即可成為會員。

全華書籍

如何購書

1. 網路購書

全華網路書店「http://www.opentech.com.tw」，加入會員購書更便利，並享有紅利積點回饋等各式優惠。

2. 實體門市

歡迎至全華門市（新北市土城區忠義路 21 號）或各大書局選購。

3. 來電訂購

(1) 訂購專線：(02) 2262-5666 轉 321-324
(2) 傳真專線：(02) 6637-3696
(3) 郵局劃撥（帳號：0100836-1 　戶名：全華圖書股份有限公司）
※ 購書未滿 990 元者，酌收運費 80 元。

OpenTech 全華網路書店

全華網路書店 www.opentech.com.tw
E-mail: service@chwa.com.tw